AI 與大數據技術導論基礎篇

AI and big data

發展歷程、產業鏈、運算模式、機器學習……從理論概述到核心技術，深度探索人工智慧！

正洪，郭良越，劉瑋 著

「沒有大量資料支撐的人工智慧就是人工智障」

是什麼？為什麼熱門？是否已經成熟？跟著本書搞懂資料科學，跟上未來趨勢！

目錄

目錄

第 7 章　深度學習

目錄

前言

　　2017 年是人工智慧（Artificial Intelligence，AI）年，人工智慧技術越來越多的應用到日常生活的各個方面。AlphaGo ZERO 替代 AlphaGo 實現自我學習，百度無人汽車上路，iPhone X 開啟 Face ID，阿里和小米先後發表智慧音箱，中國肯德基上線人臉支付……這些背後都是人工智慧技術的驅動。2017 年 7 月，中國發表了新一代人工智慧發展規畫，將中國人工智慧產業的發展推向了新高度。

　　人工智慧技術是繼蒸汽機、電力、網路科技之後最有可能帶來新一次產業革命浪潮的技術，在爆炸式的資料累積、基於神經網路模型的新型演算法與更加強大、成本更低的運算力的促進下，本次人工智慧的發展受到風險投資的熱烈追捧而處於高速發展時期，人工智慧技術的應用場景也在各個行業逐漸明朗，開始帶來實際商業價值。在金融行業，人工智慧可以在風險控制、資產配置、智慧投顧等方向進行應用，預計將帶來約 6,000 億人民幣的降本增益效益。在汽車行業，人工智慧在自動駕駛上的技術突破，將帶來約 5,000 億人民幣的價值增益。在醫療行業，透過人工智慧技術，在藥物研發領域可以提高成功率，在醫療服務機構可以提供疾病診斷輔助、疾病監護輔助，預計可以帶來約 4,000 億人民幣的降本價值。在零售行業，人工智慧在推薦系統上的運用將提高線上銷售的銷量，同時能夠對市場進行精準預測，降低庫存，預計將帶來約 4,200 億人民幣的降本增益效益。

　　人工智慧是一個非常廣泛的領域。人工智慧技術涵蓋很多大的學科，包括電腦視覺（模式辨識、圖像處理）、自然語言理解與交流（語音

前言

辨識）、認知科學、機器人學（機械、控制、設計、運動規畫、任務規畫
等）、機器學習（各種統計的建模、分析和運算的方法）。人工智慧產業
鏈條涵蓋了基礎層、技術層、應用層等多個方面，其輻射範圍之大，單
一公司無法包攬人工智慧產業的每個環節，深耕細分領域和合作整合多
個產業間資源的形式成為人工智慧領域主要的發展路徑。

　　本書從人工智慧的定義入手，前兩章闡述了人工智慧熱門的成因、
發展歷程、產業鏈、技術和應用場景，從第 3 章開始詳細闡述人工智
慧的幾個核心技術（大數據、機器學習、深度學習）和最流行的開源平
臺（TensorFlow）。透過本書，讀者既能了解人工智慧的各個方面（廣
度），又能深度學習人工智慧的重點技術和平臺工具，最終能夠將人工智
慧技術應用到實際工作場景中，共同創建一個智慧的時代。

楊正洪

第 1 章　人工智慧概述

第1章　人工智慧概述

　　機器人是人類的古老夢想。希臘神話中已經出現了機械人，至今機器人仍然是眾多科幻小說的重要元素。實現這個夢想的第一步是了解如何將人類的思考過程形式化和機械化。科學家們被這一夢想深深吸引，開始研究記憶、學習和推理。1930 年代末到 1950 年代初，神經學研究發現大腦是由神經元組成的電子網路，克勞德‧夏農（Claude Shannon）提出的資訊論則描述了數位訊號，圖靈（Turing）的運算理論證明了一臺僅能處理 0 和 1 這樣簡單二元符號的機械設備能夠模擬任意數學推理。這些密切相關的成果暗示了建構電子大腦的可能性。在 1956 年的達特茅斯會議上，「人工智慧」（Artificial Intelligence，AI）一詞被首次提出，其目標是「製造機器模仿學習的各個方面或智慧的各個特性，使機器能夠讀懂語言，形成抽象思維，解決人們目前的各種問題，並能自我完善」。這也是我們今天所說的「強人工智慧」的概念，其可以理解為，人工智慧就是在思考能力上可以和人做得一樣好。今天所說的「弱人工智慧」是指只處理特定問題的人工智慧，如電腦視覺、語音辨識、自然語言處理，不需要具有人類完整的認知能力，只要看起來像有智慧就可以了。一個弱人工智慧的經典例子就是那個會下圍棋並且僅僅會下圍棋的 AlphaGo。

　　雖然強人工智慧仍然是人工智慧研究的一個目標，但是強人工智慧演算法還沒有真正的突破。大多數的主流研究者希望將解決局部問題的弱人工智慧的方法組合起來實現強人工智慧。業界的共識是，大部分的應用都是弱人工智慧（如有監督式學習），實現近似人類的強人工智慧還需要數十年，乃至上百年。在可見的未來，強人工智慧既非人工智慧討論的主流，也看不到其成為現實的技術路徑。弱人工智慧才是在這次人工智慧浪潮中真正有影響力的主角，本書將聚焦於更具有現實應用意義的弱人工智慧技術。

從各國政府到資本、業界都熱情擁抱人工智慧，以人工智慧驅動的智慧化變革正在引發第 4 次工業革命。雖然人工智慧在 2018 年還處於炒作週期的頂峰，但我們可以預測，人工智慧正變得更加實用和有用。在此人背景下，我們有必要知道人工智慧是什麼、紅在哪裡、是否已經成熟。人工智慧技術的壁壘在哪裡？了解商業化的邊界在哪裡，才能更好的理解人工智慧。

1.1　AI 是什麼

人工智慧是一門利用電腦模擬人類智慧行為科學的統稱，它涵蓋了訓練電腦使其能夠完成自主學習、判斷、決策等人類行為的範疇。AI 是人工智慧的英文 Artificial Intelligence 的首字母的組合，它是當前人類所面對的最為重要的技術變革。AI 技術給予了機器（這裡的機器不僅僅指機器人，還包括消費產品，如音箱、汽車等範圍更廣的物體）一定的視聽感知和思考能力。例如，蘋果 Siri 和亞馬遜 Echo 智慧音箱可以幫助我們透過語音控制的方式設定鬧鐘、播放音樂、回覆訊息、詢問天氣，還可以聊天；滴滴出行和 Uber 應用也是在人工智慧技術的驅動下幫助司機選擇最佳路線。

除了日常生活外，人工智慧在工業、金融、安防、醫療、司法等領域也發揮了強大的作用。工業機器人代替人類完成銲接、鑄造、裝配、包裝、搬運、分發貨物等單調、重複、繁重的工作；在金融領域，人工智慧技術可以幫助金融機構提供投資組合建議，創建高精度的風險控制模型，實現精準行銷等金融活動；對於安防行業，以圖像辨識、人臉辨識為代表的人工智慧技術對攝影鏡頭獲取的大量影片資訊進行解析，已被廣泛應用於門禁系統、車輛檢測、追蹤嫌犯等場景中，對增強安防水準、維護社會穩定、提高刑偵效率等都有重大意義；在醫療領域，IBM

的人工智慧系統 Watson（華生）已被多家醫療機構採用，它可以幫助醫生更快、更準確的診斷疾病，還能提出對醫療方案的療效及風險的評估，這將有效的彌補有些地區醫療資源不足的缺陷；美國人工智慧律師 Rose Intelligence 可以理解律師向它提出的問題，收集已有的法律條文、參考文獻和法律案件等資料，進行推論，給出基於證據的高度相關性答案，這樣的系統可以減少法律服務成本，使更多的人能夠獲得法律幫助。

1.1.1　熱門的 AI

人工智慧發展到 2018 年剛好是 62 年。這 62 年的發展實際上經歷了三個階段：第一個階段，1956 年到 1976 年，注重邏輯推理。第二個階段，從 1976 到 2006 年，以專家系統為主。2006 年起進入重視資料、自主學習的認知智慧時代。這是第三個階段，它會持續多長時間，沒有人知道。

最近幾年，在演算法、大數據、運算力等技術的推動下，人工智慧開始真正解決問題，在各行業的應用場景逐漸明朗，並帶來實際商業價值。目前，無論在學術界、投資界，還是在職場，AI 異常火熱。根據史丹佛大學 2017 年 12 月發表的 AI 報告，AI 論文發表數量激增：自從 1996 年以來，每年發表的 AI 論文數量增加了 9 倍以上，如圖 1-1 所示。史丹佛大學入學選修人工智慧和機器學習入門課程的學生人數從 1996 年以來成長了 11 倍以上。在美國，有資本投資的 AI 創業公司數量從 2000 年以來增加了 14 倍，如圖 1-2 所示。在美國，投資 AI 創業的基金數量也在成長，從 2000 年以來，每年投入 AI 創業的資本額增加了 6 倍。美國最近幾年中，每年都有幾十億美元的風險資本（VC）進入 AI 領域，人工智慧相關職位的需求也在急遽成長。圖 1-3 展示了 Indeed. com 平

臺上，從 2013 年 1 月份起，AI 技術相關工作職位的比例的成長。

在開源軟體使用和生態上，AI 軟體也是異常熱門的。圖 1-4 展示了 AI 各個軟體包在 GitHub 上加星標的次數。排在第一的 TensorFlow 是排在第二的 scikit-learn 的 4 倍左右。

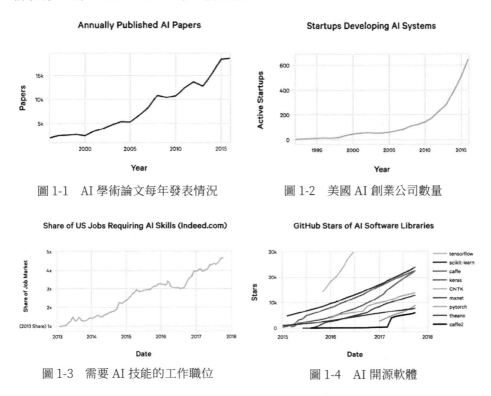

圖 1-1　AI 學術論文每年發表情況　　　圖 1-2　美國 AI 創業公司數量

圖 1-3　需要 AI 技能的工作職位　　　圖 1-4　AI 開源軟體

1.1.2　AI 的驅動因素

某著名管理顧問公司預計，到 2025 年，全球 AI 市場規模將達到 3 萬億美元。AI持續熱門的驅動力主要來自於技術本身的提高，包括資料、演算法、運算力、大數據和物聯網等技術，而這些正是人工智慧技術發展的基礎。

‧高品質和大規模的大量資料使得 AI 成為可能

大量資料為 AI 技術的發展提供了充足的原料。在資料生成量方面，預計到 2020 年，將達到 44ZB。表 1-1 展示了資料量與醫療圖像準確性的關係，顯示了訓練資料量越大，準確性越高。

表 1-1　訓練資料量與醫療圖像模型準確性的關係（%）

訓練資料集大小	5G	10G	50G	200G
大腦辨識	0.3%	3.39%	59.7%	98.4%
脖頸辨識	21.3%	30.63%	99.34%	99.74%
肩部辨識	2.98%	21.39%	86.57%	92.94%
胸腔辨識	23.39%	34.45%	96.18%	99.61%
腹部辨識	0.1%	3.23%	65.38%	95.18%
胯部辨識	0%	1.15%	55.9%	88.45%
平均準確性	8.01%	17.37%	77.15%	95.67%

‧運算力提升突破瓶頸

以 GPU 為代表的新一代運算晶片提供了更強大的運算力，使得運算更快。同時，在集群上實現的分散式運算幫助 AI 模型可以在更大的資料集上快速運行。

‧機器學習演算法獲得重大突破

以多層神經網路模型為基礎的演算法，使得機器學習演算法在圖像辨識等領域的準確性獲得了飛躍性的提高。

‧物聯網和大數據技術為 AI 技術的發展提供了關鍵要素

物聯網為 AI 的感知層提供了基礎設施環境，同時帶來了全面的大量訓練資料。大數據技術為大量資料在儲存、清洗、整合方面提供了技術保障，幫助提升了深度學習演算法的性能。

1.2 AI 技術的成熟度

顧名思義，AI 就是能夠讓機器做一些之前只有「人」才做得好的事情。主要集中在這幾個領域：視覺辨識（看）、自然語言理解（聽）、機器人（動）、機器學習（自我學習能力）等。在技術層面，AI 分為感知、認知、執行三個層次。感知技術包括機器視覺、語音辨識等各類應用人工智慧技術獲取外部資訊的技術，認知技術包括機器學習技術，執行技術包括人工智慧與機器人結合的硬體技術以及智慧晶片的運算技術。這些領域目前還比較散，它們正在交叉發展，走向統一的過程中。

很自然的，我們會在同一個任務上將 AI 系統和人類的表現進行比較。在某些任務中，電腦比人類要優秀得多，例如，1970 年代的小運算機就可以比人類更好的完成算術運算。但是，AI 系統在處理諸如回答問題、醫學診斷等更通用的任務時更加困難。AI 系統的任務往往是在非常窄的背景下進行的，這樣能在特定的問題或應用上獲得進展。雖然機器在特定的任務上表現出卓越的性能，但是有時任務稍微有所改動，系統性能就會大大降低。

1.2.1 視覺辨識

以圖像辨識和人臉辨識為代表的感知技術已經走向了應用市場，特別是在交通、醫療、工業、農業、金融、商業等領域，帶動了一批新業態、新模式、新產品的突破式發展，帶來了深刻的產業變革。2017 年 9 月，蘋果公司發表的最新產品 iPhone X 包含 Face ID、無線充電、自創晶片 A11 Bionic 等最新的 AI 技術。蘋果的 Face ID 技術有人臉驗證功能。iPhone X 頂部的「瀏海」部分整合了實現 Face ID 功能的器件，包括紅外線鏡頭、泛光感應元件、點陣投影器和普通攝影鏡頭。從原理

上講，當紅外線攝影鏡頭發現一張面孔時，點陣投影器會閃射出 3 萬個光點，接著紅外線攝影鏡頭會捕捉這些光點的反饋，從而採集一張人臉的 3D 資料模型，並與 A11 Bionic 晶片中儲存的模型進行比對。如果互相匹配，就可以解鎖了，iPhone X 隨即被喚醒。為了更加精確的進行面部辨識，蘋果開發了一個神經引擎，用神經網路處理圖像和點陣模式，並邀請好萊塢特效面具公司製作面具來訓練神經網路，以保證安全性。The Verge（美國科技媒體網站）曾借用了一臺具有夜視功能的攝影機，成功拍攝到這些肉眼不可見的紅外光點，可以看到這 3 萬個光點非常密集，不只是投射至人臉，連衣服上也有，視覺效果極其震撼。

　　如圖 1-5 所示，在大規模視覺辨識挑戰賽（LSVRC）比賽中，圖像標籤的錯誤率從 2010 年的 28.5% 下降到了 2.5%，AI 系統對物體辨識的性能已經超越了人類。在中國，視覺與圖像領域的融資排在第一，總額為 143 億人民幣，在整個 AI 投資中占比 23%（資料來源：騰訊的〈中美兩國人工智慧產業發展報告〉），說明中國國內投資者非常看好這一領域。

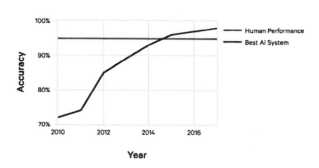

圖 1-5　物體辨識能力比較（直線為人類，曲線為 AI）

1.2.2 自然語言理解

自然語言理解是指接受語音輸入，透過語音辨識將使用者聲音轉化為文字，再運用自然語義分析理解使用者行為，給予使用者精準的搜尋結果，其核心技術在於用自然語義分析來理解人們像日常說話一樣的提問。在詞語解析方面，AI 系統在確定句子語法結構上的能力已經接近人類能力的 94%。在從文件檔案中找到既定問題的答案的能力已經越來越接近人類（見圖 1-6 左圖）。AI 系統辨識語音錄音的表現早在 2016 年就已經達到了人類水準（見圖 1-6 右圖）。

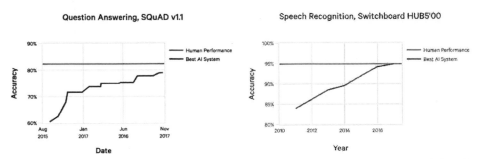

圖 1-6　問答準確性比較（左圖）和語音辨識能力比較（右圖；直線為人類，曲線為 AI）

從 PC 網路到行動網路再到 AI 時代，每個時代都伴隨著一次互動式的變革。利用語音辨識、自然語言處理等技術研發的對話機器人，正在改變著傳統的人機互動方式。它們或內嵌到應用程式中，或與硬體相結合，致力於成為使用者的個性化處理。目前，這些「助理」已經具備了基本的問答、對話以及上下文理解功能。它們正在打造全新的人機互動方式，為使用者提供多場景的便捷服務。例如，智慧音箱在 2017 年的美國消費中成為熱門產品。雖然語音互動的老大依然是蘋果公司的 Siri，但是 Amazon Alexa 正在快速崛起（見圖 1-7 左邊的產品），它不僅可以對話應答，而且可以和多種智慧家居設備進行互動。伴隨著 Amazon

Echo 智慧音箱的誕生，Alexa 的使用者數量在一年內成長了 325%。
Google（產品名稱為 Google Home，見圖 1-7 中間的產品）、微軟、
蘋果、Facebook 都在爭奪這塊智慧音箱市場。微軟也推出了內嵌
Cortana(小娜) 的 Invoke 音箱，並且將 Conversation as Platform(對
話即平臺) 作為策略。蘋果於 2018 年 2 月 9 日正式上市開賣 HomePod
智慧音箱，有白色和太空灰兩個版本（見圖 1-7 右邊的產品）。

圖 1-7　智慧音箱產品

　　語音互動可以說是人與機器「交流」的重要環節，這對於未來的人
工智慧而言是非常關鍵的入口。在中國，自然語音處理領域的融資排在
第二，總額為 122 億人民幣，在整個 AI 投資中占比 19%。中國國內企
業中，京東在兩年前與科大訊飛公司合作布局了智慧音箱，致力於成為
家庭控制中心。阿里推出了名叫「天貓精靈 X1」的智慧音箱，小米推出
了小米 AI 音箱。阿里的智慧音箱「天貓精靈」在 2017 年「雙 11」期間
更是進行了鉅額補貼，以低於成本價銷售，僅「雙 11」當天銷量便達到
100 萬臺。激烈的音箱之爭背後其實是下一代服務入口之爭。

　　搭載百度 DuerOS 的智慧硬體產品也在陸續面世。DuerOS 是百
度基於 AI 技術打造的對話式人工智慧系統。搭載 DuerOS 的設備可讓
使用者以自然語言對話的互動方式（比如「小度小度，我想聽陳百強的
歌」）實現影音娛樂、資訊查詢、生活服務、交通路況等多項功能。目
前，騰訊的所有語音端都採用自己研發的 AI 技術，而阿里的淘寶、支付

寶電話客服、天貓精靈、優酷、蝦米音樂等都應用了自己的語音技術。搜狗也已組建了自己的語音團隊，推出了語音即時翻譯技術。除了使用自家語音技術外，BAT 也在加速對外開放平臺，滾動擴張。阿里雲、騰訊雲小微、百度 DuerOS 平臺都開放了語音辨識、視覺辨識等 AI 技術。百度還宣布語音技術全系列介面永久免費開放。

在 Google I/O 2018 大會上，語音助理 Google Assistant 更像人。作為 Google AI 使用者感觀最直接的語音助理，Google 試圖將其打造得更近似人：其一是聲音擬人化，其二是對話日常化。I/O 大會現場展示了指令 Google Assistant 預訂餐廳座位，然後發出指令的人即可忙自己的事，而 AI 將自行打電話給餐廳，透過多輪對話與餐廳工作人員敲定好時間。在這個展示上，凸顯的亮點是，對話能力加強，近似日常交流習慣，極大的提高了與機器對話的使用者體驗。

語音是下一代人機互動的入口，未來語音技術會向各場景滲透。它們不但可以回應使用者命令並執行任務，如回答問題、設置鬧鐘、檢查航班行程等，而且與搜尋、手機、智慧家居等緊密結合。除了產品市場本身之外，爭奪未來以語音互動為核心的智慧家居生態的入口，是科技龍頭紛紛推出智慧音箱的重要原因。智慧語音這塊蛋糕有多大，目前還未可知。有一點越來越清晰，未來肯定是透過人工智慧核心技術＋應用資料＋領域支援建構垂直入口或行業剛性需求。到目前為止，BAT 加速布局 2B（企業級）和 2G（政府）市場，在教育、醫療、司法、汽車、客服等領域都已有涉獵。

1.2.3　機器人

大部分智慧機器人目前還處於產業發展初期，但隨著全球人工智慧步入第三次高潮期，智慧化成為當前機器人重要的發展方向，人工智慧

與機器人融合創新，進一步提升機器人的智慧化程度。智慧機器有自主的感知、認知、決策、學習、執行和社會合作能力。

　　2017 年 10 月，網紅機器人 Sophia 上了各大新聞媒體的頭條。她已經正式獲得了沙烏地阿拉伯的公民身分，成為第一個有公民身分的機器人。Sophia 由漢森機器人技術公司（Hanson Robotics）於 2015 年推出，她具有強大的語音辨識、視覺資料處理和臉部辨識功能。Sophia 在與人對話的時候能夠非常快的辨識人臉，並且在對話過程中與人進行眼神交流。與此同時，Sophia 還可以模仿人類的手勢和臉部表情，並能夠與人類進行自然的語言交流。她採用了來自 Alphabet 公司（Google 的母公司）的語音辨識技術，利用 AI 程式分析會話並提取資料，語言功能會隨著時間的推移變得更加智慧化。這款機器人適合放置在養老院陪伴老人聊天，也很適合教小朋友。

　　最近，美國波士頓動力公司（Boston Dynamics）的研究重點是像狗一樣的細長機器人，它可以爬樓梯，在與人類的拔河中保持住姿勢，並可以開門，讓其他機器人通過。這些影片不禁讓人聯想到快速、強大，有時甚至令人生畏的未來機器人。2018 年 5 月 24 日，在波士頓舉行的機器人技術高峰會上，波士頓動力公司的小型機器人 Spot Mini 正穿過會議室，如圖 1-8 所示。

圖 1-8　波士頓動力公司的小型機器人 Spot Mini 正穿過會議室

從全球範圍來看，日本 ASMO Actroid-F 仿人機器人、Pepper 智慧機器人、美國 BigDog 仿生機器人等一大批智慧機器人快速湧現，龍頭企業也紛紛透過收購機器人企業，將智慧機器人作為人工智慧重要的載體，推動人工智慧發展，例如 Google 相繼收購 Schaft、Redwood Robotics 等 9 家機器人公司，積極在類人型機器人製造、機器人協同等方面布局。從中國市場來看，包括商用機器人在內的服務機器人市場規模在 2017 年突破 200 億人民幣。隨著智慧機器人市場的規模越來越大，且智慧機器人切入點種類繁多，創業公司和龍頭紛紛從不同的領域、方向和切入點加入智慧機器人領域的市場爭奪。

值得指出的是，機器人進展有時不盡人意。以前日本人常常炫耀他們的機器人能跳舞，結果一個福島第一核電廠事故一下子把所有問題都暴露了，發現他們的機器人一點用都沒有。美國也派了機器人過去，同樣出了很多問題。比如一個簡單的技術問題，機器人進到災難現場，背後拖一根長長的電纜，要供電和傳資料，結果電纜就被纏住了，動彈不得。所以，智慧服務機器人仍處於產業化起步階段。

1.2.4　自動駕駛

AI 的智慧程度決定了無人駕駛的可靠性，蘋果、Google、特斯拉、百度等公司持續研發無人駕駛技術。雖然交通環境變化多樣，當前的技術水準還無法直接應用於日常上路。但在行車過程中，人工智慧技術已經開始發揮作用，包含行車記錄器、測距儀、雷達、感測器、GPS 等設備的 ADAS 系統，已經可以幫助汽車即時感知周圍情況並發出警報，實現高階輔助駕駛，保證使用者行車安全。自動駕駛的技術核心包括高精度地圖、定位、感知、智慧決策與控制四大模組。自動駕駛汽車依託交通場景物體辨識技術和環境感知技術，實現高精度車輛探測辨識、追

蹤、距離和速度估算、路面分割、車道線檢測，為自動駕駛的智慧決策提供依據。

　　汽車行業正經歷大規模的顛覆，汽車廠商越來越意識到，半自動和全自動駕駛車輛將需要基於 AI 的電腦視覺解決方案，以確保安全駕駛。特斯拉推出了多款電動車，包括 Model S、Model 3（前面兩個為小轎車）、Model X（SUV）、Semi 電動卡車等車型。這些車型配備了半自動化駕駛技術，包括自動煞車、車道保持以及車道偏離警告等功能。在中國，自動駕駛／輔助駕駛融資 107 億人民幣，在整個中國 AI 投資中占比 18%。中國的自動駕駛／輔助駕駛企業雖然只有 31 家，但融資額卻排在第三。

　　與人類水準相當的無人駕駛可能需要更長時間的測試才能成熟起來，但是，我們預估，在未來幾年中，越來越多的汽車廠商和 IT 公司會進入自動駕駛領域。目前，自動駕駛研究領域基本分為兩大陣營：

　　（1）傳統汽車廠商和 Mobileye 公司合作的「遞進式」應用型陣營──「在任何區域裡發揮局部功能」，強調「萬無一失」的複雜感測器組合（redundancy in system）辨識周圍環境。透過低精度導航地圖在任何區域實現無人駕駛。

　　（2）以 Google、百度以及初創科技公司為主的「越級式」研究型陣營──「在特定區域裡發揮全效功能」，強調透過採集某一區域的高精度 3D 地圖資訊配合雷射雷達在某一區域實現無人駕駛。

　　但是殊途同歸，兩大陣營的終極願景都是：「在任何區域裡發揮全效功能」。

1.2.5　機器學習

　　人的大腦一直是一個未解之謎。人類如何思考，人類的大腦如何工作，智慧的本質是什麼，是古今中外的哲學家和科學家一直在努力探索

和研究的問題。早期的研究者將邏輯視為人類智慧最重要的特徵。讓電腦中的人工智慧程式遵循邏輯學的基本規律進行運算、歸納或推理，是許多早期人工智慧研究者的最大追求。但人們很快發現，人類思考實際上僅涉及少量邏輯，大多是直覺的和下意識的「經驗」。基於知識庫和邏輯學規則建構的人工智慧系統（例如專家系統）只能解決特定的狹小領域問題，很難被擴展到寬廣的領域和日常生活中。於是，一些研究者提出了一種全新的實現人工智慧的方案，那就是機器學習。

　　人類的聰明之處就在於可以透過既有的認知觸類旁通的推理出未知的問題。如圖 1-9 所示，人類看書（書就是資料）時，依靠自身的思考與學習從書中提煉出智慧；機器學習是讓電腦利用已知資料得出適當的模型，並利用此模型對新的情境給出判斷的過程。機器學習本質上是一種電腦演算法，電腦透過大量樣本資料的訓練能夠對以後輸入的內容做出正確的反饋。訓練的過程就是透過合理的試錯來調整參數，使得出錯率降低，當出錯率低到滿足預期的時候，就可以拿出來應用了。機器學習分為有監督學習和無監督學習。

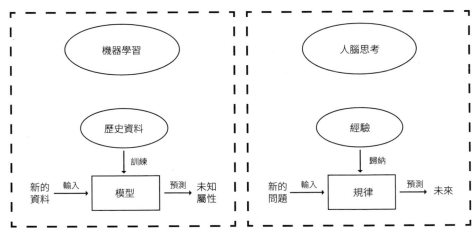

圖 1-9　機器學習與人腦思考

第1章 人工智慧概述

　　機器學習的應用非常廣泛，應用在文本方面就是自然語言處理，應用在圖像方面就是圖像（模式）辨識，應用在影片上就是實體辨識，應用在汽車上就是自動駕駛等等。

　　機器學習重要的成果是 2006 年關於深度學習（Deep Learning）的突破。深度學習起源於 1980、1990 年代的神經網路研究。深度學習模型的靈感來自於人類大腦視覺皮層以及人類學習的方式，以工程化方法對功能進行簡化。深度學習模型是否精確反映了人類大腦的工作方式還存在爭議，但重要的是這一技術的突破讓機器第一次在語音辨識、圖像辨識等領域實現了與人類同等甚至超過人類的感知水準，從實驗室走向產業，發揮價值。2017 年 11 月，Google 發表了 TensorFlow Lite，這是一款深度學習工具，讓開發者可以在行動設備上即時的運行人工智慧應用程式，已開放給 Android 和 iOS 開發者使用。TensorFlow Lite 發表時還提供了有限的預訓練人工智慧模型，包括 MobileNet 和 Inception V3 物體辨識電腦模型，以及 Smart Replay 自然語言處理模型。開發者自己的資料集訓練的客製模型也可以部署在上面。TensorFlow Lite 使用 Android 神經網路應用程式介面（API），可以在沒有加速硬體時直接調用 CPU 來處理，確保其可以兼容不同設備。

　　美國大筆投資在機器學習應用上，占美國整個 AI 投資的 21%。這一領域是僅次於晶片的吸金領域（晶片投資的占比為 31%）。機器學習熱潮是由三個基本因素的融合推動的：（1）深度學習演算法的持續突破。（2）大數據的快速成長。（3）機器學習的運算加速，如 GPU 晶片這樣的機器學習硬體，將訓練時間從幾個月縮短到幾天、幾個小時。這些硬體晶片正在迅速發展，Google、輝達、英特爾等公司都宣布推出下一代 GPU 晶片硬體，這將進一步加快訓練速度 10 ～ 100 倍。

1.2.6 遊戲

遊戲是一個相對簡單和可控的實驗環境，因此經常用於 AI 研究。在遊戲領域，AI 已超過人類。

1. 西洋棋

1950 年代，一些電腦科學家預測，到 1967 年，電腦將擊敗人類象棋冠軍。但直到 1997 年，IBM 的「深藍」系統才擊敗當時的西洋棋冠軍 Gary Kasparov。如今，在智慧型手機上運行的西洋棋程式可以表現出大師級的水準。

2. 圍棋

2016 年 3 月，Google DeepMind 團隊開發的 AlphaGo 系統擊敗了圍棋冠軍。DeepMind 後來發表了 AlphaGo Master，並在 2017 年 3 月擊敗了排名第一的柯潔。2017 年 10 月，DeepMind 發表在 *Nature* 上的論文詳細介紹了 AlphaGo 的另一個新版本——AlphaGo Zero，它以 100：0 擊敗了最初的 AlphaGo 系統。

AlphaGo 成功的背後是結合了深度學習、強化學習（Reinforcement Learning）與搜尋樹演算法（Tree Search）三大技術。簡單來說，當時的 AlphaGo 有兩個核心：策略網路（Policy Network）和評價網路（Value Network），這兩個核心都是由卷積神經網路所構成的。具體而言，首先在「策略網路」中輸入大量棋譜，機器會進行監督式學習，然後使用部分樣本訓練出一個基礎版的策略網路，並使用完整樣本訓練出「進階版」的策略網路，讓這兩個網路對弈，機器透過不斷新增的環境資料調整策略，也就是所謂的強化學習。而「策略網路」的作用是選擇落子的位置，再由「評價網路」來判斷盤面，分析每個步數的權重，預測遊戲的輸贏結果。當這兩個網路把落子的可能性縮小到一個範

圍內時，機器運算需要龐大運算資源的負擔減少了，再利用蒙地卡羅樹搜尋於有限的組合中算出最佳解。而 AlphaGo Zero 與 AlphaGo 不同，它沒有被輸入任何棋譜，而是從一個不知道圍棋遊戲規則的神經網路開始，僅透過全新的強化學習演算法，讓程式自我對弈，自己成為自己的老師，在這個過程中，神經網路不斷被更新和調整。

3. 撲克

2017 年，在賓州匹茲堡，由卡內基美隆大學團隊研發的人工智慧系統 Libratus 和 4 位德州撲克頂級選手展開了一場為期 20 天的鏖戰，經過 12 萬手牌的比賽，Libratus 獲得了最終勝利，贏取了 20 萬美元的獎金。Libratus 的策略並非基於專業玩家的經驗，它的玩牌方式有明顯的不同。研發團隊採用了一套叫作 Counterfactual Regret Minimization（反事實的遺憾最小化）的演算法，利用在匹茲堡超級電腦中心大約 1,500 萬核心小時的運算，它會先讓 Libratus 反覆的進行自我博弈，隨機的玩上萬億手撲克，不斷的試錯，建立自己的策略，最終達到頂尖撲克玩家的水準。Libratus 可以透過強大的運算和統計能力，把各種打法雜糅，並透過推理對其進行任意排列，將下注範圍和隨機性提高到人類牌手無法企及的程度，讓人類玩家難以猜測自己手中到底握有什麼樣的牌。系統檢測自身在每輪比賽中的弱點，每天補救最明顯的失誤，最終贏得比賽。

中國工程院院士高文總結了什麼樣的 AI 系統不需要外部資料就可以戰勝人，實際上需要滿足以下三個條件：

（1）集合是封閉的。無論是狀態集還是其他集，集合都是封閉的，我們知道圍棋集合是封閉的。

（2）規則是完備的。也就是說，下棋時什麼地方能下，什麼地方不能下，這個規則是完全完備的，不能隨便更改。

（3）約束是有限的。也就是說，在約束條件下，不可以逾規，因為

有了遞規之後，往下推演就停不下來，而有限的時候就能停下來。

滿足這三個條件，不需要外部資料，系統自己產生資料就夠了。所以可以預見，今後有很多情況，你可以判斷這個人和機器最後誰能贏，滿足這三個條件機器一定能贏，無論是德州撲克還是圍棋，類似的情況很多。

1.3　美國 AI 龍頭分析

在美國，引領 AI 產業發展的龍頭主要是 Google、蘋果、微軟、亞馬遜、Facebook、IBM、特斯拉等公司，這些公司都在 AI 領域部署了大量的資源。表 1-2 總結了這幾個公司在各個層面上的部署情況。

表 1-2　美國 AI 龍頭公司的技術布局

公司	應用層		技術層	基礎層
	消費級產品	行業解決方案	技術平臺／框架	晶片
Google	Google無人車、Google Home	Voice Intelligence API、Google Cloud	TensorFlow系統、Cloud Machine Learning Engine	客製化TPU、Cloud TPU、量子電腦
亞馬遜	智慧音箱Echo、Alexa語音助理、智慧超市Amazon go、PrimeAir無人機	Amazon Lex、Amazon Polly、Amazon Rekognition	AWS分散機器學習平臺	Annapurna ASIC
Facebook	聊天機器人Bot、人工智慧管家Jarvis、智慧照片管理應用程式Moments	人臉辨識技術DeepFace、DeepMask、SharpMask、MultiPathNet	深度學習框架 Torchnet、FBLearner Flow	人工智慧硬體平臺Big Sur
微軟	Skype即時翻譯、小冰聊天機器人、Cortana虛擬助理、Tay、智慧攝影鏡頭A-eye	微軟認知服務	DMTK、Bot Framework	FPGA 晶片
蘋果	Siri、iOS照片管理			Apple Neural Engine
IBM		Watson、Bluemix、ROSS	SystemML	
特斯拉	自動駕駛車			

第 1 章　人工智慧概述

　　這些龍頭公司透過招募高等人才、組建實驗室等方式加快對關鍵技術的研發，Facebook 在 2013 年就成立了 Facebook 人工智慧研究實驗室，研究圖像辨識、語義辨識等人工智慧技術。表 1-3 列出了各大龍頭的 AI 實驗室的名稱、成立時間和簡介。

表 1-3　美國 AI 龍頭公司的實驗室布局

公司	名稱	成立時間	簡介
Google	A1實驗室	2016	負責Google自身產品相關的AI產品開發，推出第二代人工智慧系統TensorFlow
微軟	微軟研究院	1998	主要在包括語音辨識、自然語言和電腦視覺等在內的人工智慧研究
IBM	IBM研究院	1911	IBM推出超級電腦Deep Blue和Watson
Facebook	Facebook人工智慧研究實驗室（FAIR）	2013	研究圖像辨識、語義辨識等人工智慧技術，支援讀懂照片、辨識照片中的好友、智慧篩選上傳照片、回答簡單問題等功能
	應用機器學習實驗室（AML）	2013	將人工智慧和機器學習領域的研究成果應用到Facebook現有產品中

　　除了成立實驗室以外，龍頭們透過投資和併購儲備人工智慧研發人才和技術。其中，Google 於 2014 年以 4 億美元收購了深度學習演算法公司 DeepMind，該公司開發的 AlphaGo 為 Google 的人工智慧添上了濃墨重彩的一筆。根據 CB Insights 的研究報告（2011 年 -2016 年人工智慧主要收購事件），Google 自 2012 年以來共收購了 11 家人工智慧創業公司，是所有科技龍頭中最多的，蘋果、Facebook 和英特爾分別排名第二、第三和第四，標的集中於電腦視覺、圖像辨識、語義辨識等領域。最近幾年六大科技龍頭併購和投資案例如表 1-4 所示。

表 1-4　科技龍頭併購和投資案例

公司	交易時間	初創公司	產品／服務	收購投資意圖
蘋果	2017.5	Lattice Data	利用 AI 技術將非結構化資料轉換成可用的結構化資料	讓 Siri 可以理解更多訊息，處理更多使用者指令
	2017.3	RealFace	專注於臉部辨識技術，其應用程式可以從多個平臺中為使用者選出最好的照片	補充 iPhone 現有的 Touch ID 指紋掃描器認證系統
	2016.8	Turi	主要研發 Turi 機器學習平臺、GraphLab Create 和 Turi 預測服務，被應用於推薦、欺詐檢測、情感分析等多個方面	強化 Siri、App Store 等多款服務的產品體驗
	2016.1	Emotient	利用 AI 技術，透過臉部表情分析來判定人的情緒	幫助使用者挑選更好的應用程式，評估使用者的購物體驗，更精準的推送廣告等
	2015.10	VocalIQ	利用深度學習技術，透過語境理解使用者發出的指令	最佳化 Siri，使人機對話變得更自然
	2015.1	Perceptio	智慧型手機端的人工智慧圖像分類系統開發商	對使用者資料的利用最小化，並將盡可能多的技術放在手機端
Google	2017.3	Kaggle	資料發掘和預測競賽線上平臺，資料科學家、機器學習開發者社群	加速 AI 技術的分享和推廣
	2016.9	Api.ai	開發聊天機器人框架，面向開發者提供語音辨識、意圖辨識、上下文管理等功能	強化 Goofle Assistant 語音辨識功能
	2016.7	Moodstock	視覺搜尋公司，開發以機器學習為基礎的手機圖像辨識技術，可透過照片辨識書籍、CD、海報等	提高圖像辨識技術實力
	2015.1	Granata	行銷資源管理 AI 企業，為企業解決大範圍的資料驅動行銷問題	
	2014.10	Firebase	幫助開發者建構即時性應用程式的後端資料庫公司	進一步最佳化 Google 的公共雲端能力
	2014.10	Dark Blue Labs	脫胎於牛津大學，專注於電腦深度學習及自然語言處理	布局通用 AI，爭奪 AI 人才
	2014.10	Vision Factory	脫胎於牛津大學，專注於電腦深度學習及視覺辨識	布局通用 AI，爭奪 AI 人才

（續表）

公司	交易時間	初創公司	產品／服務	收購投資意圖
Google	2014.8	Emu	透過分析使用者聊天的文本訊息，自動執行行動助理的任務，如自動建立日程、預訂餐廳	加強自身的訊息和通訊服務
	2014.8	Jetpac	透過 AI 技術分析 Instagram 圖片，對城市特點進行分析，為旅行提供城市指南服務	提高圖像辨識技術實力
	2014.1	Nest	智慧家居公司，產品有恆溫器和煙霧、一氧化碳探測器等	布局智慧家居，將 Google Assistant 與 Nest 設備相連接
	2014.1	Deep Mind	AlphaGo 的開發者，專注於深度學習和神經科學研究	布局通用 AI，爭奪 AI 人才
	2013.3	DNNresearch	專注於深度學習和神經網路研究，由深度學習開山鼻祖 Geoffrey Hinton 創立	公司只有三個人，沒有任何實際的產品和服務，屬於人才性收購
微軟	2017.1	Maluuba	擅長問答及決策系統的深度學習與強化學習，試圖解決語言理解方面的一些根本性問題，包括記憶能力、常識推理能力、好奇心和決策能力等	基於其運算實力和在 AI 領域的人才儲備
	2016.8	Genee	提供基於AI演算法的會議行程安排服務	將其技術整合到 Office 365 和智慧助理中
	2016.6	Linkedin	全球最大的職業社交網站，月活躍使用者高達 1.06 億	獲取大量員工及雇主資料，透過 AI 技術深入挖掘以改善產品服務
	2016.6	Wand Labs	專注行動聊天開發，提供與第三方開發商的融合和聊天介面	增強微軟智慧語音助理和 BING的人機互動功能
	2016.2	SwiftKey	開發了利用 AI 技術能夠預測使用者輸入內容的輸入法	獲得 SwiftKey 強大的 AI 團隊
	2015.1	Equivio	文本分析服務技術提供商，利用機器學習讓客戶更方便的進行資料管理	將其演算法整合到 Office 365 服務中，為使用者提供更智慧的郵件及文件檔案管理功能
亞馬遜	2017.1	Harvest,ai	使用機器學習分析公司關鍵 IP 上的使用者行為，在重要客戶資料中可以更新之前的辨識並停止有針對性的攻擊	利用 AI 技術強化自身的安全服務能力
	2016.9	Angel.ai	從自然語言查詢文字中提取可操作的意圖，引導使用者直接訪問正在查找的產品	最佳化自己的搜尋技術和拓展 AI 在互動式商務上的應用
	2015.12	Orbeus	開發基於類神經網路的圖像辨識技術，其應用程式軟體能自動分類和辨識照片內容	為旗下雲端運算和物聯網業務拓展智慧軟體

公司	交易時間	初創公司	產品／服務	收購投資意圖
英特爾	2017.3	Mobileye	自動駕駛演算法和晶片提供商，專注於電腦視覺演算法和 ADAS 晶片技術研發	布局自動駕駛領域
	2016.9	Movidius	視覺演算法晶片公司，研發了低能耗電腦視覺晶片組 Myriad 系列等	幫助英特爾發展無人機、機器人、虛擬現實等市場
	2016.8	Nervana	為深度學習提供雲端運算平臺，開發者可以使用該平臺為自己開發更智慧的應用程式	獲得深度學習的 IP 和具體產品
	2016.5	ITSeeZ	電腦視覺公司，面向駕駛員輔助系統的軟體和服務	加強在汽車和影片等物聯網細分市場的投入
	2015.10	Saffron	透過模仿人類大腦工作方式的演算法來從龐大的資料集裡提取有用的資訊	讓人工智慧進入一般的電子產品
	2013.9	Indisys	專注於自然語言辨識技術，其開發的基於對話的系統擁有 Web 及行動版本	自主開發和掌握語音辨識技術
Facebook	2016.11	Zurich Eye	幫助機器人實現室內外導航，可以用於內置場景追蹤，對於虛擬現實來說是非常重要的	團隊加入 Oculus 公司中，改進其產品
	2016.3	Masquerade	熱門換臉應用程式 MSQRD 的開發商	在影片領域實現創新
	2015.1	Wit.ai	讓開發者共享語法和訓練資料，幫助開發者為應用程式引入語音辨識技術	幫助 Messenger 創建語音輸入模式，提升語意理解水準

　　整體來說，這些龍頭透過收購拚搶人才，強化技術儲備；同時爭相開源，建構生態，人工智慧的平臺化和雲端化將成為全球發展的潮流。Google 是全球在人工智慧領域投入最大且整體實力最強的公司，Google 希望利用開源系統建構 AI 生態，涵蓋更多使用者使用場景，從網際網路、行動網路等傳統業務延伸到智慧家居、自動駕駛、機器人等領域，累積更多資料資訊。亞馬遜是在 B 端和 C 端共同發力的，透過智慧音箱和語音助理引領人工智慧消費級行業生態。另一方面，亞馬遜用人工智慧深化 AWS 雲端運算服務，賦能全行業。Facebook 在人工智慧領域的布局主要圍繞其使用者的社交關係和社交資訊來展開。

　　除了正面競爭外，龍頭們在人工智慧領域也積極合作。2016 年 9

月，Facebook、亞馬遜、Google、IBM、微軟五大龍頭成立了非營利組織 Partnership on AI（人工智慧合作組織），旨在分享 AI 領域的最佳技術實踐，促進公眾對 AI 的理解，挖掘可以促進社會福祉的 AI 研究領域，並提供一個公開參與的平臺。

1.4　中國 AI 現狀

在國際科技龍頭（如微軟、Google、Facebook 等）積極布局人工智慧領域的同時，中國網路龍頭 BAT 及各個科技公司也爭相切入人工智慧產業，充分展示了中國科技領頭羊對於未來市場的敏銳嗅覺。中國 AI 公司基本集中在應用層，在電腦視覺、語音辨識等領域獲得了一定的成績，在人臉辨識、人臉支付、語音辨識、智慧醫療、智慧家居等領域的應用發展迅速。表 1-5 列舉了中國 BAT 公司在人工智慧上的布局。

表 1-5　中國 BAT 公司的 AI 布局

公司	應用層		技術層	基礎層
	消費級產品	行業解決方案	技術平臺／框架	晶片
騰訊	Wechat AI、Dreamwriter 寫作機器人、圍棋 AI 產品「絕藝」、天天 P 圖	智慧搜尋引擎「雲搜」和中文語義平臺「文智」、優圖	騰訊雲平臺、Angel、NCNN	
百度	百度識圖、百度無人車、度祕（Duer）	Apollo、DuerOS	Paddle-Paddle	DuerOS晶片
阿里	智慧音箱天貓精靈 X1、智慧客服「阿里小蜜」	城市大腦	PAI 2.0	

在中國的科技龍頭公司中，百度成立了深度學習實驗室，研究方向包括深度學習、電腦視覺、機器人等領域。表 1-6 列出了 BAT 的 AI 實驗室的名稱、成立時間和簡介。

表 1-6　BAT 公司的 AI 實驗室布局

公司	名稱	成立時間	簡介
百度	深度學習實驗室（IDL）	2013	研究方向包括深度學習、機器學習、機器翻譯、人機互動、圖像搜尋、圖像辨識、語音辨識等。相關產品包括百度識圖、百度無人車、深度學習平臺 Paddle-Paddle 等
	矽谷AI Lab（SVAIL）	2014	深度學習、系統學習、軟硬體結合研究
阿里	AI Lab	2017	消費級人工智慧產品研究
騰訊	騰訊AI Lab	2016	在內容、遊戲、社交和平臺工具型 AI 四個方向進行探索，研究方向包括機器學習、電腦視覺、語音辨識、自然語言處理的基礎研究，及其應用領域的探索
	優圖實驗室	2012	專注於圖像處理、模式辨識、機器學習、資料挖掘等領域的技術研發和業務落地
	騰訊 AI Lab－西雅圖 AI 實驗室	2017	專注於語音辨識、自然語義理解等領域的基礎研究

北京、上海、廣州和深圳正在積極搶抓全球人工智慧產業發展的重大機遇，一些城市發表了 AI 的行動計畫，成立了 AI 研究院。例如，2017 年 10 月，北京市發表《中關村國家自主創新示範區人工智慧產業培育行動計畫（2017-2020 年）》；2017 年 12 月，廣州國際人工智慧產業研究院在廣州南沙自貿區掛牌，中國科學院院士戴汝為受聘為廣州 AI 研究院專家顧問委員會主席；2018 年 2 月，北京前沿國際人工智慧研究院正式宣布成立，李開復出任研究院首任院長。與網際網路類似，中國將會成為 AI 應用的最大市場，擁有豐富的 AI 應用場景、全球最多的使用者和全球最龐大的資料資源。

除了行業龍頭公司逐漸完善自身在人工智慧的產業鏈布局外，不斷湧現出的創業公司正在垂直領域深耕深挖。未來，「人工智慧＋」有望成為新業態。值得指出的是，中國人工智慧領域主要的問題在於教育人才培養的速度與行業發展速度搭配不上。根據麥肯錫〈中國人工智慧的未來之路〉報告：「中國只有不到 30 所大學的研究實驗室專注於人工智慧，輸出人才的數量遠遠無法滿足人工智慧企業的用人需求。此外，中國的

人工智慧科學家大多集中於電腦視覺和語音辨識等領域,造成其他領域的人才相對匱乏。」

1.5　AI 與雲端運算和大數據的關係

　　AI 是今後產業發展的強大引擎。無論是中國的 BATJ,還是美國的 Google、亞馬遜、微軟、Facebook、蘋果等公司,他們都已經擁有了大量的雲端運算基礎設施。它們各自推出的 AI 功能都是為了給予雲端客戶更強的資料處理能力,從而建構基於人工智慧的雲端服務,這符合未來雲端服務的「雲端+AI」發展趨勢。例如,亞馬遜利用 AWS 雲端正嘗試為雲端客戶提供高效能的 AI 解決方案。Google 寄希望於藉 AI 超越 AWS。基於微軟雲端平臺 Azure 的智慧 API 涵蓋了五大方向的人工智慧技術,包括電腦視覺、語音、語言、知識、搜尋五大類 API。

　　大數據與人工智慧相輔相成,在人工智慧的加持下,大量的大數據對演算法模型不斷訓練,又在結果輸出上進行最佳化,從而使人工智慧向更為智慧化的方向進步,大數據與人工智慧的結合將在更多領域中擊敗人類所能夠做到的極限。美國龍頭的人工智慧應用主要圍繞大數據挖掘,如 Facebook 建造能夠理解大量資料的人工智慧機器。AI 在行業應用中更為廣泛,AI 的熱門是與最近幾年大數據獲得重大的突破緊密相關的。

　　大數據與雲端運算的關係如下:

・資料是資產,雲端為資料資產提供儲存、訪問和運算。

・當前雲端運算更偏重大量儲存和運算,以及提供的雲端服務,運行雲端應用。但是缺乏使資料資產產生效益的能力,挖掘價值性資訊和預測性分析,為國家、企業、個人提供決策方案和服務,是大數據的核心議題,也是雲端運算的最終方向。

1.6　AI 技術路線

AI 的常見開發框架包括 Google 的 TensorFlow、Facebook 的 Torch、微軟的 CNTK 以及 IBM 的 SystemML 等，這些框架都是開源軟體。2015 年，Google 發表第二代人工智慧系統 TensorFlow，並宣布將其開源。TensorFlow 包括很多常用的深度學習技術、功能和例子的框架，本書用 3 章詳細介紹 TensorFlow。

2013 年，卷積神經網路發明者 Yann LeCun 加入 Facebook，帶領公司的圖像辨識技術和自然語言處理技術大幅提升。Facebook 的深度學習框架是在之前的 Torch 基礎上實現的，於 2015 年 12 月開源。表 1-7 列出了各個公司所提供的 AI 開源平臺。

表 1-7　AI 開源平臺列表

公司	成立時間	平臺名稱	簡介
Google	2015.11	TensorFlow	Google 的第二代深度學習系統，同時支援多臺伺服器
Microsoft	2015.11	DMTK	一個將機器學習演算法應用在大數據上的工具包
IBM	2015.11	SystemML	可實現客製化演算法、多模式編寫、自動最佳化
Facebook	2015.12	Torchnet	深度學習Torch框架，鼓勵模組化程式設計
Microsoft	2016.01	CNTK	透過一個有向圖將神經網路描述為一系列運算步驟
Amazon	2016.05	DSSTNE	能同時支援兩個 GPU 參與運行深度學習系統

1.7　AI 國家策略

自 2016 年起，人工智慧領域建設已上升至中國的國家策略層面，相關政策進入全面爆發期。2016 年 5 月，中國國家發改委在《「互聯網＋」人工智慧三年行動實施方案》中明確提出，到 2018 年，中國國內要形成人民幣千億元級的人工智慧市場應用規模。2017 年 7 月，中國國務院印發關於《新一代人工智慧發展規畫的通知》。未來幾年內，人工智慧產業有望持續獲得國家的大力支持，加速人工智慧需求的滿足。

　　2017 年 12 月 14 日，中國工業和信息化部正式印發《促進新一代人工智慧產業發展三年行動計畫（2018-2020 年）》，提出以資訊技術與製造技術深度融合為主線，以新一代人工智慧技術的產業化和整合應用為重點，推進人工智慧和製造業深度融合，加快製造強國和網路強國建設。該計畫按照「系統布局、重點突破、協同創新、開放有序」的原則，提出了四方面的主要任務：一是重點培育和發展智慧網聯汽車、智慧服務機器人、智慧無人機、醫療影像輔助診斷系統、影片圖像身分辨識系統、智慧語音互動系統、智慧翻譯系統、智慧家居產品等智慧化產品，推動智慧產品在經濟社會的整合應用。二是重點發展智慧感測器、神經網路晶片、開源開放平臺等關鍵環節，落實人工智慧產業發展的軟硬體基礎。三是深化發展智慧製造，鼓勵新一代人工智慧技術在工業領域各環節的探索應用，提升智慧製造關鍵技術裝備創新能力，培育推廣智慧製造新模式。四是建構行業訓練資源庫、標準測試及智慧財產權服務平臺、智慧化網路基礎設施、網路安全保障等產業公共支撐體系，完善人工智慧發展環境。

1.8　AI 的歷史發展

　　簡單來說，把人工智慧發展的 60 年分為兩個階段。第一階段：前 30 年以數理邏輯的表達與推理為主。第二階段：後 30 年以機率統計的建模、學習和運算為主。這兩個階段展現了三次人工智慧的發展高潮（對 AI 發展歷史不感興趣的讀者，可以直接跳過本節的內容）。

　　人工智慧的萌芽可以追溯到 1930、1940 年代。艾倫·圖靈是英國的數學家和密碼專家。「二戰」期間，他提出了許多破譯德軍密碼的方法，其中最著名的是發明了能夠破譯恩尼格瑪（Enigma）密碼機設置的機電裝置。恩尼格瑪密碼機的強大之處在於它的加密系統變化萬千，大概

有 1.59 萬萬億種設置機器的可能性，如果靠人力一個一個的嘗試來破解一條密碼，花費的時間可能要比宇宙存在的時間還長。圖靈意識到，僅靠人力無法完成這個任務，出路只有一條，那就是製造另一臺更強大的機器。圖靈設計的解密機名為「炸彈」，機器每轉動一秒，就可以測試幾百種密碼編譯的可能性，十幾分鐘就可以完成人類數週的運算量，每天可以破譯 3,000 多條恩尼格瑪密碼。這臺機器在破譯截獲訊息方面發揮了重要作用。

自此，圖靈對機器有了新的想法。1950 年，在他的論文〈運算機器與智慧〉中，開篇就提出了這樣一個問題：機器能思考嗎？這是通用電腦剛剛誕生的時代。電腦的使用者，無論是軍方、科學家、研究院，還是學生，都將電腦視為一臺速度特別快的數學運算工具。很少有人去思索，電腦是否可以像人一樣思考。圖靈卻走在了所有研究者的前面。在文章中，圖靈試圖探討到底什麼是會「思考」的機器，並提出了一個判定機器是否具有智慧的實驗方法：如果一臺機器能夠與人類對話，而不被辨別出其機器的身分，那麼這臺機器便具備智慧。這就是著名的圖靈測試。

圖靈的思想啟發了無窮的想像，讓人們不斷思考著這一話題。1956 年，時任美國達特茅斯學院數學助理教授的約翰・麥卡錫（John McCarthy）與另一位人工智慧先驅馬文・明斯基（Marvin Minsky）以及「資訊論」創始人克勞德・夏農一道作為發起人，邀請各學科志同道合的傑出學者在美國達特茅斯學院一同探討建造思考的機器的命題。在會上，研究人員正式將該領域命名為「人工智慧」（Artificial Intelligence），將其確立為一個獨立的學科。他們表示：「人們將在一個假設的基礎上繼續進行關於人工智慧的研究，那就是學習的各個方面或智慧的各種特性都能夠實現精確描述，以便我們能夠製造機器來模仿

第 1 章　人工智慧概述

學習的這些方面和特性。人們將嘗試使機器讀懂語言，創建抽象概念，解決人們目前的各種問題，並且能自我完善。」達特茅斯會議被認為是人工智慧的開端。

達特茅斯會議之後的數年是人工智慧大發現的時代。研究者們不斷獲得重要進展，構造出了一系列能夠完成一些讓以往的人們認為死板的電腦無法完成的任務的電腦程式。例如，亞瑟‧塞謬爾（Arthur Samuel）在 1950 年代中期和 1960 年代初開發的棋類程式的棋力已經可以挑戰具有相當水準的業餘愛好者。另一項突破是感知人工智慧，馬文‧明斯基和西摩爾‧派普特（Seymour Papert）用一個機械手臂、一個攝影鏡頭和一臺電腦製作了一個會搭積木的機器手臂，這無疑是電腦視覺方面的一項壯舉。一個名為 SAINT 的項目能夠解開大學一年級課程水準的微積分中的積分問題。約瑟夫‧維森鮑姆（Joseph Weizenbaum）發明了一個名叫 ELIZA 的聊天機器人，可以實現簡單的人機對話。對許多人而言，這一階段開發出的程式堪稱神奇，當時大多數人都無法相信機器能夠如此「智慧」。研究者們在私下的交流和公開發表的論文中表達出了相當樂觀的情緒。1965 年，赫伯特‧賽門（Herbert Simon）稱，用不了 20 年，機器就能夠完成人類能做的任何工作。不久以後，馬文‧明斯基補充道：「我們這一代人能夠大體上解決創造人工智慧的問題。」

伴隨著初期的顯著成果和樂觀情緒的瀰漫，在麻省理工學院、卡內基美隆大學、史丹佛大學、愛丁堡大學建立的人工智慧項目都獲得了來自 ARPA（即後來的 DARPA，美國國防高等研究計畫署）等政府機構的大筆資金。然而，這些投入卻並沒有讓當時的樂觀預言得以實現，從 1970 年代開始，人工智慧的發展開始出現問題。人們發現，即使是最傑出的人工智慧程式也只能解決它們嘗試解決的問題中最簡單的一部分，

稍微超出範圍就無法應對。這裡面主要存在幾方面的局限。一是當時的電腦有限的記憶體和處理速度不足以解決任何實際的人工智慧問題；二是有很多運算複雜度以指數程度增加，這些問題的解決需要近乎無限長的時間，所以成為不可能完成的運算任務；三是資料量的缺失，很多重要的人工智慧應用（例如機器視覺和自然語言處理）都需要大量對世界的認知資訊，在那個年代，沒有人能夠做出如此龐大的資料庫，也沒人知道一個程式怎樣才能學到如此豐富的資訊。人工智慧項目的停滯，使人們對該領域的熱情漸漸冷卻下來，大幅縮減的資助使其首次進入了「人工智慧的冬天」。

在通用問題求解機制遭到失敗之後，人們開始嘗試針對特定領域，使用更強有力的領域相關的知識，以允許更加深入的推理步驟，對付該領域中出現的特殊情況。科學家們認為，1970 年代的教訓是智慧行為與知識處理關係非常密切，有時還需要特定任務領域非常細膩的知識。例如，一臺應用於神經系統科學的電腦必須像合格的神經系統科學家一樣，了解該學科的相關概念、事實、表述、研究方法、模型、隱喻和其他方面。要創造出能夠解決現實問題的人工智慧，需要一臺能夠將推理和知識相結合的機器，一類名為「專家系統」的人工智慧程式應運而生。專家系統的能力來源於它們儲存的專業知識，能夠根據某領域一個或多個專家提供的知識和經驗進行推理和判斷，模擬人類專家的決策過程，回答或解決該領域的問題。由愛德華・費根鮑姆（Edward Feigenbaum）創造的 DENDRAL 是世界上第一個專家系統，它可以推斷化學分子結構。另一個類似的項目名為 MYCIN，能夠診斷血液傳染病，表現的甚至比初階醫生要好。DENDRAL 和 MYCIN 都只是實驗室的實驗，並沒有真正應用到現實世界。1980 年，卡內基美隆大學為數位設備公司 DEC 設計了一個名為 XCON 的專家系統，其目的是按照客戶

的需求，幫助 DEC 的銷售人員為客戶配置適合他們的電腦組件。在使用 XCON 之前，由於銷售人員並非都是技術專家，DEC 經常發生客戶購買的硬體與硬體、硬體與軟體不適配的情況，以致引起客戶不滿甚至進行法律訴訟。到 1986 年，XCON 一共處理了 80,000 條指令，準確率達到 95% ～ 98%，每年為 DEC 節約 2,500 萬美元。其他企業很快也開始研發和應用專家系統，到 1985 年，約有 150 家公司投資 10 億美元推展人工智慧業務。受此鼓勵，日本政府投入鉅資開發所謂的第 5 代電腦，其目標是造出能夠與人對話、翻譯語言、解釋圖像，並且像人一樣推理的機器。其他國家紛紛響應，向人工智慧項目提供資助。

　　有趣的是，像馬文·明斯基這樣經驗豐富的研究者卻在迴避對專家系統熱烈的追捧，預計不久後，人們將轉向失望。事實被他們不幸言中，從 1987 年開始，蘋果和 IBM 生產的個人電腦性能不斷提升，這些電腦沒有用到 AI 技術，但性能上卻超過了專家系統所使用的價格昂貴的機器。相比於現代個人電腦，XCON 等最初大獲成功的專家系統維護費用居高不下，難以升級，實用性僅局限於某些特定的場景，專家系統風光不再。資本又一次迅速蒸發，政府補助消失得無影無蹤，人工智慧的第二個冬天到來了。

　　人工智慧這一次遭遇的寒流與第一次相比有過之而無不及，人們開始思考人工智慧到底往何處走，人工智慧研究者是否以正確的方式工作。在早期的人工智慧研究裡，智慧最重要的特徵是解決那些困難到連高學歷的人都覺得有挑戰性的任務，例如象棋、數學定理證明和解決複雜的代數問題。至於四、五歲的小孩就可以解決的事情，例如用眼睛區分咖啡杯和一張椅子、用腿自由行走，或者發現一條可以從臥室走到客廳的路徑，這些都被認為是不需要智慧的。正因為如此，早期的人工智慧研究者對製造出會思考的機器抱著十分樂觀的態度，他們認為，當

幾乎解決了邏輯和代數這樣對於一般人困難的問題時，容易的問題例如辨識人臉、在房間內走動等也會很快的被解決。但事實證明他們錯了。漢斯‧莫拉維克（Hans Moravec）、羅德尼‧布魯克斯（Rodney Brooks）、馬文‧明斯基等人指出，與傳統的假設不同，人類所具有的高階智慧能力只需要非常少的運算能力，但無意識的技能和直覺卻需要極大的運算能力。如莫拉維克所說的：「要讓電腦如成人般的下棋是相對容易的，但是要讓電腦有如一歲小孩般的感知和行動能力卻是相當困難甚至是不可能的。」於是，布魯克斯決定在人工智慧和機器人技術的研究上另闢蹊徑，從研究人類複雜行為轉向研究某些簡單行為的組合。他嘗試以昆蟲為靈感，建造了一種沒有辨識能力，只是依靠感應器的輸入來迅速決定做什麼的機器。布魯克斯的研究大獲成功，這種昆蟲機器人可以以人類的步調躲避障礙物，在房間內自由的行動。最終，這種技術用到了掃地機器人上，雖然能執行的任務有限，卻真正走入了人們的日常生活，人類與機器人有了第一次親密接觸。

　　與此同時，一派名為「機器學習者」的電腦科學家向傳統人工智慧發出質疑的聲音。該學派不相信邏輯推理是獲取真理的最佳途徑，而是採用基於統計模型的研究方法。類似於專家系統這樣的系統需要工程師充當各領域專家的角色，將知識提煉成電腦能讀懂的規則後編入系統架構，這樣的系統需要被不斷的更新來適應新的任務，被認為不能自動學習知識。機器學習理論的目的是設計和分析一些讓電腦可以自動「學習」的演算法，想讓電腦能夠透過大量歷史資料學習到規律，從而對新的資料進行辨識或者對未來做預測。由於人們對人工智慧開始抱有客觀理性的認知，人工智慧又產生了一個新的繁榮期。最早的結果為，1997 年，IBM 的超級電腦深藍（Deep Blue）戰勝世界排名第一的世界象棋大師加里‧卡斯帕洛夫（Garry Kasparov），讓人工智慧重新回到了公眾的

第1章 人工智慧概述

視野。從 2006 年開始，隨著一種名為「深度學習」技術的成熟，加上電腦運算速度的大幅成長，還有網路時代累積起來的大量資料，人工智慧迎來了第三次熱潮。

深度學習是機器學習的一種，其核心運算模型——人工神經網路源自於對大腦結構的深刻理解。人類大腦透過神經元的連接來傳遞和處理資訊，人工神經網路的模型就借鑑了人腦的這種機制。這種想法早在 1950 年代就被提出過，但很快因為無法實際工作而衰落。但傑佛瑞·辛頓（Geoffrey Hinton）等人並沒有放棄對神經網路的研究，他們堅信實現機器智慧的密碼就隱藏在這一層層互相連接的神經元中。經過 30 多年的耕耘，終於在 2006 年，辛頓帶領他的團隊發表了〈一種深度置信網路的快速學習演算法〉及其他幾篇重要論文，第一次提出了「深度學習」的概念，突破了此前人工智慧在演算法上的瓶頸。經過不斷的最佳化，深度學習開始在圖像辨識上大放異彩。2012 年，在代表電腦圖像辨識最尖端發展水準的 ImageNet 競賽中，辛頓團隊參賽的演算法模型突破性的將圖片辨識的錯誤率降低了一半，這是人工智慧發展史上一個了不起的里程碑。到 2014 年，基於深度學習的電腦程式在圖像辨識上的準確率已經超過人眼辨識的準確率。機器終於進化出了視覺，第一次看見了世界。隨著機器視覺領域的突破，以深度學習為基礎的人工智慧開始在語音辨識、資料挖掘、自動駕駛、機器翻譯等不同領域迅速發展，走進了產業的真實應用場景。2016 年，AlphaGo 的不可阻擋，讓人工智慧進入公眾的視線，人工智慧迅速升溫，成為政府、產業界、科學研究機構以及消費市場競相追逐的對象。世界各國紛紛將人工智慧作為國家策略，加緊發表規畫和政策，圍繞核心技術、頂尖人才、標準規範等強化部署，力圖在新一輪國際科技競爭中掌握主導權。企業將人工智慧作為未來的發展方向積極布局，資本已經把人工智慧作為風口大力投入，圍

繞人工智慧的創新創業也在不斷湧現。經過 60 年的發展，人工智慧終於從技術走向了應用，滲透到人類生活的各個方面。未來，人工智慧將深刻的改變人類的生產和生活方式。

圖 1-10 總結了人工智慧不同的研究領域與人類智慧中的各種能力的對應關係。

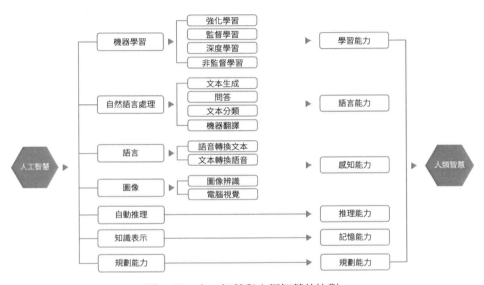

圖 1-10　人工智慧與人類智慧的比對

表 1-8 總結了人工智慧發展的脈絡及其象徵事件。

表 1-8　人工智慧發展的脈絡及其象徵事件

發展階段	年分	象徵事件
第一次浪潮 (1956-1974)	1956	達特茅斯會議，首次提出了「人工智慧」的概念
	1957	Frank Rosenblatt提出了「感知器（Perceptron）」，這是第一個用演算法來精確定義兩層的神經網路，是日後許多神經網路模型的始祖
	1965	Joseph Weizenbaum開發了互動程式ELIZA，是一個理解早期語言的電腦程式
	1964	Daniel Bobro開發了自然語言理解程式「STUDENT」
第一次寒冬 (1974-1980)		

（續表）

發展階段	年分	象徵事件
第二次浪潮 （1980～1987）	1980	CMU 為 DEC 公司研發了「專家系統」，幫助其每年節約了4,000萬美元的費用，受此鼓勵，很多國家再次投入巨資開發
	1986	用於人工神經網路的反向傳播演算法的提出，為機器學習帶來了希望，掀起了基於統計模型的機器學習熱潮
	1989	Yann LeCun 成功將反向傳播演算法應用於多層神經網路，可以辨識郵遞區號
第二次寒冬 （1987～1993）		
平穩發展 （1993～2010）	1997	IBM 研發的超級計算機 Deep Blue 擊敗人類象棋冠軍
	2006	Geoffrey Hinton 提出利用預訓練方法緩解了局部最佳解問題，將隱含層推動到7層，由此揭開了深度學習的熱潮
	2007	旨在幫助視覺對象辨識軟體進行研究的大型注釋圖像資料庫 ImageNet 成立
	2009	Google 開始研發無人駕駛汽車，2014 年 Google 在內華達州通過了自動駕駛測試
人工智慧浪潮 席捲全球 （2010～　）	2011	IBM 研發的 Watson 系統在美國電視問答節目 Jeopardy 上擊敗了兩名人類冠軍選手
	2012	Jeff Dean 和吳恩達向神經網路展示1,000萬來自 YouTube 影片隨機截取的圖片，發現它能辨識一隻貓
	2012	深度神經網路在圖像辨識領域獲得驚人的效果，在 ImageNet 評測上將錯誤率從26%降低到15%
	2015	微軟 ResNet 獲得了 ImageNet 的冠軍，錯誤率僅為3.5%
	2016	AlphaGo 戰勝圍棋世界冠軍李世乭，2017年化身 Master，再次出戰橫掃棋壇

第 2 章　AI 產業

第 2 章　AI 產業

　　人工智慧是一門新興的技術科學，該領域的研究包括機器人、語言辨識、圖像辨識、自然語言處理等。人工智慧從誕生以來，理論和技術日益成熟，應用領域也不斷擴大，AI 賦予了機器一定的視聽感知和思考能力，不僅會促進生產力的發展，而且會對經濟與社會的運行方式產生積極作用。目前，隨著資料資源和運算能力的大幅進步，深度學習演算法、語音辨識、圖像辨識等技術加速突破。資料資源、運算能力、核心演算法在客觀上構成人工智慧的三大基本要素在當前皆重新站上一個新臺階，共同推動當下人工智慧從運算智慧向更高層的感知、認知智慧發展，並透過衍生出通用技術、解決方案輸出以及具體人工智慧大規模應用產品的啟用，掀起人工智慧第三次新浪潮。

　　人工智慧作為全球科技革命和產業變革的制高點，已經成為推動經濟社會發展的新引擎。人工智慧產業是指一個以人工智慧關鍵技術為核心的、由基礎支撐和應用場景組成的、涵蓋領域非常廣闊的產業。與人工智慧的學術定義不同，人工智慧產業更多的是經濟和產業上的一種概括。如圖 2-1 所示，人工智慧產業分為三層：基礎層、技術層和應用層。其中，基礎層包括晶片、大數據、網路等多項基礎設施，為人工智慧產業奠定硬體和資料基礎。技術層包括電腦視覺、語音語義辨識、機器學習等，多數人工智慧技術公司以一項或多項技術細分領域為切入點。而最終人工智慧技術能否成形且產生龐大的商業價值，還需要應用層中多場景的應用。目前，人工智慧技術應用到多個行業中，包括金融、安防、智慧家居、醫療、機器人、自動駕駛等。應用層市場空間大，參與企業多，他們發展垂直應用，解決行業痛點，實現場景應用。

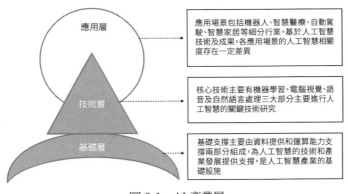

圖 2-1　AI 產業層

　　美國的 AI 產業布局非常完善,基礎層、技術層和應用層都有涉及,尤其是在演算法、晶片和資料等產業核心領域,累積了強大的技術創新優勢,各層級企業數量全面領先中國。相比較而言,中國在基礎元器件、基礎工藝等方面差距較大。AI 的目標客戶分為大眾消費市場和政府企業。面向政府企業的 AI 商業模式類似於傳統 IT 廠商的角色。

2.1　基礎層

　　人工智慧產業鏈分為基礎層、技術層和應用層。如圖 2-2 所示,基礎層包括晶片、感測器、大數據、雲端運算等領域,為 AI 提供資料或運算能力支撐。除了上述列出的領域外,其他領域,如大頻寬也是人工智慧基礎層的內容。透過大頻寬提供良好的基礎設施,以便在更大範圍內進行資料的收集,以更快的速度進行資料的傳輸,為大數據的分析、運算等環節提供時間和資料量方面的基本保障。

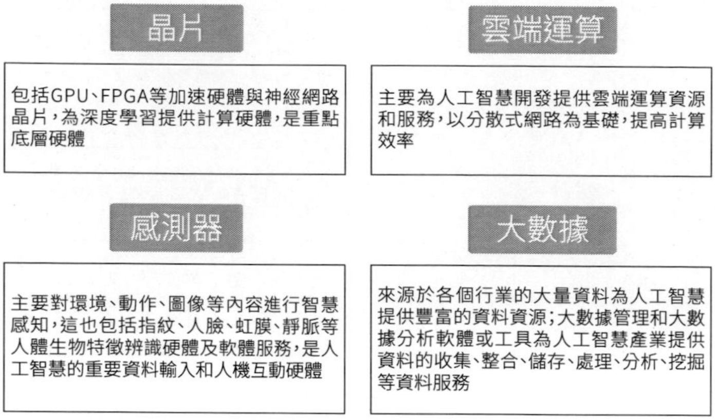

晶片	雲端運算
包括GPU、FPGA等加速硬體與神經網路晶片，為深度學習提供計算硬體，是重點底層硬體	主要為人工智慧開發提供雲端運算資源和服務，以分散式網路為基礎，提高計算效率

感測器	大數據
主要對環境、動作、圖像等內容進行智慧感知，這也包括指紋、人臉、虹膜、靜脈等人體生物特徵辨識硬體及軟體服務，是人工智慧的重要資料輸入和人機互動硬體	來源於各個行業的大量資料為人工智慧提供豐富的資料資源；大數據管理和大數據分析軟體或工具為人工智慧產業提供資料的收集、整合、儲存、處理、分析、挖掘等資料服務

圖 2-2　基礎層

　　大量資料是人工智慧發展的基礎，各類資訊系統和感測器的資料是未來大數據的核心。伴隨著物聯網的發展，資料開始以指數級規模成長，大量資料應用到人工智慧演算法模型的訓練中，AI 得以快速發展。人工智慧的技術也快速應用到大數據分析中，透過 AI 挖掘豐富資料背後的價值，從而可以極大的提高生產力。隨著一些核心基礎設施問題的解決，大數據應用層正在快速建構。一方面，專門的大數據應用幾乎在任何一個垂直行業都有出現。另一方面，在企業內部，已經出現了各種 AI 工具。例如，智慧客服應用為客戶提供個性化企業服務。

2.1.1　晶片產業

　　隨著中興事件的發生，大家都高度重視晶片。的確，AI 的「大腦」在於晶片和演算法。AI 晶片也被稱為 AI 加速器或運算卡，即專門用於處理人工智慧應用中的大量運算任務的模組。比如，今年 Google 的 NMT 神經網路機器翻譯系統，參數量達 87 億個，需要 105 ExaFLOPS（百億億次浮點運算）的運算量。當前，AI 晶片主要分為 GPU、FPGA、ASIC 和類腦晶片。在人工智慧時代，它們各自發揮優勢，呈現出百花齊放的狀

態。在美國人工智慧企業中，融資占比排名第一的領域為晶片／處理器，融資 315 億元，占比 31%。有專家預測，到 2020 年，AI 晶片市場規模將達到 146.16 億美元，約占全球人工智慧市場規模的 12.18%。AI 晶片由於投資週期長、專業技術壁壘厚，導致競爭非常激烈且難以進入。

AI 晶片目前有三個技術路徑，通用的 GPU（既能作為圖形處理器引爆遊戲業務，又能滲透資料中心橫掃訓練端）、可程式化的 FPGA（適用於疊代升級，各類場景化應用前景超大）以及專業的 ASIC（叩開終端 AI 的大門）。其中，輝達、英特爾兩大傳統晶片龍頭在三大路徑，特別是通用晶片和半客製化晶片都有布局，掌握強大的先發優勢，在資料中心、汽車等重要藍海布局扎實；ASIC 方面，Google 從 TPU 出發開源生態進行布局，且二代 TPU 展露了訓練端晶片市場的野心，且 ASIC 客製化的特點有效規避了傳統龍頭的壟斷局面，有著可靠健康的發展路線。表 2-1 總結了目前幾個主流的 AI 晶片廠商。

表 2-1　AI 晶片廠商列表

公司	晶片	說明
高通	驍龍	發表驍龍神經處理引擎軟體開發工具包挖掘驍龍 SoCAI 運算能力，與 Facebook AI 研究所合作研製 AI 晶片，收購 NXP 致力於發展智慧駕駛晶片
Google	TPU（TensorFlow Processing Unit）	專為其深度學習演算法 TensorFlow 設計，也用在 AlphaGo 系統、StreetView 和機器學習系統 RankBrain 中，第二代 Cloud TPU 理論算力達到了 180T Flops，能夠對機器學習模型的訓練和運行帶來顯著的加速效果
輝達	GPU	適合並行演算法，占目前 AI 晶片市場最大占比，應用領域涵蓋影片遊戲、電影製作、產品設計、醫療診斷等各個門類
AMD	GPU	GPU 第二大市場
英特爾	FPGA	來自 167 億美元收購的 Altera，峰值性能遜色於 GPU，指令可編寫程式，且功耗也要小得多，適用於工業製造、汽車電子系統等，可與至強處理器整合
	Xeon Phi Knights Mill	適用於包括深度學習在內的高性能運算，能充當主處理器，可以在不配備其他加速器或輔助處理器的情況下高效能處理深度學習應用
微軟	FPGA	自主研發，已被用於 Bing 搜尋，能支援微軟的雲端服務 Azure，速度比傳統晶片快得多
Xilinx	FPGA	世界上最大的 FPGA 製造廠商，2016 年底推出支援深度學習的 reVISION 堆疊
IBM	TrueNorth 類腦晶片	是一種基於神經型態的工程，2011 年和 2014 年分別發表了 TrueNorth 第一代和第二代類腦晶片，二代神經元增加到 100 萬個，可編寫程式數量增加 976 倍，每秒可執行 460 億次運算
蘋果	專用晶片 Apple Neural Engine	該晶片定位於本地設備 AI 任務處理，把臉部辨識、語音辨識等 AI 相關任務集中到 AI 模組上，提升 AI 演算法效率，未來可能嵌入蘋果的終端設備中
Mobileye	EyeQ5	用於汽車輔助駕駛系統

輝達是 GPU 的行業領袖。GPU 是目前深度學習領域的主流晶片，擁有強大的並行運算力。而另一個老牌晶片龍頭英特爾則是透過大舉收購進入 FPGA 人工智慧晶片領域的。Google 的 TPU 是專門為其深度學習演算法 TensorFlow 設計的，TPU 也用在了 AlphaGo 系統中。2017 年發表的第二代 Cloud TPU 理論算力達到了 180T Flops，能夠對機器學習模型的訓練和運行帶來顯著的加速效果。類腦晶片是一種基於神經形態工程，借鑑人腦資訊處理方式，具有學習能力的超低功耗晶片。IBM 從 2008 年開始模擬人類大腦的晶片項目。蘋果正在研發一款名為「蘋果神經引擎（Apple Neural Engine）」的專用晶片。該晶片定位於本地設備的 AI 任務處理，把臉部辨識、語音辨識等任務集中到 AI 模組上，提升 AI 演算法效率，未來嵌入蘋果的終端設備中。

自動駕駛系統與 AI 晶片緊密相關，比如，特斯拉的電動車使用的是輝達的晶片。在美國市場上，正在逐漸形成輝達與英特爾 -Mobileye 聯盟兩大競爭者。Mobileye 被英特爾以每股 63.54 美元的價格收購。Mobileye 的機器視覺演算法與英特爾的晶片、資料中心、AI 和感測器融合，加上地圖服務，正協同打造一個全新的自動駕駛供應商。英特爾的 EyeQ5 晶片對標輝達專為自動駕駛開發的 Drive PX Xavier SoC，據說 EyeQ5 的運算性能達到了 24 TOPS（萬億次／每秒），功耗為 10 瓦。

2.1.2　GPU

隨著 CPU 摩爾定律的終止，傳統處理器的運算力已遠遠不能滿足大量並行運算與浮點運算的深度學習訓練需求，而在人工智慧領域反應出強大適應性的 GPU 成為標準配置。GPU 比 CPU 擁有更多的運算器（Arithmetic Logical Unit），只需要進行高速運算而不需要邏輯判斷，其大量資料並行運算的能力與深度學習的需求不謀而合。因此，在深度

學習上游訓練端（主要用於雲端運算資料中心），GPU 是第一選擇。目前，GPU 的市場格局以輝達為主（超過 70%），AMD 為輔，預計 3～5 年內 GPU 仍然是深度學習市場的第一選擇。

截至目前，輝達毫無疑問是這波人工智慧浪潮最大的受益者。輝達股價從 2016 年初的 32.25 美元上漲至 2018 年初的 245.8 美元，兩年間其市值飆升近 8 倍，並迅速獲得了英特爾的體量。輝達的崛起完全得益於這場突如其來的人工智慧大革新。

有些晶片商除了做晶片之外，還會在整個 AI 生態上進行布局。例如，輝達擁有一個較為成熟的開發生態環境（CUDA，見圖 2-3），包括開發套件和豐富的開發庫（見圖 2-3）以及對輝達 GPU 的原生支援。據說在 CUDA 上面的開發者人數已經超過 50 萬人。

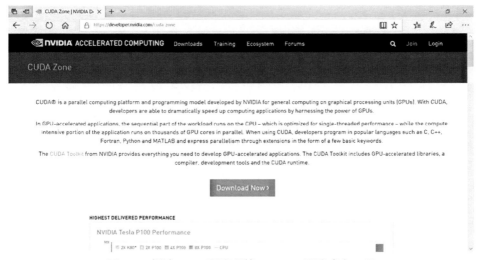

圖 2-3　輝達 GPU 開發環境 CUDA、開發庫和工具

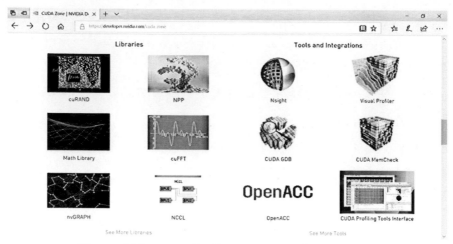

圖 2-3　輝達 GPU 開發環境 CUDA、開發庫和工具（續）

2.1.3　FPGA

FPGA 是現場可程式化邏輯閘陣列。下游推理端更接近終端應用，更關注響應時間而不是吞吐率，需求更加細分。目前來看，下游推理端雖可容納 GPU、FPGA、ASIC 等晶片，但隨著 AI 的發展，FPGA 的低延遲、低功耗、可程式化性（適用於感測器資料預處理工作以及小型開發試錯升級疊代階段）將凸顯出來。

在 FPGA 的市場占比中，Xilinx 為 49%，主要應用於工業和通訊領域，近年亦致力於雲端運算資料中心的伺服器以及無人駕駛的應用。Altera（已被英特爾收購）的市場占比約為 40%，定位跟 Xilinx 類似。萊迪斯半導體（Lattice Semiconductor）的市場占比約為 6%，主要市場為消費電子產品和行動傳輸，以降低耗電量、縮小體積及縮減成本為主。Microsemi(Actel) 的市場占比約為 4%，瞄準通訊、國防與安全、航太與工業等市場。目前，Altera 的 FPGA 產品被用於微軟 Azure 雲端服務中，包括 Bing 搜尋、機器翻譯等應用中。

2.1.4　ASIC

　　ASIC 是 Application Specific Integrated Circuit 的英文縮寫。AI 晶片的運算場景可分為雲端 AI 和終端 AI。輝達首席科學家 William Dally 將深度學習的運算場景分為三類，分別是資料中心的訓練、資料中心的推斷和嵌入式設備的推斷。前兩者可以總結為雲端的應用，後者可以概括為終端的應用。終端設備的模型推斷方面，由於低功耗、便攜等要求，FPGA 和 ASIC 的機會優於 GPU。

　　終端智慧晶片的一個經典案例是蘋果的 A11 神經引擎，它採用雙核心設計，每秒運算次數最高可達 6,000 億次。2017 年 9 月，蘋果發表了 iPhone X，搭載 64 位元架構 A11 神經處理引擎，實現了基於深度學習的高準確性臉部辨識解鎖方式（Face ID），並解決了雲端介面（Cloud-Based API）帶來的延時和隱私問題，以及龐大的訓練資料和運算量與終端硬體限制的矛盾。

2.1.5　TPU

　　隨著人工智慧革新浪潮與技術進程的推進，AI 晶片成了該領域下一階段的競爭核心。2016 年 5 月，Google 發表了一款特別的機器學習專屬晶片：張量處理器（Tensor Processing Unit，TPU），2017 年又推出了它的第二代產品（Cloud TPU）。這是一種被認為比 CPU，甚至 GPU 更加高效能的機器學習專用晶片。2018 年 2 月 13 日，Google 雲端 TPU 機器學習加速器測試版向外部使用者開放，價格大約為每雲端 TPU 每小時 6.50 美元。此舉意味著這種曾支援了著名 AI 圍棋程式 AlphaGo 的強大晶片將很快成為各家科技公司發展人工智慧業務的強大資源，Google 第二代 TPU 從內部項目邁向外部開發者、企業、專有領

域走出了關鍵的一步。

　　據 Google 稱，第一代 TPU 僅能夠處理推理任務，而第二代 TPU 還可以用於機器學習模型的訓練，這個機器學習過程中重要的部分完全可以在單塊、強大的晶片上進行。2017 年 4 月，Google 曾透過一篇論文 *In-Datacenter Performance Analysis of a Tensor Processing Unit* 介紹了 TPU 研究的相關技術，以及第二代晶片與其他類似硬體的性能比較結果。TPU 可以幫助 Google 的各類機器學習應用進行快速預測，並使產品迅速對使用者需求做出回應。Google 稱，TPU 已運行在每一次搜尋中：TPU 支援 Google 圖像搜尋（Google Image Search）、Google 照片（Google Photo）和 Google 雲端視覺 API（Google Cloud Vision API）等產品的基礎精確視覺模型，TPU 也幫助了 Google 翻譯品質的提升，而其強大的運算能力也在 DeepMind AlphaGo 的重要勝利中發揮了作用。Google 正式涉入人工智慧專屬晶片領域，這是一個包含數十家創業公司，以及英特爾、高通和輝達這樣的傳統硬體廠商的重要市場。隨著時代的發展，Google、亞馬遜和微軟已不再是純粹的網路企業，它們都已或多或少的開始扮演起硬體製造者的角色。

　　Google 其實也並不是 TPU 的唯一使用者，美國交通服務公司 Lyft 在 2017 年底開始參與了 Google 新型晶片的測試。Lyft 希望透過使用 TPU 加速自動駕駛汽車系統的開發速度：TPU 在電腦視覺模型的訓練速度上具有優勢，可將原先耗時數日的任務縮短至幾小時內完成。

　　Google 在其雲端平臺上宣布了 TPU 服務開放的消息（見圖 2-4）。透過 Google 雲平臺（GCP）提供的 Cloud TPU beta 版自 2018 年 2 月 12 日起可用，其旨在幫助機器學習專家更快的訓練和運行 ML 模型。Cloud TPU 是 Google 設計的一種硬體加速器，旨在最佳化以加速和擴

大使用 TensorFlow 程式化的機器學習工作負載。Cloud TPU 使用 4 個客製化 ASIC 建構，單個 Cloud TPU 的運算能力達到 180 萬億次浮點運算，具備 64GB 的高頻寬記憶體。這些板卡可單獨使用，也可以透過超快的專門網路聯合使用，以建構數千萬億次級別的機器學習超級電腦（TPU pod）。Cloud TPU 的目的是為 TensorFlow 工作負載提供差異化的性能，使 ML 工程師和研究者實現更快疊代。無須花費數日或數週等待商用級機器學習模型，就可以在一系列 Cloud TPU 上訓練同樣模型的不同變體，而且第二天就可以將準確率最高的訓練模型部署到生產過程。使用單個 Cloud TPU 並遵循教程（https://cloud. google. com/tpu/docs/tutorials/resnet），就可以在不到一天的時間內訓練 ResNet-50，使其在 ImageNet 基準挑戰上達到期望的準確率。

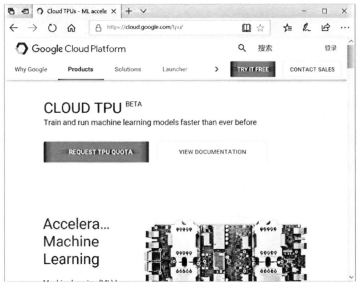

圖 2-4　Google 的 TPU

傳統上，編寫自定義 ASIC 和超級電腦的程式需要極高的專業度。而對於 Cloud TPU 而言，可以使用高級 TensorFlow API 進行程式設計，Google 開

源了一系列高性能 Cloud TPU 模型實現，比如 ResNet-50（https://cloud. google. com/tpu/docs/tutorials/resnet）和圖像分類模型（https://github. com/tensorflow/tpu/tree/master/models/official），用於機器翻譯和語言建模的 Transformer（https://cloud. google. com/tpu/docs/tutorials/ transformer，https://research. googleblog. com/2017/08/transformer-novel-neural-network. html），用於目標檢測的 RetinaNet（https:// github. com/tensorflow/tpu/blob/master/models/official/retinanet/ README. md）。

　　雲端 TPU 同樣簡化了對機器學習運算資源的規劃和管理。可以為自己的團隊提供頂尖的機器學習加速，隨著需求的變化動態調整自己的容量。相比於花費資金、時間和專業人才來設計、安裝、維護一個實地的機器學習運算群組（還需要專門化的供能、冷卻、網路和儲存），我們可以從 Google 多年以來最佳化過的大規模、高整合的機器學習基礎設施受益。另外，Google 雲端服務還提供了複雜的安全機制和實踐的保護。伴隨 Google 雲端 TPU，它還提供大量的高性能 CPU（包括英特爾 Skylake）和 GPU（包括輝達的 Tesla V100）。

　　有意思的是，Google 宣布對第二代 TPU 的全面開放讓輝達警覺的神經再次緊繃。可以認為，Google 是輝達在人工智慧算力市場最大的競爭對手。早在 Google 公布第一代 TPU 之時，輝達 CEO 立刻拋出市場上最好的 GPU 運算卡與 TPU 的性能對比圖。而隨著第二代 TPU 的發表及其在人工智慧專有領域，特別是在搭載了 Google TensorFlow 框架的深度神經網路訓練效率方面的表現，外界越來越認識到二者間的差距逐漸縮小。就在第二代 TPU 的進一步進化──Cloud TPU 開放測試之時，它透過 TensorFlow 程式化模型提供的算力已達 180 tflops 之巨，Google 宣稱一個 Cloud TPU 能在 24 小時內對 ResNet-50 模型訓練達

到75%的精度。而180 tflops的浮點操作也達到了超級電腦的算力級別。

　　Google 在人工智慧領域的雄心十分明顯，從一開始對 TPU 的隻字不談到後來開放上雲端，Google 已逐漸認識到算力市場的龐大潛力並渴求牢牢抓住這一契機。Google 的人工智慧生態系統在過去兩年間為自家旗下的產品（包括智慧語音與搜尋圖像辨識、Google 翻譯）以及其他網路應用程式的表現上提供了算力優勢，TPU+TensorFlow ＋雲端訓練的模式讓 Google 獲得了迄今為止其他科技龍頭尚不具備的人工智慧核心競爭實力。這一點已經引起其他科技公司的注意，他們認為，各行各業的公司都有自己的資料驅動業務，算力不應該被掌控在一家龍頭手上。AI 晶片崛起的背後是算力的戰爭。

2.1.6　亞馬遜的晶片

　　據國外媒體報導，亞馬遜正在研發一款人工智慧晶片，主要用於亞馬遜 Echo 和基於亞馬遜 Alexa 虛擬助理的其他硬體設備。據稱，這款晶片將極大的提高基於 Alexa 硬體設備的資料處理能力，從而讓這些設備更迅速的響應使用者的命令。此舉讓亞馬遜成為繼 Google 和蘋果之後，又一家自主研發人工智慧晶片的大型科技公司。這些科技公司之所以這樣做，是為了實現自家產品的個性化。但對於英特爾和輝達等傳統晶片公司而言，他們的客戶就要變成競爭對手了。

　　在過去的兩年，透過收購和招募人才，亞馬遜已經在研發晶片功能。2015 年，亞馬遜斥資 3.5 億美元收購了以色列晶片廠商 Annapurna Labs。2017 年，Annapurna Labs 對外宣布，正在研發一系列晶片，主要用於資料儲存設備、WiFi 路由器、智慧家居設備和串流媒體設備。如今 Annapurna Labs 正在為基於 Alexa 虛擬助理的硬體設備研發人工智慧晶片。此外，亞馬遜 2017 年 12 月底還以約 9,000 萬美

元的價格收購了家用安防攝影鏡頭開發商 Blink，這也在很大程度上提升了亞馬遜的晶片設計能力。Blink 最初開發用於影片壓縮的晶片產品，後來轉型生產基於這些晶片的攝影鏡頭。

　　開發一款基於人工智慧演算法的晶片，能讓基於 Alexa 的硬體設備對於消費者而言更具吸引力。因為它意味著這些設備將具備更強的處理能力，無須把所有任務都推向雲端。目前，亞馬遜 Echo 內置的晶片相對簡單，允許使用者透過 Alexa 語音喚醒設備。當使用者向亞馬遜的數位助理 Alexa 發出請求時，訊息會被傳輸到亞馬遜的雲端，雲端伺服器處理請求並將響應提交回設備。這就會造成一定的延遲，也為駭客攔截通訊提供了可乘之機。如果將大部分語音辨識任務留給設備自身處理，那使用者體驗將顯著提升。在本地處理語音辨識的能力將改善由數位助理驅動的任何設備（包括 Echo 系列智慧音箱）的響應時間。

　　另外，亞馬遜旗下的雲端服務部門也在應徵晶片工程師。業內人士稱，這意味著亞馬遜還在為其 AWS（Amazon Web Services）資料中心的伺服器開發人工智慧晶片。如果亞馬遜真的在為資料中心開發人工智慧晶片，這也是在跟隨 Google 的腳步。2016 年，Google 發表了一款名為 Tensor Processing Unit 的處理器產品，基於深度學習演算法。Google 當時表示，該晶片將驅動 Google 的一系列服務，包括搜尋、街景（Street View）、圖片和翻譯等。Google 從 2013 年起就在研發這款晶片，Google 曾在一份聲明中稱：「這種局面在 2013 年變得更加迫切，當時我們意識到，快速成長的神經網路運算需求需要我們將資料中心的數量提高一倍。」

　　對於英特爾和輝達而言，亞馬遜自主研發資料中心晶片是一個不小的威脅。當前，英特爾控制著伺服器主晶片市場 98% 的占比，而輝達則為這些伺服器開發與英特爾主晶片協同工作的人工智慧晶片。FPGA 晶

片授權初創公司 Flex Logix Technologies CEO（Geoff Tate）稱：「如果這種趨勢持續下去，將來，資料中心所有者將自主研發晶片，與當前的晶片供應商相競爭。」

2.1.7　晶片產業小結

摩爾定律的終止已成為業界共識，那麼 AI 晶片的革命又從何說起？眾所周知，當前的人工智慧技術進程是奠定在神經網路與深度學習之上的，從人工智慧發展史來看，經歷了早期的控制論和簡單神經網路、邏輯過程與程式設計革命、運籌學與博弈論、專家系統的興起，人工智慧技術進程在演算法與算力的不斷疊代中演化至今。而當前神經網路演算法趨於穩固，在演算法框架沒有深刻變化的前提下，算力就成了唯一的更新焦點。

深度學習工程的兩大關鍵環節 training（訓練）和 inference（推測）需要大量的算力支撐，而 GPU 在訓練環節扮演著不可或缺的角色。但隨著人工智慧應用場景的延伸，GPU 並非所有深度學習運算任務的充分條件，FPGA（現場可程式化邏輯閘陣列）和 ASIC（專有化積體電路）同樣有著相當大的表現空間。前者透過內建可靈活組合的邏輯、IO、連線模組為專用運算服務，後者是不可配置的高度客製化晶片。Google TPU 就是 ASIC 的一種方案。

憑藉 GPU，輝達公司一直是 AI 趨勢的最大受益者之一。因為其圖形處理器（GPU）是訓練 AI 系統的早期選擇。GPU 能夠同時執行大量複雜的數學運算，這使它成為 AI 應用的最佳選擇。後來，科技龍頭紛紛研發自己的 AI 晶片，包括 Google 的 TPU、蘋果的神經引擎、微軟的 FPGA，以及亞馬遜正在為 Alexa 研發的客製化 AI 晶片。

亞馬遜是人工智慧的早期採用者，並且根據最近的報導，亞馬遜正在研究可以在設備上進行處理或在邊緣處理的客製化 AI 晶片，而不是僅

僅依靠將設備連接到雲端。亞馬遜在 2015 年初斥資 3.5 億美元收購了以色列晶片製造商 Annapurna Labs，這增強了它在處理器方面的能力。該公司為資料中心開發的網路晶片能夠傳輸更大量級的資料，同時電力消耗更少。亞馬遜目前擁有超過 450 名具有一定程度的晶片經驗的員工，可能正在為其雲端運算部門 AWS 開發 AI 處理器。

　　2016 年初，Google 開始研發被稱為張量處理器（TPU）的客製化 AI 晶片。專用積體電路（ASIC）旨在為 Google 公司的深度學習 AI 應用程式提供更高效能的性能，這些應用程式能夠透過處理大量資料進行學習。該晶片為 TensorFlow 奠定了基礎，TensorFlow 是用於訓練該公司的 AI 系統的框架。最新版本的 TPU 可以處理 AI 的訓練和推理階段。正如其名稱所示，AI 系統在訓練階段「學習」，推理階段使用演算法完成它們被訓練的工作。Google 最近宣布，Google 雲端的客戶現在可以訪問這些處理器。Google 的優勢在於憑藉自身 TPU ＋ TensorFlow ＋雲端的資源吸引開發者和拓展企業級市場、專有領域，但該模式的前提必須是 Google 極力維繫 TensorFlow 作為深度學習主流框架而長期存在，一旦神經網路演算法主流架構有變，TPU 作為高度制定化的晶片產物，其單位成本之高恐釀成不可迴避的風險。相反，倘若 Google 的計畫順利實施，其壟斷的生態優勢同樣對輝達形成強大威脅。

　　蘋果公司一直是使用者隱私的支持者，並且走了一條與它的技術同行不同的道路。該公司的行動設備為傳輸到雲端的任何資料添加電子雜訊，同時剝離任何可辨識個人身分的資訊，從而更大程度的保證使用者的隱私和安全。隨著 iPhone X 的發表，蘋果開發了一種神經引擎，作為其新的 A11 仿生晶片的一部分，該晶片是一款可在本地處理多種 AI 功能的先進處理器。這大大減少了傳輸到雲端的使用者資訊量，有助於保護資料。

　　微軟公司早前投注於可客製化處理器──現場可程式化邏輯閘陣列

（FPGA），這是一種專用晶片，可為客戶的特定用途進行配置。這些已經成為微軟 Azure 雲端運算系統的基礎，並且提供比 GPU 等傳統產品更靈活的架構和更低的功耗。

雖然這些公司都採用了不同的處理器策略，但他們仍在大量使用輝達的 GPU。輝達 CPU 的使用成長仍在繼續。在最近一個季度，輝達公布了創紀錄的 29.1 億美元的營收，比上年同期成長了 34%。該公司的資料中心部門（其中包含 AI 的銷售）同比成長 105%，達到 6.06 億美元，目前占輝達總收入的 21%。競爭是不可避免的，但到目前為止還沒有解決方案能夠完全取代 GPU。

調查機構 Deloitte 預測，2018 年，基於深度學習的全球 GPU 市場需求大約在 50 萬塊左右，FPGA 和 ASIC 的需求則分別是 20 萬塊和 10 萬塊左右。相比 GPU 集群，FPGA 因其客製化、低功耗和忽略延遲的特點，在終端推測環節有著廣泛應用，所以它被微軟、亞馬遜等雲端商以及蘋果、三星等手機製造商所接受。而 GPU 與 TPU 作為訓練環節的主力，則開啟了兩種不同產品形態爭鋒對立的局面，也就是說，在深度學習訓練領域，完全成了輝達和 Google 兩者之間的戰爭。AI 晶片戰爭已經全面打響，由人工智慧進程引發的第二次晶片革命已經讓業界嗅到了熟悉的工業革命的氣息。正如 19 世紀蒸汽機、內燃機的疊代結束了大洋之上縱橫數個世紀的風帆時代，人工智慧算力的突破亦將成為摩爾定律的變革者，將延續了近一個世紀的電腦科學文明引入下一階段。

2.1.8 感測器

如今的機器人已具有類似人一樣的肢體及感官功能，有一定程度的智慧，動作程序靈活，在工作時可以不依賴人的操縱。而這一切都少不了感測器的功勞，感測器是機器人感知外界的重要幫手，它們猶如人類

的感知器官，機器人的視覺、力覺、觸覺、嗅覺、味覺等對外部環境的感知能力都是由感測器提供的，同時，感測器還可用來檢測機器人自身的工作狀態，以及機器人智慧探測外部工作環境和對象的狀態，並能夠按照一定的規律轉換成可用輸出信號的一種器件。為了讓機器人實現盡可能高的靈敏度，在它的身體構造裡會裝上各式各樣的感測器，那麼機器人究竟要具備多少種感測器才能盡可能的做到如人類一樣靈敏呢？

　　根據檢測對象的不同可將機器人用的感測器分為內部感測器和外部感測器。內部感測器主要用來檢測機器人內部系統的狀況，如各關節的位置、速度、加速度、溫度、電機速度、電機載荷、電池電壓等，並將所測得的資訊作為反饋資訊送至控制器，形成閉環控制。而外部感測器用來獲取關於機器人的作業對象及外界環境等方面的資訊，是機器人與周圍互動工作的資訊通道，用來執行視覺、觸覺、力覺等感測器，比如距離測量、聲音、光線等。

　　·視覺感測器

　　機器視覺是使機器人具有感知功能的系統，其透過視覺感測器獲取圖像進行分析，讓機器人能夠代替人眼辨識物體，測量和判斷，實現定位等功能。業界人士指出，目前在中國使用簡便的智慧視覺感測器占了機器視覺系統市場 60% 左右的比例。視覺感測器的優點是探測範圍廣、獲取資訊豐富，實際應用中常使用多個視覺感測器或者與其他感測器配合使用，透過一定的演算法可以得到物體的形狀、距離、速度等諸多資訊。

　　以深度攝影鏡頭為基礎的運算視覺領域已經成為整個高科技行業的投資和創業重點之一。有意思的是，這一領域的許多尖端成果都是由初創公司先推出的，再被龍頭收購後發揚光大，例如 Intel 收購 RealSense 實感攝影鏡頭，蘋果收購 Kinect 的技術供應商 PrimeSense，Oculus

收購了一家主攻高精確度手勢辨識技術的以色列技術公司 Pebbles Interfaces。在中國運算視覺方面的創業團隊雖然還沒有大規模進入投資者的視野，但當中的佼佼者已經開始獲得令人矚目的成績。

深度攝影鏡頭早在 1980 年代就由 IBM 提出了相關概念，2005 年創建於以色列的 PrimeSense 公司是該技術民用化的先驅。當時，在消費市場推廣深度攝影鏡頭還處在概念階段，此前深度攝影鏡頭僅使用在工業領域，為機械臂、工業機器人等提供圖形視覺服務。由它提供技術方案的微軟 Kinect 成為深度攝影鏡頭在消費領域的開山之作，並帶動整個業界對該技術的民用開發。

· 聲覺感測器

聲音感測器的作用相當於一個話筒（麥克風），用來接收聲波，顯示聲音的振動圖像，但不能對雜訊的強度進行測量。聲覺感測器主要用於感受和解釋在氣體（非接觸感受）、液體或固體（接觸感受）中的聲波。聲波感測器的複雜程度可以從簡單的聲波存在檢測到複雜的聲波頻率分析，直到對連續自然語言中單獨語音和詞彙的辨別。

從 1950 年代開始，BELL 實驗室開發了世界上第一個語音辨識 Audry 系統，可以辨識 10 個英文數字。到 1970 年代，聲音辨識技術得到快速發展，動態時間規整（DTW）演算法、向量量化（VQ）以及隱馬爾科夫模型（HMM）理論等相繼被提出，實現了基於 DTW 技術的語音辨識系統。近年來，聲音辨識技術已經從實驗室走向實用，中國很多公司都利用聲音辨識技術開發出了相應產品，比如科大訊飛、騰訊、百度等，共闖語音技術領域。

· 距離感測器

用於智慧移動機器人的距離感測器有雷射測距儀（兼可測角）、聲納感測器等，近年來發展起來的雷射雷達感測器是目前比較主流的一種，

可用於機器人導航和迴避障礙物。

·觸覺感測器

觸覺感測器主要是用於機器人中模仿觸覺功能的感測器。觸覺是人與外界環境直接接觸時的重要感覺功能，研製滿足要求的觸覺感測器是機器人發展中的技術關鍵之一。隨著微電子技術的發展和各種有機材料的出現，已經提出了多種多樣的觸覺感測器的研製方案，但目前大都屬於實驗階段，達到產品化的不多。

·接近覺感測器

接近覺感測器介於觸覺感測器和視覺感測器之間，可以測量距離和方位，而且可以融合視覺和觸覺感測器的資訊。接近覺感測器可以輔助視覺系統的功能，來判斷對象物體的方位、外形，同時辨識其表面形狀。因此，為準確抓取部件，對機器人接近覺感測器的精度要求是非常高的。這種感測器主要有以下幾點作用：

（1）發現前方障礙物，限制機器人的運動範圍，以避免障礙物碰撞。

（2）在接觸對象物前得到必要資訊，比如與物體的相對距離、相對傾角，以便為後續動作做準備。獲取物體表面各點間的距離，從而得到關於對象物表面形狀的資訊。

·滑覺感測器

滑覺感測器主要是用於檢測機器人與抓握對象間滑移程度的感測器。為了在抓握物體時確定一個適當的握力值，需要即時檢測接觸表面的相對滑動，然後判斷握力，在不損傷物體的情況下逐漸增加力量，滑覺檢測功能是實現機器人柔性抓握的必備條件。透過滑覺感測器可實現辨識功能，對被抓物體進行表面粗糙度和硬度的判斷。滑覺感測器按被測物體滑動的方向可分為三類：無方向性感測器、單方向性感測器和全方向性感測器。其中，無方向性感測器只能檢測是否產生滑動，無法判

別方向；單方向性感測器只能檢測單一方向的滑移；全方向性感測器可檢測多個方向的滑動情況，這種感測器一般製成球形以滿足需求。

·力覺感測器

力覺感測器是用來檢測機器人自身力與外部環境力之間相互作用力的感測器。力覺感測器經常裝於機器人關節處，透過檢測彈性體變形來間接測量所受力。裝於機器人關節處的力覺感測器常以固定的三坐標形式出現，有利於滿足控制系統的要求。目前出現的六維力覺感測器可實現全力資訊的測量，因其主要安裝於腕關節處被稱為腕力覺感測器。腕力覺感測器大部分採用應變電測原理，按其彈性體結構形式可分為兩種：筒式和十字形腕力覺感測器。其中，筒式腕力覺感測器具有結構簡單、彈性梁利用率高、靈敏度高的特點；而十字形腕力覺感測器結構簡單、坐標建立容易，但加工精度要求高。

·速度和加速度感測器

速度感測器有測量平移和旋轉運動速度兩種，但大多數情況下，只限於測量旋轉速度。利用位移的導數，特別是光電方法讓光照射旋轉圓盤，檢測出旋轉頻率和脈衝數目，以求出旋轉角度，並利用圓盤製成有縫隙，透過二個光電二極體辨別出角速度（轉速），這就是光電脈衝式轉速感測器。

加速度感測器是一種能夠測量加速度的感測器。通常由質量塊、阻尼器、彈性元件、敏感元件和適調電路等部分組成。感測器在加速過程中，透過對質量塊所受慣性力的測量，利用牛頓第二定律獲得加速度值。根據感測器敏感元件的不同，常見的加速度感測器包括電容式、電感式、應變式、壓阻式、壓電式等。

2.1.9　感測器小結

　　機器人要想做到如人類般靈敏，視覺感測器、聲覺感測器、距離感測器、觸覺感測器、接近覺感測器、力覺感測器、滑覺感測器、速度和加速度感測器這 8 種感測器對機器人極為重要，尤其是機器人的五大感官感測器是必不可少的，從擬人功能出發，視覺、力覺、觸覺最為重要，目前已進入實用階段，但其他的感官，如聽覺、嗅覺、味覺、滑覺等對應的感測器還等待一一攻克。

　　人工智慧目前正在為社會的各個方面帶來革新。比如，透過結合資料挖掘和深度學習的優勢，我們可以利用人工智慧來分析各種來源的大量資料，辨識各種模式，提供互動式理解和進行智慧預測。這種創新發展的一個例子就是將人工智慧應用於由感測器生成的資料，尤其是透過智慧型手機和其他消費者設備所收集的資料。運動感測器資料及其他資訊（比如 GPS 資訊）可提供大量不同的資料集。本節最後以常見的運動感測器為例來說明 AI 和感測器的綜合應用。一個常見的應用是透過分析使用的資料來確定使用者在每個時間階段的活動，無論是坐姿、走路、跑步還是睡眠的情況下。在活動追蹤方面，原始資料透過軸向運動感測器得以收集，例如智慧型手機、可穿戴設備和其他便攜式設備中的加速度計和陀螺儀。這些設備獲取三個坐標軸（x、y、z）上的運動資料，以便於連續追蹤和評估活動。

　　對於人工智慧的監督式學習，需要用標記資料來訓練「模型」，以便分類引擎可以使用此模型對實際使用者行為進行分類。只獲取原始感測器資料是不夠的。我們觀察到，要實現高度準確的分類，需要仔細確定一些特徵，即系統需要被告知對於區分各個序列重要的特徵或者活動。為了進行活動辨識，指示性特徵可以包括「濾波信號」，例如身體加速

（來自感測器的原始加速度資料），或「導出信號」，例如高速傅立葉變換（FFT）值或標準差運算。舉例來說，加州大學歐文分校（UCI）的機器學習資料庫創建了一個定義了 561 個特徵的資料集，這個資料集以 30 名志願者的 6 項基本活動（即站立、坐姿、臥姿、行走、下臺階和上臺階）為基礎。使用默認的 LibSVM 核心訓練的模型進行活動分類的測試準確度高達 91.84%。在完成培訓和特徵排名後，選擇最重要的 19 項功能足以達到 85.38% 的活動分類測試準確度。經過對排名進行仔細檢查，我們發現最相關的特徵是頻域變換以及滑動窗口加速度原始資料的平均值、最大值和最小值。有趣的是，這些特徵都不能僅僅透過預處理實現，感測器融合對於確保資料的可靠性十分必要，因此對分類尤為實用。

2018 年 2 月，Google 宣布已經與 LogMeIn 簽訂協議，以 5,000 萬美元收購 LogMeIn 旗下的物聯網部門 Xively。根據公告，Google 預計到 2020 年將有 200 億臺設備聯網，而它可以憑藉這筆收購布局物聯網市場。Xively 為設備廠商提供工具，實現設備聯網功能，同時將設備與使用者手機中的 App 連接起來。這將幫助 Google Cloud 實現其物聯網野心：獲得大量物聯網設備的資料，並進行儲存與分析。Google Cloud 透過本次收購將獲得領先的物聯網技術、工程技術以及 Xively 的設備管理、通訊能力。Google 在 2018 年的 CES 上推出了 Smart Display 平臺，希望讓 Google Assistant 進入多家廠商的產品中。與 Google 合作的廠商有 Altec Lansing、Anker、Bang & Olufsen、Braven、iHome、JBL、Jensen、LG、聯想、Klipsch、Knit Audio、Memorex、RIVA Audio 和 SONY 等。

透過感測器為使用者提供真正的個性化體驗已成為現實，透過人工智慧，系統可以利用由智慧型手機、可穿戴設備和其他便攜設備的感測

器所收集的資料為人們提供更多深度功能。未來幾年,一系列現在還難
以想像的設備和解決方案將會得到更多發展。人工智慧和感測器為設計
師和使用者打開了一個充滿激動人心的機會的新世界。

2.2　技術層

技術層是在基礎層之上,結合軟硬體能力所實現的針對不同細分應
用開發的技術。如圖 2-5 所示,技術層主要包括機器學習、電腦視覺、
語音及自然語言處理三個方面。主要技術領域包括圖像辨識、語音辨
識、自然語言處理和其他深度學習應用等。涉及的領域包括機器視覺、
指紋辨識、人臉辨識、視網膜辨識、虹膜辨識、掌紋辨識、專家系統、
自動規劃、智慧搜尋、定理證明、博弈、自動程式設計、智慧控制、機
器人學習、語言和圖像理解等。

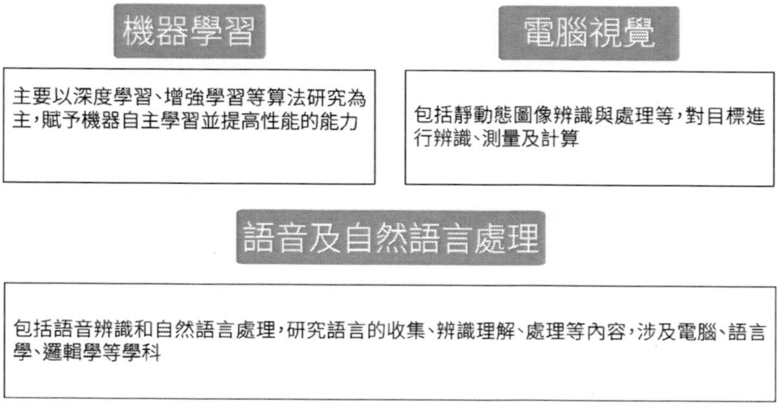

機器學習

主要以深度學習、增強學習等算法研究為
主,賦予機器自主學習並提高性能的能力

電腦視覺

包括靜動態圖像辨識與處理等,對目標進
行辨識、測量及計算

語音及自然語言處理

包括語音辨識和自然語言處理,研究語言的收集、辨識理解、處理等內容,涉及電腦、語言
學、邏輯學等學科

圖 2-5　AI 技術層

目前,技術層企業在電腦視覺、語音辨識等領域競爭激烈。技術層
涵蓋的廠商以科技龍頭、傳統科學研究機構及新興技術創業公司為主。
除了綜合性科技龍頭外,創業企業也依賴自身技術的累積和細分領域的
累積快速崛起。在發展路徑上,以 2B、2C 或 2B2C 為主。一方面,面

向企業級使用者，為應用層廠商提供技術支援；另一方面，研發相應的軟體及硬體產品，直接面對消費者，或者提供車載、家居等產品的人機互動技術，從而滿足使用者需求。

科技龍頭仍然掌握技術、資料、資金優勢，生態鏈相對完整。而傳統技術廠商（如語音辨識領域的科大訊飛）具有強大的科學研究背景，掌握一定的研發能力，同時獲得政府的支持，與相關政府機構合作獲取大量的資料來源，強化人工智慧技術。創業公司深耕垂直領域，創始團隊多是技術專家，掌握研發技術，透過融資等方式彌補資本不足，逐漸累積資金、人才、技術實力，專攻細分領域，可以快速實現技術的成形，而其技術上的創新也彌補了傳統技術提供商及科技龍頭的不足，能夠在競爭中實現技術的成熟。

2.2.1 機器學習

人工智慧、機器學習、深度學習是我們經常聽到的三個熱門詞彙。關於三者的關係，簡單來說，機器學習是實現人工智慧的一種方法，深度學習是實現機器學習的一種技術（見圖 2-6）。機器學習使電腦能夠自動解析資料、從中學習，然後對真實世界中的事件做出決策和預測；深度學習是利用一系列「深層次」的神經網路模型來解決更複雜問題的技術。

圖 2-6　人工智慧、機器學習和深度學習的包含關係

第 2 章　AI 產業

　　人工智慧的核心是透過不斷的進行機器學習，而讓自己變得更加智慧。2015 年以來，人工智慧開始大爆發。一方面是由於龍頭整合了 AI 開源平臺和晶片，技術快速發展，GPU 的廣泛應用，使得並行運算變得更快、更便宜、更有效；另一方面在於雲端運算、雲端儲存的發展和當下大量資料的爆發，各類圖像資料、文本資料、交易資料等為機器學習奠定了基礎。機器學習利用大量的資料來「訓練」，透過各種演算法從資料中學習如何完成任務，使用演算法來解析資料、從中學習，然後對真實世界中的事件做出決策和預測。

　　深度學習是機器學習的重要分支，作為新一代的運算模式，深度學習力圖透過分層組合多個非線性函數來模擬人類神經系統的工作過程，其技術的突破掀起了人工智慧的新一輪發展浪潮。深度學習的人工神經網路演算法與傳統運算模式不同，本質上是多層次的人工神經網路演算法，即模仿人腦的神經網路，從最基本的單元上模擬了人類大腦的運行機制，它能夠從輸入的大量資料中自發的總結出規律，再舉一反三，應用到其他的場景中。因此，它不需要人為的提取所需解決問題的特徵或者總結規律來進行程式化。

　　深度學習的典型代表是 Google AlphaGo，而 AlphaGo Zero 採用純強化學習的方法進一步擴展了人工智慧技術，不需要人類的樣例或指導，不提供基本規則以外的任何領域知識，在它自我對弈的過程中，神經網路被調整、更新，以預測下一個落子位置以及對局的最終贏家，並以 100：0 的戰績擊敗 AlphaGo。深度學習使得機器學習能夠實現眾多的應用，使所有的機器輔助功能成為可能，拓展了人工智慧的領域範圍。

　　深度學習系統一方面需要利用龐大的資料對其進行訓練，另一方面系統中存在上萬個參數需要調整，需要平臺對現有資料及參數進行整合，向開發者開放，實現技術應用價值的最大化，因此在晶片和大數據

之外，IT 龍頭爭相開源人工智慧平臺，各種開源深度學習框架層出不窮。2015 年以來，全球人工智慧頂尖龍頭陸續開放自身最核心的人工智慧平臺，其中包括 Caffe、CNTK、MXNet、Neon、TensorFlow、Theano 和 Torch 等。

　　人工智慧技術正在逐漸發展，距離真正的成熟期還有很長的路要走，而單單依靠有限的企業去推動整個技術的發展力量相對有限，透過開源人工智慧平臺，能夠群策群力，將更多的優秀人才調動到人工智慧系統的開發中。開源人工智慧平臺可以增強雲端運算業務的吸引力和競爭力，比如使用者使用 Google 開源的 TensorFlow 平臺訓練和導出自己所需要的人工智慧模型，然後把模型導入 TensorFlow Serving 對外提供預測類雲端服務，實質上是將開源深度學習工具使用者直接變為其雲端運算服務的使用者，現階段包括阿里、亞馬遜在內的雲端運算服務商都將機器學習平臺嵌入其中，作為增強其競爭實力和吸引更多使用者的方式。同時，開放的開發平臺將帶來下游應用程式的蓬勃發展。開源平臺的建立在推動技術成熟的同時，對科技龍頭來說，既整合了人才，又可以第一時間將開發成果接入自己的產品中，實現研發到商業化的快速過渡，從而在人工智慧市場中占據先發優勢。

　　Google 作為人工智慧領域的科技龍頭，在軟硬體領域都有布局，透過結合開源平臺、智慧晶片和相關硬體，Google 建立了完整的人工智慧生態。其中，Google 自主研發的深度學習開源平臺 TensorFlow 可編寫並編譯執行機器學習演算法代碼，並將機器學習演算法變成符號表達的各類圖表。TensorFlow 目前已應用於 Google 搜尋、Google 翻譯等服務。同時，大量開發者也接入到平臺中，成為主流的深度學習框架，在 2017 年，Google 進一步推出了 TensorFlow Lite，支援行動和其他終端設備，Google 已成為人工智慧領域不可或缺的龍頭。本書後面將以

TensorFlow 為基礎闡述機器學習技術。

2.2.2　語音辨識與自然語言處理

互動模式的變革貫穿了整個 IT 產業的發展史，語音互動很有可能成為下一代人機互動的主要模式（見表 2-2）。

表 2-2　互動模式的變革

互動時代	DOS	圖形使用者介面	觸控螢幕	自然語言
互動方式	鍵盤命令行	滑鼠＋鍵盤	觸摸	聲音
輸入／輸出	文字	文字、圖片	文字、圖片	聲音、圖像

語音辨識與自然語音處理是機器能夠「聽懂」使用者語言的主要技術基礎，其中語音辨識注重對使用者語言的感知，目前在中文語音辨識上，中國國內已經達到 97% 的語音辨識準確率，這要歸功於深度神經網路的應用、算力的提高以及大數據的累積。語音辨識是機器感知使用者的基礎，在聽到使用者的指令之後，更為重要的是如何讓機器懂得指令的意義，這就需要自然語言處理將使用者的語音轉化為機器能夠反應過來的機器指令，包括自然語言理解、多輪對話理解、機器翻譯技術等。對於自然語言處理方面，雖然深度學習能產生的作用還有待觀察，但在語義理解和語言生成等領域都有了重要突破。如圖 2-7 所示，很多提供語音技術服務的公司也突破了原有的單純語音辨識或者語義理解的業務框架，開始提供整體的智慧語音互動產品。

圖 2-7　語音互動過程

1. 語音辨識技術

語音辨識技術已趨於成熟。語音辨識的目標是將人類語音表達的內

容轉換為機器可讀的輸入，用於建構機器的「聽覺系統」。語音辨識技術經歷了長達 60 年的發展。近年來，機器學習和深度神經網路的引入，使得語音辨識的準確率提升到足以在實際場景中應用。早在 2016 年年初，美國麻省理工學院（MIT）主辦的知名科技期刊《麻省理工科技評論》評選出了「2016 年十大突破技術」，語音辨識位列第三，與其他技術一起「到達一個里程碑式的階段或即將到達這一階段」。

深度神經網路聲學模型的幾個重大發展階段如下：

‧2006 年，Geoffrey Hinton 提出深度信念網路（DBN），促進了深度神經網路的研究。

‧2009 年 Geoffrey Hinton 將深度神經網路應用於聲音的聲學建模，當時在 TIMIT 上獲得了很好的結果。

‧2011 年底，微軟研究院又把深度神經網路技術應用在了大詞彙連續辨識任務上，大大降低了語音辨識的錯誤率。從此以後，基於深度神經網路聲學模型技術的研究變得異常熱門。

微軟 2016 年 10 月發表的 Switchboard 語音辨識測試中，更是獲得了 5.9% 的詞錯誤率，第一次實現了和人類一樣的辨識水準，這是一個歷史性突破。

語音辨識整個過程（見圖 2-8）包含語音信號預處理、聲學特徵提取、聲學和語言模型建模、解碼等多個環節。簡單來說，聲學模型用來模擬發音的機率分布，語言模型用來模擬詞語之間的關聯關係，而解碼階段就是利用上述兩個模型將聲音轉化為文本。

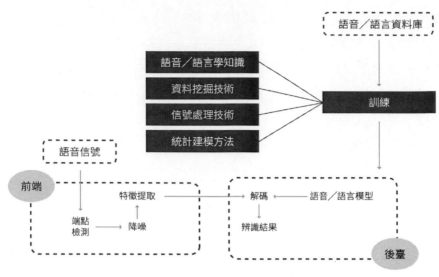

圖 2-8　語音辨識技術的運作流程

　　深度神經網路聲學模型主要應用於聲學、語言模型建模、解碼等各個主要環節，模型主要包括深度神經網路、長短期記憶網路（LSTM）、雙向長短期記憶網路（BLSTM）、深度卷積神經網路（Deep CNN）、Residual/Highway 網路等模型，具體特點見表 2-3。

表 2-3　深度神經網路各部分及其特點

名稱	特點
深度神經網路	包含至少3層以上的隱層，透過增加隱層數量來進行多層的非線性變換，大大的提升了模型的建模能力
長短期記憶網路	一種特殊的循環神經網路（RNN）。透過輸入門、輸出門和遺忘門可以更好的控制資訊的流動和傳遞，具有長短期記憶能力，並在一定程度上緩解 RNN 的梯度消散和梯度爆炸問題
雙向長短期記憶網路	相比 LSTM 還考慮了反向時序資訊的影響，即「未來」對「現在」的影響，這在語音辨識中也是非常重要的

　　總之，語音辨識作為一類重要的基礎技術，應用十分廣泛，並且已有不少產品為人們所熟知，語音辨識產業的成長主要靠滲透率的提升和應用程式的突破，主要的應用程式包括語音助理、語音輸入、語音搜尋等，可應用在各類行動 APP 應用和終端應用等對人機互動有較高要求的

領域。對於語音辨識技術而言，率先發展起來的服務機器人和語音助理已占據資料累積的領先地位，在家居、交通、運動等多個場景中，語音互動正在爆發，智慧音箱、智慧車載、智慧手錶等產品中，透過接入語音互動技術，實現隨身陪伴、語音助理的功能。中國現已湧現出一批發展較好的智慧語音相關企業，其中技術領先和產品成熟的企業主要有科大訊飛、百度、小米等。語音辨識經過幾年的技術累積已相對成熟，廠商仍在發展方言辨識等更為精準的辨識方式。

2. 自然語言處理

簡單的說，自然語言處理就是用電腦來處理、理解以及運用人類語言，屬於人工智慧的一個分支，是電腦科學與語言學的交叉學科。實現人機間自然語言通訊意味著要使機器既能理解自然語言文本的意義，也能以自然語言文本來表達給定的意圖、思想等。前者稱為自然語言理解，後者稱為自然語言生成。

無論是實現自然語言理解，還是自然語言生成，都十分困難。從現有的理論和技術現狀來看，通用的、高品質的自然語言處理系統仍然是較長期的努力目標，但是針對一定應用，具有相當自然語言處理能力的實用系統已經出現，有些已商品化，甚至開始產業化。

深度學習、算力和大數據的爆發極大的促進了自然語言處理技術的發展。表 2-4 中是幾種常用的深度神經網路 NLP 模型。

表 2-4　幾種常用的深度神經網路 NLP 模型

Word2vec	Word2vec 可以在百萬數量級的詞典和上億的資料集上進行高效能的訓練。該工具得到的訓練結果為詞向量（word embedding），可以很好的度量詞與詞之間的相似性
循環神經網路（Recurrent Neural Networks）	RNN 現在已經是 NLP 任務最常用的方法之一。RNN 模型的優勢之一就是可以有效利用之前傳入網路的資訊
門控循環單元（Gated Recurrent Units）	目的是為 RNN 模型在運算隱層狀態時提供一種更複雜的方法。這種方法將使模型能夠保持更久遠的資訊

NLP 領域還有很多其他種類的深度學習模型，有時候遞歸神經網路和卷積神經網路也會用在 NLP 任務中，但沒有 RNN 這麼廣泛。總之，在自然語言處理領域，多輪對話理解日益完善，但語義理解仍然具有一定的缺陷，距離機器理解人類，實現自然的人機互動還有一些路要走。

2.2.3　電腦視覺

視覺是人腦最主要的資訊來源，電腦視覺是指透過電腦或圖像處理器及相關設備來模擬人類視覺，以讓機器獲得相關的視覺資訊並加以理解，是機器能夠「看懂」周圍環境的運算基礎，最終解決機器代替人眼的問題。

從技術流程來看，電腦視覺是將辨識對象（如圖像）轉換成數位信號進行分析處理的技術。根據辨識的種類不同又分為圖像辨識、人臉辨識、文字辨識等。透過電腦視覺技術可以對圖片、實物或影片中的物體進行特徵提取和分析，從而為後續動作提供關鍵的感知資訊。從技術流程來看，視覺辨識通常需要幾個過程：圖像採集、目標提取、目標辨識、目標分析，如圖 2-9 所示。

圖 2-9　視覺辨識的幾個過程

對於特徵辨識，有生物特徵辨識技術，辨識人類的指紋、虹膜、人臉等；有 OCR 辨識技術，辨識圖片和文字；有物體辨識技術，用於辨識圖片或影片中的物體。

1. 影片分析

在進行影片辨識與分析時，需要使用前端攝影鏡頭設備收集和傳輸資料，同時需要透過大數據訓練，具備雲端運算能力的深度學習圖像分析系統來即時進行影片檢測和資料分析（見圖2-10）。由於機器不疲勞，而且可以全面辨識整幀圖像資訊，透過使用該技術處理大量監控影片，可大大降低交通管理、警察部門的監控負擔，具體的應用場景包括車輛辨識、非法停車檢測、嫌犯追蹤等。

影片採集和傳輸　　　　　影片檢測　　　　　資料分析處理

圖 2-10　影片圖像分析

在深度學習出現後，機器視覺的主要辨識方式發生重大轉變，自學習狀態成為視覺辨識的主流，即機器從大量資料中自行歸納特徵，然後按照該特徵規律進行辨識，圖像辨識的精準度也得到極大的提升（目前到了 95% 以上）。機器不再只是透過特定的程式設計完成任務，而是透過不斷學習來掌握本領，這主要依賴高效能的模型演算法進行大量資料訓練。

近年來，與電腦視覺相關的影片監控和身分辨識等行業的市場規模均逐漸擴大，伴隨著技術的發展，電腦視覺技術和應用逐漸趨於成熟，被廣泛應用到金融、安防、電商等場景中，技術進一步實現場景化運用，電腦視覺也成為目前人工智慧領域最為熱門和應用最為廣泛的領域之一。中國國內企業，尤其是創業公司深耕技術能力，已具備國際領先的技術水準，這些典型企業包括曠視科技、商湯科技、雲升科技等。電腦視覺廠商主要走技術和解決方案提供商的路徑，透過研究通用型的技

術，深耕圖像處理和圖像分析，提供軟硬體全套服務，開放程式介面供其他廠商使用，比如商湯科技、曠視科技。另外，一部分廠商走技術應用的路徑，將技術接入不同的領域和場景中，以技術為基礎實現場景應用，為使用者提供服務，比如雲升科技的公安立體防護系統。

2. 人臉辨識

人臉辨識是基於人的臉部特徵資訊進行身分辨識的一種辨識技術。人臉辨識技術被廣泛應用於金融、安防、交通、教育等相關領域，主要應用場景包括企業、住宅的安全管理，公安、司法和刑偵的安全系統、自助服務等，刷臉支付、刷臉進站等項目逐漸實現。人臉辨識包括 1：1 的人臉對比和 1： N 的人臉對比。1：1 主要指使用者真實的臉部資訊與使用者提交的身分證資訊進行比對，常見於銀行等金融機構和公安系統。1： N 更常見於刑偵和國家安防領域，能夠透過與 face ID 資料庫的對比，快速找到犯罪分子或失蹤人員，1： N 辨識精度的難度要遠遠高於 1：1 人臉辨識。廠商也針對 1： N 的精確度做了技術深耕，百度曾宣布百度大腦的 1： N 人臉辨識監測準確率已達 99.7%。目前，人臉關鍵點檢測技術可以精確定位臉部的關鍵區域，還可以做到支援一定程度的遮擋以及多角度人臉，活體檢測及紅外線辨識技術有效解決了照片、手機影片等平面人像的作弊行為，使 3D 人臉辨識的準確率大幅度提升。但雙胞胎辨識、整容和易容前後的辨識依然是人臉辨識的難點，因此需要虹膜辨識等其他辨識技術進行補充。人臉辨識技術另一個關鍵層面在於 face ID 資料庫的建立，3D 人臉辨識資料採集相對困難，須採集的資料量十分龐大，對電腦運算儲存能力要求較高，face ID 資料庫的資料量是人臉辨識技術演算法訓練的基礎，資料越多，相應的準確度才會越高。各廠商仍須繼續擴充自身的 face ID 資料庫規模。

在美國，亞馬遜最近推出了人臉辨識系統 Recognition，辨識一個

人臉只需要幾分鐘。亞馬遜公司已經開始透過雲端運算模式推出電腦視覺 Recognition 功能，向美國警方提供了基於機器學習的人臉辨識服務。人臉辨識技術不再是一個高價的服務了。

總之，隨著電腦技術的發展，人類開始能夠進行複雜的資訊處理，並透過電腦實現不同模式（文字、聲音、人物、物體等）的自動辨識。但當前不存在一種單一模型和單一技術能夠解決所有的模式辨識問題，而是需要在具體場景中使用多種演算法和模型。還有，電腦視覺可以與其他技術結合進行綜合應用，比如與醫療結合形成疾病輔助監測，與汽車結合形成自動駕駛。

2.3　應用層

人工智慧為各行各業帶來了變革與重構，一方面將 AI 技術應用到現有的產品中，創新產品，發展新的應用場景；另一方面 AI 技術的發展也對傳統行業造成顛覆，人工智慧對人工的替代成為不可逆轉的發展趨勢，尤其在工業、農業等簡單、重複、可程式化強的環節中，而在國防、醫療、駕駛等行業中，人工智慧提供能夠適應複雜環境，更為精準、高效能的專業化服務，從而取代或者強化傳統的人工服務，服務形式在未來將趨於個性化和系統化。

人工智慧與行業的深度結合，可以實現傳統行業的智慧化，包括 AI ＋金融、AI ＋醫療、AI ＋安防、AI ＋家居、AI ＋教育等，如圖 2-11 所示。在各個垂直領域中，傳統廠商具備產業鏈、管道、使用者資料優勢，正透過接入網路和 AI 搭載人工智慧的浪潮進行轉型。創業公司深耕垂直領域，快速崛起，致力於推動技術進步、場景應用。應用層廠商更多直接面對使用者，或者遵循 2B、2C 的發展路徑，相較於技術層和基礎層，具有更多的使用者資料，也需要進一步提升產品，滿足使用者需求。

工業機器人　服務機器人　智慧醫療

智慧金融　個人助理　智慧安防

智慧家居　可穿戴設備　智慧客服

自動駕駛　無人超市　其他

圖 2-11　AI 應用場景

　　對於人工智慧的應用來說，技術平臺、產業應用環境、市場、使用者等因素都對人工智慧的產業化應用市場有很大的影響。如何實現人工智慧產業自身的創新並應用到具體場景中將會是各行業發展的關鍵點。目前，人工智慧技術的主要應用場景包括但不限於：安防、製造業、服務業、金融、教育、傳媒、法律、醫療、家居、農業、汽車等。人工智慧技術日益成熟，商業化場景逐漸成形，智慧家居、金融、醫療、駕駛、安防等多個行業成為目前主要的應用場景。

2.3.1　安防

　　安防的應用場景較多，小到身分辨識、家居安防，大到反恐國防。現代社會人口流動大，中產階級逐漸崛起，使用者財產逐漸累積，而收入增多的同時帶來的是風險的加大，使用者安全性缺失，安防成為使用者的剛性需求。身分辨識方式的多樣性對於安防意義重大，因此安防領域對於圖像辨識的要求更高，也要求更多的工具透過多維度來進行辨識，如圖 2-12 所示，AI 技術的進步可以大大提高身分辨識工具的多樣性與準確率，對於安防的意義重大，尤其是安防在國防安全領域的應用，具有國家策略意義。

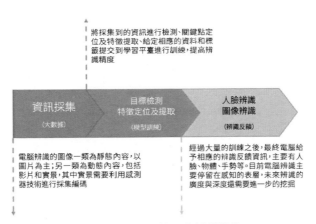

將採集到的資訊進行檢測、關鍵點定位及特徵提取、給定相應的資料和標籤提交到學習平臺進行訓練，提高辨識精度

| 資訊採集
（大數據） | 目標檢測
特徵定位及提取
（模型訓練） | 人臉辨識
圖像辨識
（辨識反饋） |

電腦辨識的圖像一類為靜態內容，以圖片為主；另一類為動態內容，包括影片和實景，其中實景需要利用感測器技術進行採集編碼

經過大量的訓練之後，最終電腦給予相應的辨識反饋資訊，主要有人臉、物體、手勢等。目前電腦辨識主要停留在感知的表層，未來辨識的廣度與深度還需要進一步的挖掘

圖 2-12　安防中的圖像辨識技術

在影片監控技術飛速發展的今天，影片監控畫面的資訊已成大量，遠遠超過了人力所能進行的有效處理範圍。傳統採用人工重播錄影取證的方式具有效率低下、容易出錯的缺點。而人工智慧技術恰好具有處理大量資訊的能力，也能在技術的基礎上實現即時監控、基準判斷。智慧影片分析（Intelligent Video Analysis，IVA）技術是解決大量影片資料處理的有效途徑。IVA 採用電腦視覺方式，主要應用於兩個方面，一是基於特徵的辨識，主要用於車牌辨識、人臉辨識。特徵辨識與影片智慧分析應用於安防體系中，提高了安防的時效性、安全性和精準度。二是行為分析技術，包括人數管控、個體追蹤、禁區管控、異常行為分析等，可以應用到監測交通規則的遵守、周界防範、物品遺留丟失檢測、人員密度檢測等。透過對影片內的圖像序列進行定位、辨識和追蹤，智慧影片分析能夠做出有效分析和判斷，從而實現即時監控並上報異常，使得安防由被動防範向提前預警方向發展，將實現對危險分子的主動辨識，安防行為由被動向主動轉變。

從應用領域來看，目前平安城市、智慧交通仍然是安防行業最大的應用領域，與政府公安相關的交通、道路影片監控仍然是安防行業最重

要的應用環節。電腦視覺廣泛應用於飛機場、火車站等公共場合，在大規模影片監控系統中可實現即時抓拍人臉、布控報警、屬性辨識、統計分析、重點人員軌跡還原等功能，並做出及時有效的智慧預警。且對於抓獲有作案前科的慣犯幫助很大，目前多應用於公安事前、事中、事後敏感人員布控，失蹤人員查找等。安全布防需要消耗大量的警力資源，尤其是運動會、國家會議、演唱會等重點區域和重點活動的安防，其中已經開始出現人工智慧產品的身影，包括即時監測系統、巡邏機器人、排爆機器人等，未來這些機器人也將會更多的替代傳統安防體系中重複且低效能的工作，節省警力資源。

有必要指出的是，安防體系中儲存的資訊將呈指數級成長，需要大數據平臺及其配套的硬體設備進行整合。

2.3.2　金融

AI 在金融領域的應用主要集中在投資決策輔助、風控與智慧支付三個方面。在投資決策輔助方面，人工智慧技術將協助金融工作者從數以萬計的資訊中迅速抓取有效資訊，並進一步對資料進行分析，利用大數據引擎技術、自然語義分析技術等自動準確的分析與預測各市場的行情走向，從而實現資訊的智慧篩選與處理，輔助工作人員進行決策。在風控方面，人工智慧也能幫助金融機構建立金融風控平臺，進行風控管理，實現對投資項目的風險分析和決策、個人徵信評級、信用卡管理等。在智慧支付領域中，利用人工智慧的人臉辨識、聲紋辨識技術可實現「刷臉支付」或者「語音支付」。

金融行業與整個社會存在龐大的交織網路，在長期的發展過程中沉澱了大量資料，如客戶身分資料、資產負債情況資料、交易資訊資料等，金融業對資料的強依賴性為人工智慧技術應用到金融領域做好了準

備。按金融業務執行前端、中端、後端的模組來看，人工智慧在金融領域的應用場景主要有智慧客服、智慧身分辨識、智慧行銷、智慧風控、智慧投顧、智慧量化交易等。

身分認證主要透過人臉辨識、指紋辨識、聲紋辨識、虹膜辨識等生物辨識技術快速提取客戶的特徵。近年來，金融機構對遠端身分辨識、遠端獲客需求日益增加，而人臉資訊憑藉易於採集、較難複製和盜取、自然直觀等優勢，在金融行業中的應用不斷增加。人臉辨識可實現客戶「刷臉」即可開戶、登錄帳戶、發放貸款等，讓金融機構遠端獲客和行銷成為可能。在網路金融領域，「刷臉」也可以應用到刷臉登入、刷臉驗證、刷臉支付等諸多領域。同時，人臉辨識可以成為銀行安全防控方式的有效選擇。銀行安防的難點之一是在動態場景下完成多個移動目標的即時監控，人臉辨識技術在銀行營業廳等人員密集的區域可有效實現多目標即時線上檢索、比對，在 ATM 自助設備、銀行庫區等多個場景下都可以應用。2015 年，馬雲在德國漢諾威消費電子、資訊及通訊博覽會上示範了螞蟻金服的掃臉技術，並完成一筆淘寶購買，支付寶先後將人臉辨識技術應用於使用者登入、實名認證、找回密碼、支付風險校驗等場景智慧身分辨識中，並且日益成熟。中國人民銀行發表《中國人民銀行關於優化企業開戶服務的指導意見》（銀發〔2017〕288 號），對新設企業開立人民幣銀行結算帳戶服務提出意見。中國央行鼓勵銀行積極運用技術工具提升帳戶審核水準，包括鼓勵銀行將人臉辨識、光學字元辨識（OCR）、QR Code 等技術工具嵌入開戶業務流程，作為讀取、收集以及核驗客戶身分資訊和開戶業務處理的輔助方式。

人工智慧技術可以助力金融行業形成標準化、模型化、智慧化、精準化的風險控制系統，幫助金融機構、金融平臺及相關監管層對存在的金融風險進行及時有效的辨識和防範。如圖 2-13 所示，人工智慧應用

於金融風險控制的流程主要包括：資料收集、行為建模、使用者畫像及風險定價。智慧風控可以協助金融監管機構防範系統性金融風險。人工智慧＋大數據分析技術可以助力金融監管機構建立國家金融大資料庫，防止金融系統性風險。在信貸領域，智慧風控可以應用到貸前、貸中、貸後全流程。貸前，助力信貸機構進行資訊核驗、信用評估、實現反欺詐。貸中，可以實現即時交易監控、資金路徑關聯分析、動態風險預警等。貸後，可以助力信貸機構進行催收、不良資產等價等。系統包含一組模型，會根據身分認證、還款意願和還款能力三大向度，替申請貸款的使用者進行信用評分，依據分值來決定是否應放款。有效提升了貸款審批速度和貸款獲批率，並降低了貸款的逾期率。

圖 2-13　智慧風控分析流程

　　金融行業目前正在打造閉合的全產業鏈，提供的服務不僅針對客戶成長中的某一階段，而是全生命週期的服務。如圖 2-14 所示，每個客戶都要經歷獲取、提升、保持、流失和衰退幾個階段。在不同的發展階段，風險特點及對金融服務需求的特點不盡相同。基於 AI 技術，我們可以對不同階段的客戶推展個性化金融業務。

使用者	獲取	提升	保持	流失	衰退
人工智慧	精準辨識潛在使用者	策略最佳化，提升客戶貢獻	智慧客服，最佳化使用者體驗	智慧預警，延長客戶存續週期	個性推薦，增大留存機率

圖 2-14　全生命週期客戶服務

　　智慧投顧是指透過使用特定演算法模式管理帳戶，結合投資者的風險偏好、財產狀況與理財目標，為使用者提供自動化的資產配置建議。根據美國金融監管局提出的標準，智慧投顧的主要流程包括客戶分析、資產配置、投資組合選擇、交易執行、組合再選擇、稅收規畫和組合分析。客戶分析主要透過問詢式調查研究和問卷調查等方式收集客戶的相關資訊，推斷出客戶的風險偏好以及投資期限偏好等因素，再根據這些因素為客戶量身打造完善的資產管理計畫，並根據市場變化以及投資者偏好等變化進行自動調整。智慧投顧將有效減少投融資雙方資訊不對稱的問題，降低交易成本。智慧投顧發展的兩大核心要素：一是自動化挖掘客戶金融需求技術，幫助投資顧問更深入的挖掘客戶的金融需求，智慧投顧產品設計更智慧化，與客戶的個性化需求更貼近，彌補投資顧問在深度了解客戶方面的不足。二是投資引擎技術，在了解客戶金融需求之後，利用投資引擎為客戶提供金融規畫和資產配置方案，提供更合理、更個性化的理財產品。

2.3.3　製造業

　　人工智慧的應用有望實現製造業從半自動化生產到全自動化生產的轉變，工業乙太網的建立、感測器的使用及演算法的革新將實現工業製造過程中所有生產環節的資料打通，人與機器、機器與機器實現互聯互

通，一方面人機互動更為便利，另一方面機器間將合作辦公，既能夠精細化操作，又能及時的預測產品需求並調整產能。人工智慧將推動機器在製造業中進一步取代人工，提高生產效率、降低生產成本，並透過低成本的個性化生產實現智慧客製化服務。

2.3.4　智慧家居

如圖 2-15 所示，AI 在智慧家居場景中，一方面將進一步推動家居生活產品的智慧化，包括照明系統、音箱系統、能源管理系統、安防系統等，實現家居產品從感知到認知再到決策的發展；另一方面在於智慧家居系統的建立，搭載人工智慧的多款產品都有望成為智慧家居的核心，包括機器人、智慧音箱、智慧電視等產品，智慧家居系統將逐步實現家居自我學習與控制，從而提供針對不同使用者的個性化服務。

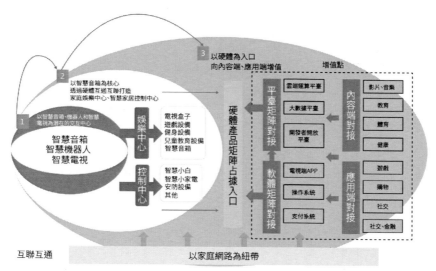

圖 2-15　智慧家居生態布局

目前，智慧家居仍處於從手機控制向多控制結合的過渡階段，手機App 仍是智慧家居的主要控制方式，但基於人工智慧技術開發出來的語音

助理、搭載語音互動的硬體等軟硬體產品已經開始進入市場。透過語音控制，多產品聯動的使用場景逐步變為現實。而在未來，人工智慧將推動智慧家居從多控制結合向感應式控制再到機器自我學習自主決策階段發展。

傳統的滑鼠操作、觸控螢幕操作逐漸向語音互動這種更為自然的互動方式演進，語音互動的未來價值在於使用者資料挖掘，以及背後內容、服務的打通，以語音作為入口的物聯網時代將會產生新的商業模式。智慧音箱、服務機器人、智慧電視等智慧化產品成為現階段搭載語音辨識技術和自然語言處理技術的載體，作為潛在的智慧家居入口，智慧音箱、服務機器人和智慧電視等產品在提供原有的服務的同時，接入更多的行動網路服務，並實現對其他智慧家居產品的控制。這些產品為付費內容、第三方服務、電商等資源開拓了新的流量入口，使用者多方資料被記錄分析，廠商將服務嫁接到生活中不同的場景中，資料成為基礎，服務更為人性化。

2.3.5　醫療

目前，醫療行業存在醫療資源不足、醫療資源區域分布不均、醫生培養週期長、醫療成本高、醫療誤診率高、疾病變化快等諸多痛點。同時，隨著人口老齡化逐漸加劇、慢性疾病增長，對醫療服務的需求也逐漸增加。待解決的醫療痛點及逐漸增加的醫療服務需求成為人工智慧技術應用於醫療行業的現實需求。醫療行業基於人工智慧技術，將形成輔助診斷系統，透過圖像辨識、知識圖譜等技術，將輔助醫生決策，而醫學大數據的發展將患者資訊數位化，提高發現潛在疾病的機率，並提供針對性解決方案。人工智慧技術將為醫療領域中的醫生與患者帶來新的疾病治療方式。

另一方面，中國正在積極推動「人工智慧醫療」的應用進程。2016年6月，中國國務院發表《關於促進和規範健康醫療大數據應用發展的

指導意見》，提出健康醫療大數據是國家重要的基礎性策略資源，需要規範和推動健康醫療大數據融合，支援研發健康醫療相關的人工智慧、生物 3D 列印技術、醫用機器人及可穿戴設備等。指導意見的發表有利於進一步促進醫療大數據的規範化、標準化，進一步釋放醫療大數據的價值，助力「人工智慧＋醫療」產業化加速。2017 年 7 月 8 日，中國國務院發表《新一代人工智慧發展規畫》，提出發展便捷高效能的智慧服務，圍繞教育、醫療、養老等需求，加快人工智慧創新應用；提出推廣人工智慧治療這種新模式、新工具，建立智慧醫療體系，開發人機協同的手術機器人、智慧診療助手等，實現智慧影像辨識、病理分型和智慧多學科會診；智慧健康和養老方面，提出加強群體智慧健康管理，突破健康大數據分析、物聯網等技術，建構安全便捷的智慧化養老基礎設施體系，加強老年人產品智慧化和智慧產品適老化等。

在醫療領域，人工智慧技術應用前景廣泛。從全球企業實踐來看，「人工智慧＋醫療」具體應用場景主要有醫學影像、輔助診療、虛擬助理、新藥研發、健康管理、可穿戴設備、急救室和醫院管理、洞察與風險管理、營養管理及病理學、生活方式管理與監督等。

「人工智慧＋醫學影像」是將人工智慧技術應用在醫學影像的診斷上，實際上是模仿人類醫生的閱片模式。人工智慧技術應用於醫學影像主要包括資料預處理、圖像分割、特徵提取和匹配判斷 4 個流程。人工智慧強大的圖像辨識和深度學習能力有助於解決傳統醫學影像中存在的準確度低、工作量大的問題，彌補影像科醫生不足，提升讀片準確度，提高醫生工作效率，緩解放射科醫生壓力。同時，技術方法助力疾病早篩，及早為患者發現病灶，提高患者存活率。雖然影像辨識在單病種的市場空間不大，但在政策推動背景下，影像科、檢驗科等科室市場化營運，成立病理中心，高端診斷服務將成為影像辨識技術的龐大機會。

「人工智慧＋輔助診療」就是將人工智慧技術應用於輔助診療中，讓機器學習專家醫生的醫療知識，透過模擬醫生的思維和診斷推理來解釋病症原因，最後給出可靠的診斷和治療方案。在診斷中，人工智慧需要獲取患者病症，解釋病症，透過推理判斷疾病原因及發展走向，形成有效治療方案。如圖 2-16 所示，輔助診療的一般模式為：獲取病症資訊→做出假設→制定治療方案。IBM Watson 融合了認知技術、推理技術、自然語言處理技術、機器學習及資訊檢索等技術，是目前「人工智慧＋輔助診療」應用中最為成熟的案例。IBM Watson 已經通過了美國職業醫師資格考試，並在美國多家醫院提供輔助診療服務。IBM Watson 可以在 17 秒內閱讀 3,469 本醫學專著、248,000 篇論文、69 種治療方案、61,540 次試驗資料、106,000 份臨床報告。「人工智慧＋輔助診療」服務基於電子處方、醫學文獻、醫學影像等資料，尋找疾病與解決方案之間的對應關係，建構醫學知識圖譜，在診斷決策層面有效最佳化醫生的診斷效率。未來，「人工智慧＋輔助診療」的市場空間龐大，尤其在基層常見病診療方面能夠發揮較大效能，有效提高基層醫療效率，降低醫療成本。

圖 2-16　人工智慧＋輔助診療

人工智慧廣泛應用於醫療領域，有助於解決現階段醫療資源不足的核心痛點。行動網路時代，中國醫療行業現階段的核心痛點從資訊不透明轉移到了優質醫療資源不足，同時伴隨著醫療成本高、人才培養週期較長等問題，人工智慧高效能運算能力有效提高醫療行業的產能。人工智慧廣泛應用於醫療領域有助於帶動基層醫療服務。「人工智慧＋醫療」有望成為一種可複製的醫療資源，增加基層醫生的診斷精準度。

2.3.6　自動駕駛

自動駕駛也可以稱為無人駕駛，指依靠人工智慧、視覺運算、雷達、監控裝置和全球定位系統協同合作，讓電腦可以在沒有任何人類主動的操作下，自動安全的操作機動車輛。先進駕駛輔助系統（Advanced Driver Assistant System，ADAS）利用安裝於車上的各式各樣的感測器，在第一時間收集車內外的環境資料，從而能夠讓駕駛者以最快的時間察覺可能發生的危險。ADAS 採用的感測器主要有攝影鏡頭、雷達、雷射和超音波。ADAS 與自動駕駛的區別在於： ADAS 可以視為自動駕駛實現的一個路徑，ADAS 可以最終演化為自動駕駛。

自動駕駛研究領域目前基本分為兩大陣營：以傳統汽車廠商和 Mobileye 合作的「遞進式」應用型陣營；以 Google、百度以及初創科技公司為主的「越級式」研究型陣營。表 2-5 顯示了自動駕駛兩個陣營之間的差別。

表 2-5　自動駕駛兩個陣營的區別

	遞進式陣營	越級式陣營
中期	「在任何區域裡發揮局部功能」的中期目標	「在特定區域裡發揮全效功能」的中期目標
感測器	「萬無一失」的複雜感測器組合（redundancy in system）	把高精度地圖作為路徑導航規劃決策的主要依據
定位地圖	高精度地圖的逐步整合，短期內能夠為駕駛系統提供額外的安全冗餘，長期配合車聯網增強可選路徑預測和規劃的功能	高精度地圖規模化效應不明顯
商業化	可商業化路徑更為清晰	商業化使用路徑不明，較難出現過渡性產品

　　自動駕駛系統分為 4 個層級：感知層、辨識層、決策層、執行層。自動駕駛各層級及其相互關係如圖 2-17 所示。

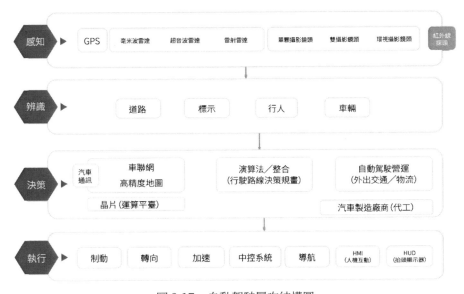

圖 2-17　自動駕駛層次結構圖

1. 感知（感測）

（1）車載攝影鏡頭

　　以攝影鏡頭為代表的機器視覺感測器是自動駕駛的核心感知技術。視覺系統不僅能夠辨識目標距汽車的距離，還能夠辨識目標的紋理和色

彩，這是車載雷達所不能做到的。相比於其他感測器，攝影鏡頭的優勢在於：技術成熟，成本較低；可以透過較小的資料量獲得最為全面的資訊。但是，攝影鏡頭辨識也存在一定局限性：受光線、天氣影響大；物體辨識基於機器學習資料庫，需要的訓練樣本大，訓練週期長，難以辨識非標準障礙物；由於廣角攝影鏡頭的邊緣畸變，得到的距離準度較低。

目前攝影鏡頭的應用主要有以下幾種：

· 單顆攝影鏡頭：一般安裝在前擋風玻璃上部，用於探測車輛前方的環境。

· 後視攝影鏡頭：一般安裝在車尾，用於探測車輛後方的環境，應用於倒車可視系統。

· 立體攝影鏡頭，或稱雙攝影鏡頭：利用兩個經過精確標定的攝影鏡頭同時探測車輛前方的環境，實現更高的辨識精度和更遠的探測範圍。

· 環視攝影鏡頭：一般至少包括 4 個攝影鏡頭，分別安裝在車輛前、後、左、右側，實現 360 度環境感知，應用於自動停車和全景停車系統。

（2）超音波雷達

超音波雷達主要是利用超音波原理，由探頭發送超音波撞擊障礙物後反射此聲波，運算出車體與障礙物間的實際距離。超音波雷達現在主要應用於倒車雷達。

（3）雷射雷達

雷射雷達的原理與超音波雷達相似，根據雷射遇到障礙後的折返時間，運算與目標的相對距離。雷射雷達的雷射光束與超音波雷達的聲波和毫米波雷達的電磁波相比更加聚攏，聲波和電磁波在傳播路徑上遇到尺寸比波長小的物體時，將會發生衍射現象，因此，無法探測大量存在

的小型目標，而雷射雷達可以準確測量視場中物體輪廓邊沿與設備間的相對距離，精度可達到公分級別。而用於雷達系統的雷射波長一般只有微米的量級，因而它能夠探測非常微小的目標，測量精度也遠遠高於毫米波雷達及其他車載標準雷達。

雷射雷達的劣勢在於價格昂貴。雷射雷達的測量精度與其雷達線束的多少有關，線束越多，測量精度越高，ADAS 自動駕駛系統的安全性也越高。同時線束越多，其價格也越貴。

雷射雷達按有無機械旋轉部件分為機械雷射雷達和固態雷射雷達。固態雷射雷達無須旋轉部件，尺寸較小，CP 值較高，測量精度相對低一些。低成本化是雷射雷達的一大趨勢，目前行業有三種方式來降低整個雷射雷達的成本與價格：(1) 降級，即使用低線束、低成本雷射雷達配合其他感測器。(2) 採全固態雷射雷達代替機械雷射雷達。(3) 透過規模效益降低雷射雷達的單個成本。

(4) 毫米波雷達

毫米波雷達指工作在毫米波波段的雷達。採用雷達向周圍發射無線電，波長在 1mm ～ 10mm，頻率在 30GHz ～ 300GHz，比較常見的汽車毫米波雷達工作頻率在 24GHz、77GHz、79GHz 三個頻率附近。毫米波雷達透過測定和分析反射波以運算障礙物的距離、方向、角度、相對速度和大小。毫米波雷達可以做到讓車輛自適應巡航及跟隨前車。當汽車與周圍的物體可能有碰撞發生時，透過警告提醒裝置告知駕駛員或車輛採取自動緊急煞車避免碰撞。當碰撞不可避免時，透過對煞車、頭枕、安全帶等進行控制，減輕因碰撞而帶來的危害。

2. 辨識與決策

(1) 辨識晶片

晶片在自動駕駛系統中的行業集中度高，主要有 Mobileye、ADI 等

公司，比如 Mobileye/ST-EyeQ5。作為 ADAS 界的老大哥，Mobileye 占領了全球汽車安全駕駛系統 70% 以上的市場占比。在這個領域深耕細作十幾年，有相當深厚的歷史背景，這些經驗並不是其他公司短時間可以超越的。

（2）決策演算法

決策部分的演算法和晶片主要由一些大公司以及由大公司出來的科學家成立的創業公司研發。由於決策演算法需要花費龐大的財力，且短期內商業化的可能性比較小，因此相關聯的小型創業公司寥寥無幾。

表 2-6 列出了中外自動駕駛的「大腦」公司。

表 2-6　中外自動駕駛的「大腦」公司

公司	成立時間	公司情況	主要產品
百度無人駕駛	2013	與博世合作全力開發「阿波羅」無人駕駛系統	開放式無人駕駛演算法
Google無人駕駛	2010	項目由 Google 街景的共同發明人 Sebastian Thrun 領導。Google 的工程人員使用7輛試驗車，目前已經行駛48萬公里	開放式無人駕駛演算法
Comma.ai（美國）	2015	創始人是著名駭客 George Hotz（全球第一個破解 iPhone 的人）	基於卷積神經網路的無人駕駛演算法
Drive,ai（美國）	2015		主要還是利用深度學習來開發無人駕駛技術

（3）決策晶片

表 2-7 列出了有名的自動駕駛決策晶片提供商。

表 2-7　自動駕駛決策晶片提供商

公司	產品
Google	使用循環神經網路對駕駛行為進行學習，推出 TensorFlow 系統
Intel＋Mobileye	聯合義法半導體共同推出自動駕駛的 EyeQ5 晶片
高通	推出驍龍 820A 車用處理器和 Zeroth 平臺
輝達	輝達推出了 DrivePX 硬體，採用12顆 CPU 和一個 Pascal 平臺的 GPU 圖形核心，單精度運算能力達到 8TFLOPS，等同於150部 MacBookPro，達到每秒24萬次，可以處理包括攝影鏡頭、雷達、雷射雷達在內的12路信號

(4) 高精度地圖

汽車須配備足夠準確顯示周圍環境的高精度地圖，誤差不能大於10cm。感測器和地圖的結合使自動駕駛汽車能夠及時修正資料上的誤差，辨識車輛的準確位置並導航。並且，高精度地圖能夠核對感測器所接收的資料並幫助汽車精確監測周邊環境。目前高精度地圖已經被蘋果、Google、中國的 BAT 等大公司壟斷，表 2-8 是這些公司併購地圖廠商的事件。

表 2-8　中外龍頭收購高精度地圖公司一覽表

公司	時間（年）	事件
Google	2013	13億美元收購群眾外包地圖公司 Waze
蘋果	2013	收購連線交通導航應用程式開發商 HopStop
	2013	收購綜合性地圖公司 BoradMap
	2015	收購開發高精度全球定位系統的公司 Coherent Navigation
	2015	3,000萬美元收購地圖分析公司 Mapsense
阿里巴巴	2014	全資收購高德地圖
騰訊	2014	以11.73億人民幣收購四維圖新11.28%股權
德國三大汽車廠商戴姆勒、BMW、奧迪組成的財團	2015	以32億美元收購 Nokia 地圖業務

(5) 車聯網

車聯網 V2X 是自動駕駛和未來智慧交通運輸系統的關鍵技術。V2X 是指聯網無線通訊技術，實現車對外界的資訊交換，V2X 包括 V2V（車－車）、V2I（車－基礎設施）、V2R（車　道路資訊）、V2P（車－行人）等方式的車聯網通訊技術。它可以彌補單車智慧的軟肋，當車輛環境感知系統無法做到全天候、全路況的準確感知時，V2X 可以利用通訊技術、衛星導航對感知系統進行協調互補。

伴隨著 ADAS 技術的不斷更新，推斷全球 L1 ～ L5 智慧駕駛市場的滲透率會在接下來的 5 年內處於高速滲透期，然後伴隨半無人駕駛的普及進入穩速成長期。到 2025 年無人駕駛放量階段後，依賴全產業鏈的配合

而進入市場成熟期。預測到 2030 年，全球 L4 ／ L5 級別的自動駕駛車輛滲透率將達到 15%，除了單車應用成本的顯著提升之外，從 L1 ～ L4 級別的智慧駕駛功能全面滲透會為汽車產業帶來全面的市場機會。

按照 IHS Automotive 保守估算，全球 L4 ／ L5 自動駕駛汽車產量在 2025 年將達到接近 60 萬輛，並在 2025 ～ 2035 年間獲得高速發展。在這個「無人駕駛黃金十年」內複合成長率將達到 43%，並在 2035 年 L4 ／ L5 自動駕駛汽車產量將達到 2,100 萬輛，另有接近 7,600 萬輛汽車具備部分自動駕駛功能，同時將帶動產業鏈衍生市場的大規模催化擴張。

3. 自動駕駛趨勢分析

（1）趨勢 1：低成本雷射雷達方案

雷射雷達作為自動駕駛最昂貴的配件，精度高，性能好，是最被看好的車載感測器。雷射雷達未來趨於固態化、小型化、低成本，目前特斯拉尚未採用雷射雷達方案，主要在於成本太高，因此作為將來自動駕駛的核心配件來說，如果能夠提供低成本的雷射雷達方案，將會快速推動自動駕駛市場。

（2）趨勢 2：多感測器融合方案

① 融合感知是大勢所趨

毫米波雷達能解決所有情況下 30% 左右的問題，雷射雷達能解決 60% ～ 70% 的問題，單鏡頭配合雷達能夠實現測距和預測碰撞時間，雙鏡頭配合單鏡頭的辨識技術也能夠豐富雙鏡頭在測距之外的感知能力，因此未來融合會是趨勢。

② 各類車廠的選擇方案有所不同

技術實力弱的車廠更多依靠 Tier1 來整合，實力強的車廠會自己來做整合。中國國內車企對汽車部件的控制能力偏弱，例如長安、奇瑞等都無法接入煞車軟體介面，都是透過 Tier1 來解決（如博世、電裝）。協

助 Tier1 進行多感測器演算法融合的公司有一定機會，尤其是對攝影鏡頭＋雷射雷達演算法融合擅長的電腦視覺團隊。

（3）趨勢 3：深度學習演算法應用於 ADAS

傳統演算法仍然適用於 ADAS 階段，深度學習滿足最後關鍵 5% 的辨識精度。深度學習出現以後，視覺辨識任務的精度都進行了大幅度的提升。因此，大量公司會將演算法模型開放，其背後的動機在於收集更多資料訓練自身的演算法模型，同時改進演算法，最終將改進的演算法與車廠合作，將演算法的商業價值變現。對於開放演算法，將深度學習直接用於 ADAS 領域的公司，將迎來一次機會，如 Comma. ai、Driv. ai 這樣的公司。

（4）趨勢 4：自動駕駛深度學習專用積體電路處理器

專用積體電路（ASIC）是根據特定客戶要求和特定電子系統的需求而設計、製造的積體電路。在大量生產時，與通用積體相比具有體積更小、功耗更低、可靠性更高、保密性更強、成本更低等優點。將深度學習演算法應用在自動駕駛並且利用特定晶片實現深度學習功能的專用處理器，相比於 FPGA，ASIC 犧牲靈活性換取尺寸和功耗下降，ASIC 去除了晶片中與演算法實現無關的組件，在犧牲靈活性的同時，極大的提升了自動駕駛深度學習的效率。

（5）趨勢 5：物流行業的無人駕駛應用

物流領域的無人駕駛應用，使用物流無人駕駛能為物流行業解決以下三個問題。

① 路線較為固定，降低了環境的複雜性，有利於提升無人駕駛的安全性。

② 該細分領域司機疲勞駕駛情況比較明顯，無人駕駛可以提高安全性。

③ 有效降低營運的人力成本，提升行業效率。

2.4　AI 產業發展趨勢分析

如圖 2-18 所示，人工智慧產業鏈可以分為基礎設施層、技術層和應用產品層，各層的發展趨勢如下。

- 基礎設施層，主要有基礎資料提供商、半導體晶片供應商、感測器供應商和雲端運算服務商。在過去的 5～10 年，人工智慧技術得以商業化，主要得益於感測器等硬體價格快速下降、雲端服務的普及以及 GPU 等晶片使大規模並行運算能力得以提升。人工智慧產業在基礎設施層面的搭建已經基本形成。
- 技術層，主要有語音辨識、自然語言處理、電腦視覺、深度學習技術提供商。與其他技術相比，語音辨識在技術和應用方面都已經較為成熟，Google、亞馬遜、蘋果、百度、阿里等龍頭的布局很深，科大訊飛等企業也顯示了良好的成長勢頭。另外，電腦視覺尤其是人臉辨識、自然語言處理等方向也將是技術和應用發展較快的領域。
- 處於應用產品層的企業，主要是把人工智慧相關技術整合到自己的產品和服務中，然後切入特定場景（金融、家居、醫療、安防、車載等）。未來資料完整（資訊化程度原本就比較高的行業或者資料窪地行業）、反饋機制清晰、追求效率動力比較強的場景或將率先實現 AI 技術的大規模商業化。目前來看，自動駕駛、醫療、安防、金融、行銷等領域是業內人士普遍比較看好的方向。

圖 2-18　AI 的 3 層結構

AI 產業發展還呈現了以下趨勢。

（1）平臺崛起，技術、硬體、內容多方面資源進一步整合

人工智慧涵蓋的行業及場景龐大，單一企業無法涉及人工智慧產業的各個方面，廠商基於自身的優勢切入產業鏈條，並與其他廠商進行合作，技術、硬體、內容多方面資源進行整合，共同推動人工智慧技術成熟。在技術、內容及硬體的發展下，平臺進一步崛起，生態化布局日益重要。

（2）人工智慧技術繼續向垂直行業下沉

通用型人工智慧技術已不能滿足各行業的需求，不同行業在應用側重點上有所不同，資料資源也同樣不同，需求市場從業者針對行業特點，設計不同的行業解決方案。人工智慧技術將繼續從場景出發實現技術成熟，在垂直行業中，醫療、金融、安防、環境、教育、家居等行業已初具規模，未來發展前景宏大。

（3）產學研相結合，人才仍是搶奪的重點

AI、物聯網成為主流的發展趨勢，人才在其中發揮的價值越來越大，而產業發展速度與人才培養速度之間的矛盾在產學研發展路徑下將逐漸縮小，專業型人才開始增多，具有核心知識的專家仍然成為廠商搶

奪的重點。在人工智慧領域中，中國國內人才集中在技術層及應用層，基礎層人才薄弱，中國國內大學在人工智慧人才培養方面也持續缺失，專業布局較晚，專家有限，中外在教育系統之間的差距較大，這也導致中國在人工智慧領域基礎層研究的薄弱。在意識到人才方面的缺失之後，國家及企業採取各類措施進行追趕，比如採取「千人計畫」、「新一代人工智慧發展規畫」等政策吸引優秀專業人才回國，企業圍繞其核心業務搶奪人工智慧人才。未來需要繼續建立核心技術人才培養體系，加強人工智慧一級學科建設，實現產學研的有效融合，為人工智慧產業持續不斷輸送優質人才。

（4）廠商進入卡位戰，不斷發掘新的商業模式

人工智慧將透過 AI ＋的形式影響各行各業，技術廠商崛起，但應用才是技術成熟的關鍵。技術被整合到各類產品中，技術廠商本身議價能力不強，所獲得的利益有限，因此技術廠商積極搭建平臺，或發展硬體、布局生態，以整合商的角色獲取更多的行業紅利。

軟體以及網際網路對傳統商業的衝擊已呈顛覆之勢，而 AI 所涵蓋的領域更為龐大，衝擊也更甚。隨著人工智慧的發展，由軟體和網際網路打造的流量價值被打破，資料為王成為新趨勢，場景化消費成為使用者訴求，雲端服務、後端收費等依託智慧硬體而發展起來的新興服務模式逐漸興起。人工智慧產業中的入局者需要在推動技術成熟的同時不斷發掘新的商業機會。

（5）中國仍須加大在算力、演算法、大數據領域的發展，彌補技術弱勢

人工智慧底層基礎層技術仍舊掌握在歐美國家手中，尤其是晶片、先進半導體等核心零部件，以及演算法、開源框架等核心技術，這些技術將直接影響人工智慧技術的發展進程。雖然中國透過「中國製造

2025」等策略推動先進技術的研發，但是中國國內研發基礎相對薄弱，在基礎演算法研究領域仍處於劣勢。教育不完善、人才短缺、研究領域集中、資料開放不足等問題成為限制中國人工智慧發展的重要因素。因此，中國仍須加大在演算法、算力、大數據領域的布局，掌握核心技術能力。

(6) 倫理之爭不止，AI 終將取代部分人工

由人工智慧引發的倫理問題一直無法達成共識。目前，業內普遍認為人工智慧將經歷三個時間節點：第一個時間節點是這一波人工浪潮，其產業紅利在 3 ～ 5 年之內會塵埃落定。第二個時間節點是 10 年之內，一半以上的現有工作會被人工智慧替代。第三個時間節點是 30 年之內，人工智慧將具備自我覺醒的能力。在矽谷備受推崇的觀點也是在未來 30 年內，90% 的工作會因人工智慧技術的進步而被淘汰。

伴隨著人工智慧的興起，技術威脅論引發的一系列談論從未停止過，技術裹挾著變革力量推動時代向前發展，這也意味著與時代脫離的觀念和行為將會被拋棄：工業革命瓦解小農經濟，網路時代顛覆線下經濟實體，人工智慧技術將會取代傳統耗時、重複性、機械化的運動，機器成為生產主力，同時與之相對應的新興職業增多，專業技術人才的競爭力加大。

在人工智慧取代人類或人工智慧增強人類能力的討論之餘，使用者所能做的只有強化自身的能力，發揮主體的不可替代性。而在人工智慧領域中的基因重組、機器人學等超人類主義項目，仍需要政府加大監管力度。

第 3 章　資料

第 3 章　資料

　　人工智慧如今處在發展早期的階段，非常像十幾年前網際網路的成長。推動 AI 發展的三個動力是演算法、算力和資料（見圖 3-1）。第一個是演算法，人工智慧，尤其是機器學習的演算法在過去幾年迅速發展，不斷有各式各樣的創新，深度學習、DNN、RNN、CNN 到 GAN，不停的有新的發明創造出來。第二個是運算能力，運算的成本在不斷下降，伺服器也變得越來越強大，我們已經在第 2 章中詳細的介紹了人工智慧晶片產業。第三個是資料，資料的產生仍然在以一個非常高的速度發展，它會進一步推動演算法的不斷創新，以及對運算能力提出更新的要求。資料是 AI 的根本和基礎，AI 和大數據密不可分。沒有大量資料支撐的人工智慧就是人工智障。

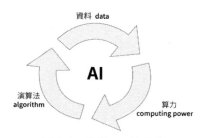

圖 3-1　推動 AI 的動力

　　資料正在金融、廣告、零售、物流、影視等行業悄悄的改變我們的生活。隨著手機更大規模的普及，以及日新月異的可穿戴設備、智慧家居，甚至是無人駕駛汽車，都在提醒我們，以網際網路（或者物聯網）、雲端運算、大數據為代表的這場技術革命正引領人類社會加速進入農業時代、工業時代之後的一個新的發展階段——資料時代（DT 時代）。前兩個時代分別以土地、資本為生產要素，而正在我們面前開啟的資料時代，正如其名，資料將成為最核心的生產要素。

　　大數據代表了一種現象，即資料的指數成長超過了人們管理、處理和應用資料的能力的成長。無論是對一個國家還是一個企業，誰能縮小

這兩個成長之間的差距，把資料用好，就能占有競爭優勢。有人說，當「人工智慧」和「大數據」的壓路機壓過來的時候，要麼你成為壓路機的一部分，要麼你成為路的一部分。未來十年，人工智慧和大數據是非常重要的一件事情。本輪 AI 浪潮是資料驅動的，演算法就是「煉資術」。因此，AI 面臨的核心挑戰之一依然是資料，尤其是做有監督學習時所需要的高品質訓練資料來源。本章從 AI 的角度來闡述大數據。需要指出的是，資料分析不等於大數據分析，簡單的統計分析不是大數據分析。大數據是基礎，大數據分析挖掘和 AI 是上端應用。本書中的大數據分析特指基於 AI 技術（機器學習或深度學習）的大量資料分析。

3.1　什麼是大數據

　　雲端運算、物聯網、移動互連、社交媒體等新興資訊技術和應用模式的快速發展，促使全球資料量急遽增加，推動人類社會邁入大數據時代。一般意義上，大數據是指利用現有理論、方法、技術和工具難以在可接受的時間內完成分析運算、整體呈現高價值的大量複雜資料集合。

3.1.1　大數據的特徵

大數據呈現出多種鮮明的特徵。

- 在資料量方面，當前全球所擁有的資料總量已經遠遠超過歷史上的任何時期，更為重要的是，資料量的增加速度呈現出倍增趨勢，並且每個應用所運算的資料量也大幅增加。
- 在資料速率方面，資料的產生、傳播的速度更快，在不同時空中流轉，呈現出鮮明的流式特徵，更為重要的是，資料價值的有效時間急遽縮短，也要求越來越高的資料運算和使用能力。
- 在資料複雜性方面，資料種類繁多，資料在編碼方式、儲存格式、

應用特徵等多個方面也存在多層次、多方面的差異性，結構化、半結構化、非結構化資料並存，並且半結構化、非結構化資料所占的比例不斷增加。

· 在資料價值方面，資料規模增大到一定程度之後，隱含於資料中的知識的價值也隨之增大，並將更多的推動社會的發展和科技的進步。此外，大數據往往還呈現出個性化、不完備化、價值稀疏、交叉複用等特徵。

大數據蘊含大資訊，大資訊提煉大知識，大知識將在更高的層面、更廣的視角、更大的範圍幫助使用者提高洞察力，提升決策力，將為人類社會創造前所未有的重大價值。但與此同時，這些總量極大的價值往往隱藏在大數據中，表現出價值密度極低、分布極其不規律、資訊隱藏程度極深、發現有用的價值極其困難的鮮明特徵。這些特徵必然為大數據的運算環節帶來前所未有的挑戰和機遇，並要求大數據運算系統具備高性能、即時性、分散式、易用性、可擴展性等特徵。

如果將雲端運算看作對過去傳統 IT 架構的顛覆，雲端運算也僅僅是硬體層面對行業的改造，而大數據的分析應用卻是對行業中業務層面的升級。大數據將改變企業之間的競爭模式，未來的企業將都是資料化生存的企業，企業之間競爭的焦點將從資本、技術、商業模式的競爭轉向對大數據的爭奪，這將展現為一個企業擁有的資料的規模、資料的多樣性以及基於資料建構全新的產品和商業模式的能力。目前來看，越來越多的傳統企業看到了雲端運算和大數據的價值，從傳統的 IT 積極向 DT 時代轉型是當前一段時間的主流，簡單的解決雲端化的問題，並不能為其帶來更多價值。

3.1.2 大數據的誤區

大數據有不少的誤區。我們先看看大數據不是什麼。

（1）大數據≠擁有資料

很多人覺得擁有資料，特別是擁有大量的資料，就是大數據了，這肯定是不對的，資料量大不是大數據，比如氣象資料很大，如果僅僅用於氣象預測，只要運算能力跟上就行，還遠遠沒有發揮它的價值。但是保險公司根據氣象大數據來預測自然災害以及調整與自然災害相關的保險費率，它就會演化出其他的商業價值，形成大數據的商業環境。所以，大數據要使用，甚至關聯、交換才能產生真正價值，形成特有的大數據商業。

（2）大數據≠報表平臺

有很多企業建立了自己業務的報表中心，或者大螢幕展示中心，就馬上宣布已經實現了大數據，這是遠遠不夠的。報表雖然也是大數據的一種表現，但是真正的大數據業務不是生成報表靠人來指揮，那是披著大數據外表的報表系統而已。在大數據閉環系統中，萬物都是資料產生者，也是資料使用者，透過自動化、智慧化的閉環系統自動學習、智慧調整，從而提升整體的生產效率。

（3）大數據≠運算平臺

我們經常看到一些報導，說某某金融機構建立了自己的大數據系統，後來仔細一看，就是搭建了一個幾百臺機器的 Hadoop 集群而已。大數據運算平臺是大數據應用的技術基礎，是大數據閉環中非常重要的一環，也是不可缺少的一環，但是不能說有了運算平臺就有了大數據。比如我買了鍋，不能說我已經有了菜，從鍋到菜還缺原料（資料）、刀具（加工工具）、廚師（資料加工），才能最終做出菜來。

（4）大數據 ≠ 精準行銷

我見過很多創業公司在做大數據創業，仔細一看，做的是基於大數據的推薦引擎、廣告定投等。這是大數據嗎？他們做的是大數據的一種應用，可以說已經是大數據的一種了。只是大數據整個生態不能透過這一種應用來表達而已。正如大象的耳朵是大象的一部分，但是不能代表大象。

3.1.3　大數據交易難點

在未來，資料將成為商業競爭最重要的資源，誰能更好的使用大數據，誰將領導下一代的商業潮流。所謂無資料，不智慧；無智慧，不商業。下一代的商業模式就是基於資料智慧的全新模式，雖然才開始萌芽，才有幾個有限的案例，但是其龐大的潛力已經被人們認識到。簡單的講，大數據需要有大量能互相連接的資料（無論是自己的，還是購買、交換別人的），它們在一個大數據運算平臺（或者能互通的各個資料節點上），有相同的資料標準能正確的關聯（如 ETL、資料標準），透過大數據相關處理技術（如演算法、引擎、機器學習），形成自動化、智慧化的大數據產品或者業務，進而形成大數據採集、反饋的閉環，自動智慧的指導人類的活動、工業製造、社會發展等。但是，資料交易並沒有這麼簡單，因為資料交易涉及以下幾個非常大的問題。

（1）怎麼保護使用者隱私資訊

在 Facebook 隱私洩露事件之後，其創始人兼 CEO 馬克・祖克柏（Mark Zuckerberg）稱該公司沒能保護好使用者的資料，承諾這種事情永遠不會再發生。祖克柏為了挽回公司聲譽，大量投放道歉廣告，以及接受國會的洗禮（見圖 3-2）。隱私洩露事件使得該公司的市值在事件爆發的一週內蒸發了近 580 億美元（約合 3,661 億人民幣）。

圖 3-2　Facebook 創始人馬克‧祖克柏在美國國會作證

　　歐盟已經發表了苛刻的資料保護條例，還處在萌芽狀態的中國大數據行業，怎麼確保使用者的隱私資訊不被洩漏呢？對於一些非隱私資訊，比如地理資料、氣象資料、地圖資料進行開放、交易、分析是非常有價值的，但是一旦涉及使用者的隱私資料，特別是單個人的隱私資料，就會涉及道德與法律的風險。

　　資料交易之前的脫敏或許是一種解決辦法，但是並不能完全解決這個問題，因此一些廠商提出了另一種解決思路，基於平臺擔保的「可用不可見」技術。例如雙方的資料上傳到大數據交易平臺，雙方可以使用對方的資料以獲得特定的結果，比如透過上傳一些演算法、模型而獲得結果，雙方都不能看到對方的任何詳細資料。

　　（2）資料的所有者問題

　　資料作為一種生產資料，跟農業時期的土地、工業時期的資本不一樣，使用之後並不會消失。如果作為資料的購買者，這個資料的所有者到底是誰？怎麼確保資料的購買者不會再次售賣這些資料？或者購買者加工了這些資料之後，加工之後的資料所有者是誰？

　　（3）資料使用的合法性問題

　　大數據行銷中，目前用得最多的就是精準行銷。資料交易中，最值錢的也是個人資料。我們日常分析做的客戶畫像，目的就是替大量客戶

分群、打標籤，然後有針對性的進行定向行銷和服務。然而，如果利用客戶的個人資訊（比如年齡、性別、職業等）進行行銷，必須事先徵得客戶的同意，才能向客戶發送廣告資訊，還是可以直接使用？

　　所以，資料的交易與關聯使用必須解決資料標準、立法以及監管的問題，在未來，不排除有專門的法律，甚至專業的監管機構，如各地成立大數據管理局來監管資料的交易與使用問題。如果真的到了這一天，那也是好事，資料要流通起來才會發揮更大的價值。如果每個企業都只有自己的資料，即使消除了企業內部的資訊孤島，還有企業外部的資訊孤島。

3.1.4　大數據的來源

　　在下一代的革命中，無論是工業 4.0（中國國內叫中國製造 2025）還是物聯網（甚至是一個全新的協議與標準），隨著資料科學與雲端運算能力（甚至是基於區塊鏈的分散式運算技術）的發展，唯獨資料是所有系統的核心。萬物互聯、萬物資料化之後，基於資料的個性化、智慧化將是一次全新的革命，將超越 100 多年前開始的自動化生產線的工業 3.0，為人類社會整體的生產力提升帶來一次根本性的突破，實現從 0 到 1 的極大變化。正是在這個意義上，這是一場商業模式的典範革命。商業的未來、知識的未來、文明的未來，本質上就是人的未來。而基於資料智慧的智慧商業，就是未來的起點。大數據的第一要務就是需要有資料。

　　關於資料來源，普遍認為網際網路及物聯網是產生並承載大數據的基地。網路公司是天生的大數據公司，在搜尋、社交、媒體、交易等各自的核心業務領域，累積並持續產生大量資料。能夠上網的智慧型手機和平板電腦越來越普遍，這些行動設備上的 App 都能夠追蹤和溝通無數事件，從 App 內的交易資料（如搜尋產品的紀錄事件）到個人資訊資料

或狀態報告事件（如地點變更，即報告一個新的地理編碼）。非結構資料廣泛存在於電子郵件、文件檔案、圖片、音訊、影片以及透過部落格、維基，尤其是社交媒體產生的資料流中。這些資料為使用文本分析功能進行分析提供了豐富的資料泉源，還包括電子商務購物資料、交易行為資料、Web 伺服器紀錄的網頁點擊流資料日誌。

物聯網設備每時每刻都在採集資料，設備數量和資料量都在與日俱增，包括功能設備創建或生成的資料，例如智慧電表、智慧溫度控制器、工廠機器和連接網際網路的家用電器。這些設備可以配置為與網際網路中的其他節點通訊，還可以自動向中央伺服器傳輸資料，這樣就可以對資料進行分析。機器和感測器資料是來自物聯網（IoT）所產生的主要例子。

這兩類資料資源作為大數據金礦，正在不斷產生各類應用。比如，來自物聯網的資料可以用於建構分析模型，實現連續監測（如當感測器值表示有問題時進行辨識）和預測（如警示技術人員在真正出問題之前檢查設備）。國外出現了這類資料資源應用的不少經典案例。還有一些企業，在業務中也累積了許多資料，如房地產交易、大宗商品價格、特定群體消費資訊等。從嚴格意義上說，這些資料資源還算不上大數據，但對商業應用而言，卻是最易獲得和比較容易加工處理的資料資源，也是當前在中國國內比較常見的應用資源。

在中國國內還有一類是政府部門掌握的資料資源，普遍認為品質好、價值高，但開放程度差。許多官方統計資料透過灰色管道流通出來，經過加工成為各種資料產品。《大數據綱要》把公共資料互聯開放共享作為努力方向，認為大數據技術可以實現這個目標。實際上，長期以來，政府部門間的資訊資料相互封閉割裂是治理問題而不是技術問題。面向社會的公共資料開放願望雖十分美好，但恐怕一段時間內可望而不可即。

對於某一個行業的大數據場景，一是要看這個應用場景是否真有資料支撐，資料資源是否可持續，來源管道是否可控，資料安全和隱私保護方面是否有隱患；二是要看這個應用場景的資料資源品質如何，是「富礦」還是「貧礦」，能否保障這個應用場景的實效。對於來自自身業務的資料資源，具有較好的可控性，資料品質一般也有保證，但資料涵蓋範圍可能有限，需要借助其他資源管道；對於從網路抓取的資料，技術能力是關鍵，既要有能力獲得足夠大的量，又要有能力篩選出有用的內容；對於從第三方獲取的資料，需要特別關注資料交易的穩定性。資料從哪裡來是分析大數據應用的起點，如果一個應用沒有可靠的資料來源，再好、再高超的資料分析技術都是無本之木。我們經常看到，許多應用並沒有可靠的資料來源，或者資料來源不具備可持續性，只是借助大數據風口套取資金。這是很可悲的。

3.1.5　資料關聯

資料無處不在，人類從發明文字開始，就開始記錄各種資料，只是保存的介質一般是書本，這難以分析和加工。隨著電腦與儲存技術的快速發展，以及萬物數位化的過程（音訊數位化、圖形數位化等），出現了資料的爆發。而且資料爆發的趨勢隨著萬物互聯的物聯網技術的發展會越來越迅速。同時，對資料的儲存技術和處理技術的要求也會越來越高。據 IDC 出版的數位世界研究報告顯示，2013 年，人類產生、複製和消費的資料量達到 4.4ZB。而到 2020 年，資料量將成長 10 倍，達到 44ZB。大數據已經成為當下人類最寶貴的財富，怎樣合理有效的運用這些資料，發揮這些資料應有的作用，是大數據將要做到的。

早期的企業比較簡單，關係型資料庫中儲存的資料往往是全部的資料來源，這個時候對應的大數據技術也就是傳統的 OLAP 資料倉庫解決

方案。因為關係型資料庫中基本上儲存了所有資料，往往大數據技術也比較簡單，直接從關係型資料庫中獲得統計資料，或者創建一個統一的 OLAP 資料倉庫中心。以淘寶為例，淘寶早期的數倉資料基本來源於主業務的 OLTP 資料庫，資料不外乎使用者資訊（透過註冊、認證獲取）、商品資訊（透過賣家上傳獲得）、交易資料（透過買賣行為獲得）、收藏資料（透過使用者的收藏行為獲得）。從公司的業務層面來看，關注的也就是這些資料的統計，比如總使用者數，活躍使用者數，交易筆數、金額（可鑽取到類目、省份等），支付寶筆數、金額等等。因為這個時候沒有行銷系統，沒有廣告系統，公司也只關注使用者、商品、交易的相關資料，這些資料的統計加工就是當時大數據的全部。

但是，隨著業務的發展，比如個性化推薦、廣告投放系統的出現，會需要更多的資料來做支撐，而資料庫的使用者資料，除了收藏和購物車是使用者行為的展現外，使用者的其他行為（如瀏覽資料、搜尋行為等）這個時候是完全不知道的。這裡就需要引進另一個資料來源，即日誌資料，記錄使用者的行為資料，可以透過 Cookie 技術，只要使用者登入過一次，就能與真實的使用者獲得關聯。比如透過獲取使用者的瀏覽行為和購買行為，進而可以向使用者推薦他可能感興趣的商品，看了又看、買了又買就是基於這些最基礎的使用者行為資料做的推薦演算法。這些行為資料還可以用來分析使用者的瀏覽路徑和瀏覽時長，這些資料是用來改進相關電商產品的重要依據。

2009 年，行動網路飛速發展，隨著基於 Native 技術的 App 大規模出現，用傳統日誌方式獲取行動使用者行為資料已經不再可能，這個時候湧現了一批新的行動資料採集分析工具，透過內建的 SDK 可以統計 Native 上的使用者行為資料。資料是統計到了，但是新的問題也誕生了，比如在 PC 上的使用者行為怎麼對應到行動端的使用者行為，這個

是脫節的，因為 PC 上有 PC 上的標準，行動端又採用了行動的標準，如果有一個統一的使用者資料庫，比如登入名稱、電子信箱、身分證號碼、手機號、IMEI 地址、MAC 地址等，來唯一標識一個使用者，無論是哪裡產生的資料，只要是第一次關聯上來，後面就能對應上。

　　這就涉及一個重要的話題──資料標準。資料標準不僅用於解決企業內部資料關聯的問題，比如一個好的使用者資料庫，可以解決未來大數據關聯上的很多問題，假定公安的資料跟醫院的資料進行關聯打通，可以發揮更大的價值，但是公安標識使用者的是身分證，而醫院標識使用者的則是手機號碼，有了統一的使用者資料庫後，就可以透過 ID-Mapping 技術簡單的把雙方的資料進行關聯。資料的標準不僅僅是企業內部進行資料關聯非常重要，跨組織、跨企業進行資料關聯也非常重要，而業界有能力建立類似使用者資料庫等資料標準的公司和政府部門並不多。

　　大數據發展到後期，當然是資料越多越好，企業內部的資料已經不能滿足公司的需求。比如淘寶，想要對使用者進行一個完整的畫像分析，想獲得使用者的即時地理位置、愛好、星座、消費水準、開什麼樣的車等，用於精準行銷。淘寶自身的資料是不夠的，這個時候，很多企業就會去購買一些資料（有些企業也會自己去爬取一些資訊，這個相對簡單一點），比如阿里收購高德，採購微博的相關資料，用於使用者的標籤加工，獲得更精準的使用者畫像。

3.1.6　大數據生產鏈

　　如圖 3-3 所示，大數據生產全鏈條涵蓋資料採集、運算引擎、資料加工、資料視覺化、機器學習、資料應用等。運算引擎包括 Hadoop 生態系統、底層運算平臺、開發工具／組件，基於各自演算法的運算引擎／服

務，以及最上層的各種資料應用／產品。

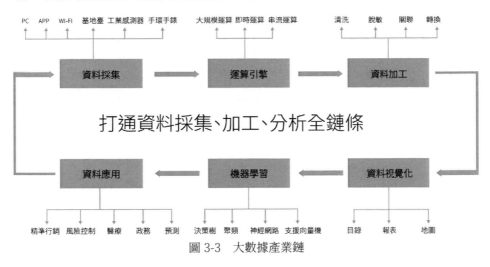

圖 3-3　大數據產業鏈

3.1.7　大數據怎麼用

如何把資料資源轉化為解決方案，實現產品化，是我們特別關注的問題。大數據只是一種方法，並不能無所不包、無所不用。我們關注大數據能做什麼、不能做什麼，現在看來，大數據主要有以下幾種較為常用的功能。

- ·追蹤：網路和物聯網無時無刻不在記錄，大數據可以追蹤、追溯任何紀錄，形成真實的歷史軌跡。追蹤是許多大數據應用的起點，包括消費者購買行為、購買偏好、支付方式、搜尋和瀏覽歷史、位置資訊等。
- ·辨識：在對各種因素全面追蹤的基礎上，透過定位、比對、篩選可以實現精準辨識，尤其是對語音、圖像、影片進行辨識，使可分析的內容大大豐富，得到的結果更為精準。
- ·畫像：透過對同一主體不同資料來源的追蹤、辨識、匹配，形成更

立體的刻畫和更全面的認識。對消費者畫像,可以精準的推送廣告和產品;對企業畫像,可以準確的判斷其信用及面臨的風險。

· 預測: 在歷史軌跡、辨識和畫像基礎上,對未來趨勢及重複出現的可能性進行預測,當某些指標出現預期變化或超預期變化時給予提示、預警。以前也有基於統計的預測,大數據大大豐富了預測方式,對建立風險控制模型有深刻意義。

· 匹配: 在大量資訊中精準追蹤和辨識,利用相關性、接近性等進行篩選比對,更有效率的實現產品搭售和供需匹配。大數據匹配功能是網路叫車、租房、金融等共享經濟新商業模式的基礎。

· 最佳化: 按距離最短、成本最低等給定的原則,透過各種演算法對路徑、資源等進行最佳化配置。對企業而言,提高服務水準,提升內部效率;對公共部門而言,節約公共資源,提升公共服務能力。

上述概括並不一定完備,大數據肯定還有其他更好的功能。當前許多貌似複雜的應用,大都可以細分成以上幾種類型。例如,大數據精準扶貧項目,從大數據應用角度,透過辨識、畫像,可以對貧困戶實現精準篩選和界定,找對扶貧對象;透過追蹤、提示,可以對扶貧資金、扶貧行為和扶貧效果進行監控和評估;透過配對、最佳化,可以更好的發揮扶貧資源的作用。這些功能也並不都是大數據所特有的,只是大數據遠遠超出了以前的技術,可以做得更精準、更快、更好。

3.2　中國國內大數據現狀

未來的企業一定是數位化的。當企業把業務從線下搬到了線上,和客戶的連接已經開始了數位化的旅程,所有的溝通過程都會被記錄,使得企業對客戶的了解前所未有的仔細和全面。或許某一天,一個客戶來到你的公司,你會說:「根據你在淘寶、京東和其他場所的消費習慣和

信用，本企業對你的歡迎指數是 16.8%。」想想看，這是多麼可怕的事情。從商業上說，企業可以透過對大量的客戶資料分析來完善產品或服務。未來的競爭一定是面向資料的競爭，資料累計得越多，你對客戶越了解，你的業務就越具有獨特性，別人難以複製。

未來的政府也一定是數位化的。政府層面對大數據分析應用可以完善公共服務。比如，一個地區的地方政府能夠掌握新生嬰兒的出生數量、分布區域、未來的入學需求等資料，就可以預測幾年之後當地對於學校等教育資源的供給是否足夠。政府部門的大數據部門的一個目標是預警，透過應用大數據來進行社會治理，從而為當地百姓提供更好的服務。

最近幾年，大數據理念在中國國內已經深入人心，人們對大數據的認識也更加具體化，「用資料說話」已經成為中國國內很多人的共識，大數據分析和大數據建設被各行各業所重視，資料成為堪比石油的策略資源。對應石油產業中的油田、冶煉和消費三個環節，資料產業主要包括資料來源、加工以及應用三大類。今天的大數據生態就是想讓資料來源更豐富，讓資料加工更高效能，讓資料應用市場更廣闊。大數據實踐逐漸成熟，中國國內的大數據產業政策日漸完善，技術、應用和產業都獲得了非常明顯的進展。

3.2.1 政策持續完善

在頂層設計上，中國國務院《促進大數據發展行動綱要》對政務資料共享開放、產業發展和安全三方面做了整體部署。資料共享開放方面的《政務資訊資源共享管理暫行辦法》、產業發展方面的工信部《大數據產業發展規畫（2016-2020)》、資料安全方面的《中華人民共和國網路安全法》等也都已發表。衛計、環保、農業、檢察、稅務等部門還發表了

領域大數據發展的具體政策。此外，17 個省市發表了大數據發展規畫，十幾個省市設立了大數據管理局，8 個國家大數據綜合試驗區、11 個國家工程實驗室已啟動建設。可以說，適應大數據發展的政策環境已經初步形成。

　　從時間上看，最早成立的是廣東省大數據管理局，而級別最高的則是貴州省大數據發展管理局，它是省政府直屬的正廳級部門。此外，因與阿里合作而備受矚目的杭州市數據資源管理局也是大數據的政府部門。各地設立的大數據部門的名稱各不相同，有些叫大數據管理局，如上述的廣東省大數據管理局、貴州省大數據發展管理局；有些叫數據資源局，如杭州市數據資源管理局、合肥市數據資源局；還有一些名字，如佛山南海區的數據統籌局、江門市的網路信息統籌局、銅陵市的信息化管理辦公室、成都市政府的大數據辦等。由於各級省市政府對大數據部門的定位不同，這就造成了各個地方大數據部門的職能側重、級別、隸屬關係等各不相同。在這些大數據部門中，大部分隸屬於各省市的工信委或經信委，另一部分掛靠在當地政府，或由省、市政府直接管轄。一般隸屬於經信委、工信委的大數據部門會更加偏重於產業方面的大數據工作，而直接隸屬或掛靠於各級省市政府的大數據部門可能會更加側重於政務資料工作的推展以及社會治理的推進。

3.2.2　技術和應用逐步成熟

　　開源為中國國內大數據產業界提供了一個跳板，讓其與國際上大數據技術水準的差距不斷縮小。在大量資料分散式儲存、運算任務切片調度、節點通訊協調同步、資料運算監控、硬體架構等方面，中國國內不少企業都具備一定的技術水準。與此同時，中國國產化的商用大數據平臺產品正在崛起，底層技術越來越扎實。

大數據應用逐步成熟。在金融領域，商業銀行全面部署大數據基礎設施，五大國有銀行、股份制銀行、城商行和農商行已經逐步開始從傳統資料倉庫架構向大數據平臺架構的轉型改造過程，基於大數據風控的「秒貸」業務越來越普及，不僅提升了貸款效率，還擴大了普惠金融的涵蓋面。在電信領域，中國電信的大數據平臺已經擴展到 31 個省，匯聚全國的基礎資料形成「天翼大數據」服務能力；中國聯通也實現了資料整合，大數據產品體系已經推出徵信、指數、行銷等六大產品種類。

圍繞資料的產生、匯聚、處理、應用、管控等環節的產業生態從無到有，不斷壯大。中國信息通信研究院發表的《中國大數據產業調查報告（2017 年）》顯示，2016 年，中國大數據核心產業（軟體、硬體及服務）的市場規模為 168 億元，較 2015 年增長達 45%，預計到 2020 年將達到 578 億元。

3.2.3　資料產生價值難

資料產生價值鏈條長。很多政府部門和企業不知道資料怎麼用，或者沒有支撐的資料平臺。對於它們來說，把資料變成價值的鏈條是非常長的。從採集、整合到分析，整個鏈條涉及的部門相當多。涉及業務部門、資料平臺部門、資料分析與資料產品部門，而後又回到業務部門，這個鏈條非常長。這決定了要讓資料產生價值很困難。

關於資料變現，有一個更有意思的例子，告訴我們只要合理的使用資料，就可以把「資料產生價值鏈條長」的問題簡化，合理的資料平臺有助於縮短這個鏈條，讓資料為企業產生價值。這個例子是：有位風水大師一卦 3 萬多人民幣，這位大師是怎麼做到的？他在美容院購買女性客戶的資訊，然後整理這些女性與美容師聊天時透露的資訊，之後再做關聯整理分析。然後找機會接觸這些女性進行算卦，道出妳的年齡、家

庭、身體狀況、是否手術、哪裡有痣、興趣愛好等。這些女性當時就覺得「真神」，之後形成口碑傳播，生意大紅，真正的資料產生了價值。

3.2.4　問題與機遇並存

從資料的產生端到資料價值鏈條頂端的決策行動支援，要經過整合、管理、分析、洞察這幾個關鍵步驟，在當前中國國內的大數據生態中，大數據價值實現的難點和重點在於資料的有效融合和深度分析。

1. 打破資料孤島

人人都想要別人的資料，但都不願意把自己的資料給別人，這是目前的資料現狀。以前資訊系統建設都從一個個「煙囪」開始，資料缺乏互通的技術基礎，這是大數據需要解決的第一個大問題。從國家層面到企業內部，情況大同小異。麥肯錫的一份報告顯示，大數據在很多領域沒有達到預期效果，很重要的原因就是資料割裂。這些年，推動資料開放共享的政策舉措一直在加強，政策已經很努力了，但效果與預期還有距離。這時就需要技術來推進。

2. 加強資料管理

資料分析工作往往有 80% 的時間和精力都耗費在採集、清洗和加工資料上。資料品質不過關，也會讓資料分析效果大打折扣，甚至讓分析結果謬以千里。很多單位大數據的應用效果不佳，多半問題出在資料管理上。大家都同意把資料當作資產，甚至認為有朝一日資料會計入資產負債表。但對比桌椅板凳這些實物資產，我們對資料資產的管理還處於非常原始的階段。我們往往對自己的資料資產有哪些、有多少都不清楚，更別說資料品質、資料安全、資產評估、資產交換交易等精細管理、價值挖掘和持續營運了。

然而，資料管理不像資料分析挖掘那麼光鮮亮麗，就像城市的「下

水道工程」，短期只有投入而看不見產出。但長期又不得不做，這是策略層面的事，當前不做未來返回來重做的成本龐大。以後每個企業都將成為資料驅動的企業，打基礎的事情要儘早。

3. 深化領域應用

雖然大數據的應用獲得了一定進展，在網路、金融、電信、交通等領域產生了實實在在的效益，旅遊、環保、公安、醫療、工業領域也正在加速發展。但整體上只能說剛剛走出了小半步。一類是「平行替代」，如金融和電信行業用 Hadoop 來重構原本昂貴的資料倉庫；另一類則是「補課」，如政務、醫療、工業、環保等領域，正在做的工作是在原有業務系統之外，新建本來早該建設的資料平臺。

這些大數據應用顯然還不夠升級，是量變而非質變，但的確也是發展必經的階段。隨著這些「替代」型或「補課」型應用的深入，未來業務與資料將加深融合，越來越多資料驅動的新模式、新業態值得所有人期待。也只有這樣，資料強國策略才能落到實處。

3.3　大數據的運算模式

大數據的運算模式可以分為批次運算（batch computing）和串流運算（stream computing）兩種形態。如圖 3-4 左圖所示，批次運算首先進行資料的儲存，然後對儲存的靜態資料進行集中運算。Hadoop 是典型的大數據批次運算架構，由 HDFS 分散式文件系統負責靜態資料的儲存，並透過 MapReduce 將運算邏輯分配到各資料節點進行資料運算和價值發現。

如圖 3-4 右圖所示，在串流運算中，無法確定資料的到來時刻和到來順序，也無法將全部資料儲存起來。因此，不再進行串流資料的儲存，而是當流動的資料到來後，在記憶體中直接進行資料的即時運算。

例如 Twitter 的 Storm、Yahoo 的 S4 就是典型的串流資料運算架構，資料在任務拓撲中被運算，並輸出有價值的資訊。

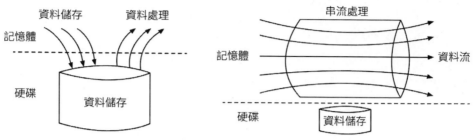

圖 3-4　大數據批次運算（左圖）和串流運算（右圖）

　　串流運算和批次運算分別適用於不同的大數據應用場景。對於先儲存後運算，即時性要求不高，同時資料的準確性、全面性更為重要的應用場景，批次運算模式更合適；對於無須先儲存，可以直接進行資料運算，即時性要求很嚴格，但資料的精確度要求稍微寬鬆的應用場景，串流運算具有明顯優勢。串流運算中，資料往往是最近一個時間窗口內的，因此資料延遲往往較短，即時性較強，但資料的精確程度往往較低。串流運算和批次運算具有明顯的優劣互補特徵，在多種應用場合下可以將兩者結合起來使用。透過發揮串流運算的即時性優勢和批次運算的精度優勢，滿足多種應用場景在不同階段的資料運算要求。

　　目前，關於大數據批次運算相關技術的研究相對成熟，形成了以 Google 的 MapReduce 程式化模型、開源的 Hadoop 運算系統為代表的高效能、穩定的批次運算系統，在理論上和實踐中均獲得了顯著成果。現有的大數據串流運算系統實例有 Storm 系統、Kafka 系統、Spark 系統等。本節對這幾款大數據串流運算系統進行實例分析。

3.3.1　串流運算的應用場景

　　串流大數據呈現出即時性、易失性、突發性、無序性、無限性等特徵，對系統提出了很多新的更高的要求。2010 年，Yahoo 推出了 S4 串流運算系統，2011 年，Twitter 推出了 Storm 串流運算系統，在一定程度上推動了大數據串流運算技術的發展和應用。但是，這些系統在可伸縮性、系統容錯、狀態一致性、負載均衡、資料吞吐量等諸多方面仍然存在著明顯不足。如何建構低延遲、高吞吐且持續可靠運行的大數據串流運算系統是當前亟待解決的問題。

　　大數據串流運算主要用於對動態產生的資料進行即時運算並及時反饋結果，但往往不要求結果絕對精確的應用場景。在資料的有效時間內獲取其價值，是大數據串流運算系統的首要設計目標。因此，當資料到來後，將立即對其進行運算，而不再對其進行緩存，等待後續全部資料到來再進行運算。大數據串流運算的應用場景較多，按照資料的產生方式、資料規模大小以及技術成熟度高低 3 個不同層次，金融銀行業應用、網際網路應用和物聯網應用是 3 種典型的應用場景，表現了大數據串流運算的基本特徵。從資料產生方式上看，它們分別是被動產生資料、主動產生資料和自動產生資料；從資料規模上看，它們處理的資料分別是小規模、中規模和大規模；從技術成熟度上看，它們分別是成熟度高、成熟度中和成熟度低的資料。

　　（1）金融銀行業的應用

　　在金融銀行領域的日常營運過程中，往往會產生大量資料，這些資料的時效性往往較短。因此，金融銀行領域是大數據串流運算最典型的應用場景之一，也是大數據串流運算最早的應用領域。在金融銀行系統內部，每時每刻都有大量的結構化資料在各個系統間流動，並需要即時

運算。同時，金融銀行系統與其他系統也有著大量的資料流動，這些資料不僅有結構化資料，也會有半結構化和非結構化資料。透過對這些大數據的串流運算，發現隱含於其中的內在特徵，可以幫助金融銀行系統進行即時決策。在金融銀行的即時監控場景中，大數據串流運算往往展現出了自身的優勢。

- ·風險管理：包括信用卡詐騙、保險詐騙、證券交易詐騙、程式交易等，這些需要即時追蹤發現。
- ·行銷管理：如根據客戶信用卡消費紀錄，掌握客戶的消費習慣和偏好，預測客戶未來的消費需求，並為其推薦個性化的金融產品和服務。
- ·商業智慧：如掌握金融銀行系統內部各系統的即時資料，實現對全局狀態的監控和最佳化，並提供決策支援。

（2）網路領域的應用

隨著網路技術的不斷發展，特別是 Web 2.0 時代的到來，使用者可以即時分享和提供各類資料。不僅使得資料量大為增加，也使得資料更多的以半結構化和非結構化的形態呈現。據統計，目前網路中 75% 的資料來源於個人，主要以圖片、音訊、影片資料形式存在，需要即時分析和運算這些大量、動態的資料。在網路領域中，大數據串流運算的典型應用場景如下。

- ·搜尋引擎：搜尋引擎提供商們往往會在反饋給客戶的搜尋頁面中加入點擊付費的廣告資訊。插入什麼廣告、在什麼位置插入這些廣告才能得到最佳效果，往往需要根據客戶的查詢偏好、瀏覽歷史、地理位置等綜合語義進行決定。而這種運算對於搜尋伺服器而言往往是大量的：一方面，每時每刻都會有大量客戶進行搜尋請求；另一方面，資料運算的時效性極低，需要保證極短的響應時間。

．社交網站：需要即時分析使用者的狀態資訊，及時提供最新的使用者分享資訊給相關的朋友，準確的推薦朋友，推薦主題，提升使用者體驗，並能及時發現和封鎖各種欺騙行為。

(3) 物聯網領域的應用

在物聯網環境中（如環境監測），各個感測器產生大量資料。這些資料通常包含時間、位置、環境和行為等內容，具有明顯的顆粒性。由於感測器的多元化、差異化以及環境的多樣化，這些資料呈現出鮮明的異構性、多樣性、非結構化、有雜訊、高成長率等特徵。所產生的資料量之密集、即時性之強、價值密度之低是前所未有的，需要進行即時、高效能的運算。在物聯網領域中，大數據串流運算的典型應用場景如下。

．智慧交通：透過感測器即時感知車輛、道路的狀態，並分析和預測一定範圍、一段時間內的道路流量情況，以便有效的進行分流、調度和指揮。

．環境監控：透過感測器和行動終端對一個地區的環境綜合指標進行即時監控、遠端查看、智慧聯動、遠端控制，系統性的解決綜合環境問題。

上述這些應用場景對運算系統的即時性、吞吐量、可靠性等方面都提出了很高要求。大數據串流運算的 3 種典型應用場景的對比如下。

．從資料的產生方式看，金融銀行領域的資料往往是在系統中被動產生的，網路領域的資料往往是人為主動產生的，物聯網領域的資料往往是由感測器等設備自動產生的。

．從資料的規模來看，金融銀行領域的資料與網路、物聯網領域的資料相比較少，物聯網領域的資料規模是最大的，但受制於物聯網的發展階段，當前實際擁有資料規模最大的是網路領域。

．從技術成熟度來看，金融銀行領域的串流大數據應用最為成熟，從

早期的複雜事件處理開始就呈現了大數據串流運算的思想，網路領域的發展將大數據串流運算真正推向歷史舞臺，物聯網領域的發展為大數據串流運算提供了重要的歷史機遇。

3.3.2　串流大數據的特徵

圖 3-5 用有向無環圖（Directed Acyclic Graph，DAG）描述了大數據流的運算過程。其中，圓形表示資料的運算節點，箭頭表示資料的流動方向。

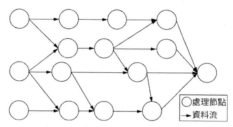

○ 處理節點
→ 資料流

圖 3-5　串流處理的有向無環圖

與大數據批次運算不同，大數據串流運算中的資料流主要呈現了如下 5 個特徵。

1. 即時性

串流大數據是即時產生、即時運算的，結果反饋往往也需要保證及時性。串流大數據價值的有效時間往往較短，大部分資料到來後直接在記憶體中進行運算並丟棄，只有少量資料才被長久保存到硬碟中。這就需要系統有足夠的低延遲運算能力，可以快速的進行資料運算，在資料價值有效的時間內展現資料的有用性。對於時效性特別短、潛在價值又很大的資料可以優先運算。

2. 易失性

在大數據串流運算環境中，資料流往往是到達後立即被運算並使

用。在一些應用場景中，只有極少數的資料才會被持久化的保存下來，大多數資料往往會被直接丟棄。資料的使用往往是一次性的、易失的，即使重放，得到的資料流和之前的資料流往往也是不同的。這就需要系統具有一定的容錯能力，要充分的利用好僅有的一次資料運算機會，盡可能全面、準確、有效的從資料流中得出有價值的資訊。

3. 突發性

在大數據串流運算環境中，資料的產生完全由資料來源確定，由於不同的資料來源在不同時空範圍內的狀態不統一且發生動態變化，導致資料流的速率呈現出了突發性的特徵。前一時刻的資料速率和後一時刻的資料速率可能會有極大的差異，這就需要系統具有很好的可伸縮性，能夠動態適應不確定流入的資料流，具有很強的系統運算能力和大數據流量動態匹配的能力。一方面，在突發高資料速率的情況下，保證不丟棄資料，或者辨識並選擇性的丟棄部分不重要的資料；另一方面，在低資料速率的情況下，保證不會太久或過多的占用系統資源。

4. 無序性

在大數據串流運算環境中，各資料流之間、同一資料流內部各資料元素之間是無序的：一方面，由於各個資料來源之間是相互獨立的，所處的時空環境也不盡相同，因此無法保證資料流間的各個資料元素的相對順序；另一方面，即使是同一個資料流，由於時間和環境的動態變化，也無法保證重放資料流和之前資料流中資料元素順序的一致性。這就需要系統在資料運算過程中具有很好的資料分析和發現規律的能力，不能過多的依賴資料流間的內在邏輯或者資料流內部的內在邏輯。

5. 無限性

在大數據串流運算中，資料是即時產生、動態增加的，只要資料來源處於活動狀態，資料就會一直產生和持續增加下去。可以說，潛在的

資料量是無限的，無法用一個具體確定的資料實現對其進行量化，需要系統具有很好的穩定性，保證系統長期而穩定的運行。

3.3.3　串流運算關鍵技術

針對具有即時性、易失性、突發性、無序性、無限性等特徵的串流大數據，理想的大數據串流運算系統應該表現出低延遲、高吞吐、持續穩定運行和彈性可伸縮等特性，這其中離不開系統架構、資料傳輸、程式介面、高可用技術等關鍵技術的合理規畫和良好設計。

1. 系統架構

系統架構是系統中各子系統間的組合方式，屬於大數據運算所共有的關鍵技術。當前，大數據串流運算系統採用的系統架構可以分為無中心節點的對稱式系統架構（如 S4、Puma 等系統）和有中心節點的主從式架構（如 Storm 系統）。對稱式系統架構如圖 3-6 的左圖所示，系統中各個節點的功能是相同的，具有良好的可伸縮性。但由於不存在中心節點，在資源調度、系統容錯、負載均衡等方面需要透過分散式協議實現。例如，S4 透過 ZooKeeper 實現系統容錯、負載均衡等功能。

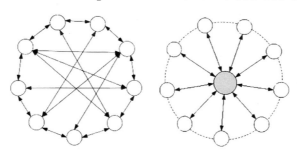

圖 3-6　對稱式架構（左圖）和主從式架構（右圖）

主從式系統架構如圖 3-6 的右圖所示，系統存在一個主節點和多個從節點，主節點負責系統資源的管理和任務的協調，並完成系統容錯、

負載均衡等方面的工作；從節點負責接收來自主節點的任務，並在運算完成後進行反饋。各個從節點間沒有資料往來，整個系統的運行完全依賴於主節點控制。

2. 資料傳輸

資料傳輸是指完成有向任務圖到物理運算節點的部署之後，各個運算節點之間的資料傳輸方式。在大數據串流運算環境中，為了實現高吞吐和低延遲，需要更加系統的最佳化有向任務圖以及有向任務圖到物理運算節點的映射方式。在大數據串流運算環境中，資料的傳輸方式分為主動推送方式（基於 push 方式）和被動拉取方式（基於 pull 方式）。

主動推送方式是在上游節點產生或運算完資料後，主動將資料發送到相應的下游節點，其本質是讓相關資料主動尋找下游的運算節點，當下游節點報告發生故障或負載過重時，將後續資料流推送到其他相應節點。主動推送方式的優勢在於資料運算的主動性和及時性，但由於資料是主動推送到下游節點的，往往不會過多的考慮下游節點的負載狀態、工作狀態等因素，可能會導致下游部分節點負載不夠均衡。

被動拉取方式是只有下游節點顯式進行資料請求，上游節點才會將資料傳輸到下游節點，其本質是讓相關資料被動的傳輸到下游運算節點。被動拉取方式的優勢在於下游節點可以根據自身的負載狀態、工作狀態適時的進行資料請求，但上游節點的資料可能未必得到及時的運算。

大數據串流運算的即時性要求較高，資料需要得到及時處理，往往選擇主動推送的資料傳輸方式。當然，主動推送方式和被動拉取方式不是完全對立的，也可以將兩者進行融合，從而在一定程度上實現更好的效果。

3. 程式介面

程式介面用於方便使用者根據串流運算的任務特徵，透過有向任務圖來描述任務內在邏輯和依賴關係，並程式化實現任務圖中各節點的處

理功能。使用者策略的客製化、業務流程的描述和具體應用的實現需要透過大數據串流運算系統提供的應用程式介面。良好的應用程式介面可以方便使用者實現業務邏輯，減少程式工作量，並降低系統功能的實現門檻。

當前，大多數開源大數據串流運算系統都提供了類似於MapReduce的使用者程式介面。例如，Storm 提供 Spout 和 Bolt 應用程式介面，使用者只需要客製化 Spout 和 Bolt 的功能，並規定資料流在各個 Bolt 間的內在流向，明確資料流的有向無環圖，即可滿足對串流大數據的高效能即時運算。也有部分大數據串流運算系統為使用者提供了類 SQL 的應用程式介面，並給出了相應的組件，便於應用功能的實現。

4. 高可用技術

大數據批次運算將資料事先儲存到持久設備上，節點失效後容易實現資料重放。而大數據串流運算對資料不進行持久化儲存，因此批次運算中的高可用技術不完全適用於串流運算環境。我們需要根據串流運算的新特徵及其新的高可用要求有針對性的研究更加輕量、高效能的高可用技術和方法。大數據串流運算系統的「高可用性」是透過狀態備份和故障恢復策略實現的。當故障發生後，系統根據預先定義的策略進行資料的重放和恢復。按照實現策略，可以細分為被動等待（passive standby）、主動等待（active standby）和上游備份（upstream backup）3 種。

被動等待策略如圖 3-7 左圖所示，主節點 B 進行資料運算，副本節點 B' 處於待命狀態，系統會定期的將主節點 B 上最新的狀態備份到副本節點 B' 上。出現故障時，系統從備份資料中進行狀態恢復。被動等待策略支援資料負載較高、吞吐量較大的場景，但故障恢復時間較長，可以透過對備份資料的分散式儲存縮短恢復時間。該方式更適合精確式資料

的恢復，可以很好的支援不確定性的運算應用，在當前串流資料運算中應用得最為廣泛。

　　主動等待策略如圖 3-7 右圖所示，系統在為主節點 B 傳輸資料的同時，也為副本節點 B' 傳輸一份資料副本，以主節點 B 為主進行資料運算，當主節點 B 出現故障時，副本節點 B' 完全接管主節點 B 的工作。主副節點需要分配同樣的系統資源。這種方式故障恢復時間最短，但資料吞吐量較小，也浪費了較多的系統資源。在廣域網路環境中，系統負載往往不是過大時，主動等待策略是一個比較好的選擇，可以在較短的時間內實現系統恢復。

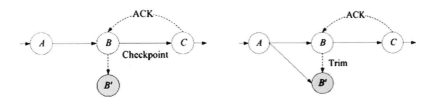

圖 3-7　被動等待策略（左圖）和主動等待策略（右圖）

　　上游備份策略如圖 3-8 所示，每個主節點均記錄其自身的狀態和輸出資料到日誌文件，當某個主節點 B 出現故障後，上游主節點會重放日誌文件中的資料到相應的副本節點中，進行資料的重新運算。上游備份策略所占用的系統資源最小，在無故障期間，由於副本節點 B' 保持空閒狀態，資料的執行效率很高。但由於其需要較長的時間恢復狀態的重構，故障的恢復時間往往較長。當需要恢復時間窗口為 30 分鐘的聚類運算時，就需要重放該 30 分鐘內的所有元組。可見，對於系統資源比較稀缺、算子狀態較少的情況，上游備份策略是一個比較好的選擇方案。

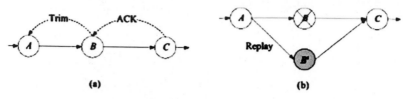

圖 3-8　上游備份策略

　　此外，大數據串流運算系統也離不開其他關鍵技術的支援，比如負載均衡策略。實現對系統中的任務動態、合理的分配，動態適應系統負載情況，保證系統中的任務均衡和穩定的運行。資料在任務拓撲中的路由策略促進系統中負載均衡策略的高效能實現、資料的合理流動及快速處理。

3.4　大數據技術

　　對於普通人來說，大數據離我們的生活很遠，但它的威力已無所不在：信用卡公司追蹤客戶資訊，能迅速發現資金異動，並向持卡人發出警示；能源公司利用氣象資料分析，可以輕鬆選定安裝風輪機的理想地點；瑞典首都斯德哥爾摩使用運算程式管理交通，令市區擁堵時間縮短一半……這些都與大數據有著千絲萬縷的關係。牛津大學教授維克多·麥爾-荀伯格（Viktor Mayer-Schönberger）在其新書《大數據：看龐大資料如何靠分析顛覆一切》中說，這是一場「革命」，將對各行各業帶來深刻影響，甚至改變我們的思考方式。如今，資訊每天都在以爆炸式的速度成長，其複雜性也越來越高，當人類的認知能力受到傳統視覺化形式的限制時，隱藏在大數據背後的價值就難以發揮出來。理解大數據並借助其做出決策，才能發揮它的龐大價值和無限潛力。其中的一把金鑰匙就是大數據技術。

　　在資料內容足夠豐富、資料量足夠大的前提下，隱含於大數據中的規律、特徵就能被辨識出來。透過創新性的大數據分析方法實現對大量

資料快速、高效能、及時的分析與運算，得出跨資料間的、隱含於資料中的規律、關係和內在邏輯，幫助使用者理清事件背後的原因，預測發展趨勢，獲取新價值。

・視覺化分析

大數據分析的使用者有大數據分析專家，也有普通使用者，但是二者對於大數據分析最基本的要求都是視覺化分析，因為視覺化分析能夠直覺的呈現大數據的特點，同時能夠非常容易的被讀者所接受，就如同看圖說話一樣簡單明瞭。

・資料挖掘演算法

大數據分析的理論核心是資料挖掘演算法。各種資料挖掘的演算法基於不同的資料類型和格式才能更加科學的呈現出資料本身具備的特點，也正是因為這些被全世界統計學家所公認的各種統計方法（可以稱為真理），才能深入資料內部，挖掘出公認的價值。另一方面，也是因為有這些資料挖掘的演算法，才能更快速的處理大數據，如果一個演算法得花費好幾年才能得出結論，那麼大數據的價值也就無從說起了。

・預測性分析能力

大數據分析最重要的應用領域之一就是預測性分析，從大數據中挖掘出特點，透過科學的建立模型，之後便可以透過模型帶入新的資料，從而預測未來的資料。

・語義引擎

大數據分析廣泛應用於網路資料挖掘，可以從使用者的搜尋關鍵字、標籤關鍵字或其他輸入語義分析和判斷使用者的需求，從而實現更好的使用者體驗和廣告匹配。

・資料品質和資料管理

大數據分析離不開資料品質和資料管理，高品質的資料和有效的資

料管理，無論是在學術研究還是在商業應用領域，都能夠保證分析結果的真實和有價值。

大數據分析的基礎就是以上幾個方面，當然更加深入大數據分析的話，還有很多更加有特點的、更加深入的、更加專業的大數據分析方法。

3.4.1　資料技術的演進

大數據技術可以分成兩個大的層面，即大數據平臺技術與大數據應用技術。要使用大數據，必須先有運算能力，大數據平臺技術包括資料的採集、儲存、流轉、加工所需要的底層技術，如 Hadoop 生態圈。大數據應用技術是指對資料進行加工，把資料轉化成商業價值的技術，如演算法，以及由演算法衍生出來的模型、引擎、介面、產品等。這些資料加工的底層平臺包括平臺層的工具以及平臺上運行的演算法，也可以沉澱到一個大數據的生態市場中，避免重複的研發，大大的提高了大數據的處理效率。

大數據首先需要有資料，資料首先要解決採集與儲存的問題。資料採集與儲存技術隨著資料量的爆發與大數據業務的飛速發展，也在不停的進化。在大數據的早期，或者很多企業的發展初期，只有關係型資料庫用來儲存核心業務資料，即使是資料倉庫，也是集中型 OLAP 關係型資料庫。比如很多企業，包括早期的淘寶，就建立了很大的 Oracle RAC 作為資料倉庫，按當時的規模來說，可以處理 10TB 以下的資料規模。一旦出現獨立的資料倉庫，就會涉及 ETL，如資料抽取、資料清洗、資料校驗、資料導入，甚至是資料安全脫敏。如果資料來源僅僅是業務資料庫，ETL 還不會很複雜，如果資料的來源是多方的，比如日誌資料、App 資料、爬蟲資料、購買的資料、整合的資料等，ETL 就會變得很複雜，資料清洗與校驗的任務就會變得很重要。這時的 ETL 必須配合資料

標準來實施，如果沒有資料標準的 ETL，可能會導致資料倉庫中的資料都是不準確的，錯誤的大數據會導致上層資料應用和資料產品的結果都是錯誤的。錯誤的大數據結論還不如沒有大數據。由此可見，資料標準與 ETL 中的資料清洗、資料校驗是非常重要的。

隨著資料的來源變多，資料的使用者變多，整個大數據流轉就變成了一個非常複雜的網狀拓撲結構。在這個網路中，每個人都在導入資料、清洗資料，同時每個人也都在使用資料，但是誰都不相信對方導入和清洗的資料，就會導致重複資料越來越多，資料任務越來越多，任務的關係也越來越複雜。要解決這樣的問題，必須引入資料管理，也就是針對大數據的管理，比如元資料標準、公共資料服務層（可信資料層）、資料使用資訊披露等。

隨著資料量的持續成長，集中式的關係型 OLAP 資料倉庫已經不能解決企業的問題，這個時候就出現了基於 MPP 的專業級資料倉庫處理軟體，如 Greenplum。Greenplum 採用 MPP 方式處理資料，可以處理的資料更多更快，但是本質上還是資料庫的技術。Greenplum 支援 100 臺機器左右的規模，可以處理拍位元組（PB）級別的資料量。Greenplum 的產品是基於流行的 PostgreSQL 開發的，幾乎所有的 PostgreSQL 客戶端工具及 PostgreSQL 應用都能運行在 Greenplum 平臺上。

隨著資料量的持續增加，比如每天需要處理 100PB 以上的資料，每天有 100 萬以上的大數據任務，使用以上解決方案都沒有辦法解決了，這個時候就出現了一些更大的基於 M/R 分散式的解決方案，如大數據技術生態體系中的 Hadoop、Spark 和 Storm。它們是目前最重要的三大分散式運算系統，Hadoop 常用於離線的、複雜的大數據處理，Spark 常用於離線的、快速的大數據處理，而 Storm 常用於線上的、即時的大數據處理。

3.4.2　分散式運算系統概述

Hadoop 是一個由 Apache 基金會所開發的分散式系統基礎架構。Hadoop 框架最核心的設計是： HDFS 和 MapReduce。HDFS 為大量的資料提供了儲存，而 MapReduce 為大量的資料提供了運算。Hadoop 作為一個基礎框架，上面也可以承載很多其他東西，比如 Hive，不想用程式語言開發 MapReduce 的人、熟悉 SQL 的人可以使用 Hive 離線的進行資料處理與分析工作。比如 HBase，作為面向列的資料庫運行在 HDFS 之上，HDFS 缺乏隨機讀寫操作，HBase 正是為此而出現的，HBase 是一個分散式的、面向列的開源資料庫。

Spark 也是 Apache 基金會的開源項目，它由加州大學柏克萊分校的實驗室開發，是另一種重要的分散式運算系統。Spark 與 Hadoop 最大的不同點在於，Hadoop 使用硬碟來儲存資料，而 Spark 使用記憶體來儲存資料，因此 Spark 可以提供超過 Hadoop 100 倍的運算速度。Spark 可以透過 YARN（另一種資源協調者）在 Hadoop 集群中運行，但是現在的 Spark 也在往生態走，希望能夠上下游通吃，一套技術棧解決大家多種需求。比如 Spark SQL，對應著 Hadoop Hive，Spark Streaming 對應著 Storm。

Storm 是 Twitter 主推的分散式運算系統，是 Apache 基金會的孵化項目。它在 Hadoop 的基礎上提供了即時運算的特性，可以即時的處理大數據流。不同於 Hadoop 和 Spark，Storm 不進行資料的收集和儲存工作，它直接透過網路即時的接收資料並且即時的處理資料，然後直接透過網路即時的傳回結果。Storm 擅長處理即時串流資料。比如日誌、網站購物的點擊流是源源不斷的、按順序的、沒有終結的，所有透過 Kafka 等訊息佇列傳來資料後，Storm 就開始工作。Storm 自己不收

集資料也不儲存資料，一邊傳來資料，一邊處理，一邊輸出結果。

上面的三個系統只是大規模分散式運算底層的通用框架，通常也用運算引擎來描述它們。除了運算引擎外，想要做資料的加工應用，我們還需要一些平臺工具，如開發 IDE、作業調度系統、資料同步工具、BI 模組、資料管理平臺、監控報警等，它們與運算引擎一起構成大數據的基礎平臺。在這個平臺上，我們可以做大數據的加工應用，開發資料應用產品。比如一個餐廳，為了做中餐、西餐、日料、西班牙菜，必須有食材（資料），配合不同的廚具（大數據底層運算引擎），加上不同的佐料（加工工具），才能做出不同類型的菜系。但是為了接待大量的客人，還必須配備更大的廚房空間、更強的廚具、更多的廚師（分散式）。做的菜到底好吃不好吃，這又得看廚師的水準（大數據加工應用能力）。

3.4.3　Hadoop

Hadoop 由 Apache 基金會開發。它受到 Google 開發的 Map/Reduce 和 Google File System（GFS）的啟發。可以說 Hadoop 是 Google 的 Map/Reduce 和 Google File System 的開源簡化版本。

Hadoop 是一個分散式系統的基礎架構。Hadoop 提供一個分散式文件系統架構（Hadoop Distributed File System，HDFS）。HDFS 有著高容錯性的特點，並且設計用來部署在相對低成本的 x86 伺服器上。而且它提供高傳輸率來訪問應用程式的資料，適合有著超大數據集的應用程式。

Hadoop 的 MapReduce 是一個能夠對大量資料進行分散式處理的軟體開發框架，是一個能夠讓用戶輕鬆架構和使用的分散式運算平臺。用戶可以輕鬆地在 Hadoop 上開發和運行處理大量資料的應用程式。它主要有以下幾個優點。

- 高可靠性。Hadoop 的大量儲存和處理資料的能力極強，同時具備高可靠性。
- 高擴展性。Hadoop 採用分散式設計，可以方便的擴展到數以千計的節點中。
- 高效性。Hadoop 能夠在節點之間動態的移動資料，並保證各個節點的動態平衡，因此處理速度非常快。
- 高容錯性。Hadoop 能夠自動保存資料的多個副本，並且能夠自動將失敗的任務重新分配。
- 高 CP 值。與常見的大數據處理一體機、商用資料倉庫等資料市集相比，Hadoop 是開源的，設備通常採用高 CP 值的 x86 伺服器，項目的軟硬體成本因此會大大降低。

1. 拓撲架構

如圖 3-9 所示，Hadoop 由許多元素構成。其最底層是 HDFS，用於儲存 Hadoop 集群中所有儲存節點上的文件。HDFS 的上一層是 MapReduce 分散式運算框架，該引擎由 JobTrackers 和 TaskTrackers 組成。HBase 利用 Hadoop HDFS 作為其文件儲存系統，利用 Hadoop MapReduce 來處理 HBase 中的大量資料，利用 ZooKeeper 作為協同服務。

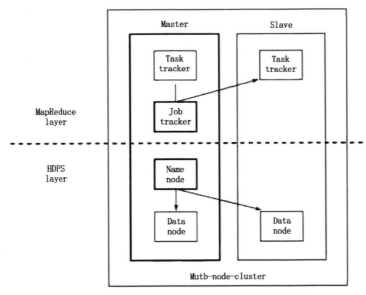

圖 3-9　Hadoop 架構

（1）　HDFS

　　在 Hadoop 中，所有資料都被儲存在 HDFS 上，而 HDFS 由一個管理節點（NameNode）和 N 個資料節點（DataNode）組成，每個節點均為一臺普通的 x86 伺服器。HDFS 在使用上與單機的文件系統很類似，一樣可以建立目錄，創建、複製和刪除文件，查看文件內容等。但底層實現是把文件切割成 Block（通常為 64MB），這些 Block 分散儲存在不同的 DataNode 上，每個 Block 還可以複製數份儲存於不同的 DataNode 上，達到容錯冗餘的目的。NameNode 是 HDFS 的核心，透過維護一些資料結構記錄每個文件被切割成多少個 Block，以及這些 Block可以從哪些DataNode中獲得、各個DataNode的狀態等重要資訊。

　　HDFS 可以保存比一個機器的可用儲存空間更大的文件，這是因為 HDFS 是一套具備可擴展能力的儲存平臺，能夠將資料分發至成千上萬個分散式節點及低成本伺服器之上，並讓這些硬體設備以並行方式共同

處理同一任務。

（2）分散式運算框架（MapReduce）

MapReduce 透過把對資料集的大規模操作分發給網路上的每個節點實現可靠性。MapReduce 實現了大規模的運算：應用程式被分割成許多小部分，而每個部分在集群中的節點上並行執行（每個節點處理自己的資料）。

總之，Hadoop 是一種分散式系統的平臺，透過它可以很輕鬆的搭建一個高效能、高品質的分散式系統。Hadoop 的分散式包括兩部分：一個是分散式文件系統 HDFS；另一個是分散式運算框架，一種程式模型，就是 MapReduce，兩者缺一不可。使用者可以透過 MapReduce 在 Hadoop 平臺上進行分散式的運算程式設計。

（3）基於 Hadoop 的應用生態系統

Hadoop 框架包括 Hadoop 核心、MapReduce、HDFS 和 Hadoop YARN 等。Hadoop 也是一個生態系統，在這裡面有很多組件。除了 HDFS 和 MapReduce 外，還有 NoSQL 資料庫的 HBase、資料倉庫工具 Hive、Pig 工作流語言、機器學習演算法程式庫 Mahout、在分散式系統中扮演重要角色的 ZooKeeper、記憶體運算框架的 Spark、資料採集的 Flume 和 Kafka。總之，使用者可以在 Hadoop 平臺上開發和部署任何大數據應用程式。

HBase 是 Hadoop Database，是一個高可靠性、高性能、面向列、可伸縮的分散式儲存系統，利用 HBase 技術可在高 CP 值的 x86 伺服器上搭建起大規模的結構化儲存集群。HBase 是 Google Bigtable 的開源實現，類似 Google Bigtable 利用 GFS 作為其文件儲存系統，HBase 利用 Hadoop HDFS 作為其文件儲存系統；Google 運行 MapReduce 來處理 Bigtable 中的大量資料，HBase 同樣利用 Hadoop MapReduce

來處理 HBase 中的大量資料； Google Bigtable 利用 Chubby 作為協同服務，HBase 利用 ZooKeeper 作為對應。

Hadoop 應用生態系統的各層系統中，HBase 位於結構化儲存層，Hadoop HDFS 為 HBase 提供了高可靠性的底層儲存支援，Hadoop MapReduce 為 HBase 提供了高性能的運算框架，ZooKeeper 為 HBase 提供了穩定服務和 Failover 機制。

此外，Pig 和 Hive 還為 HBase 提供了高層語言支援，使得在 HBase 上進行資料統計處理變得非常簡單。Sqoop 則為 HBase 提供了方便的 RDBMS 資料導入功能，使得傳統資料庫資料向 HBase 中遷移變得非常方便。

2. 行業應用

總之，資料處理模式會發生變化，不再是傳統的針對每個事務從眾多源系統中拉資料，而是由源系統將資料推至 HDFS，ETL 引擎處理資料，然後保存結果。結果可以將來用 Hadoop 分析，也可以提交到傳統報表和分析工具中分析。經證實，使用 Hadoop 儲存和處理結構化資料可以減少 10 倍的成本，並可以提升 4 倍處理速度。以金融行業為例，Hadoop 有以下幾個方面可以對使用者的應用有幫助。

（1）涉及的應用領域：內容管理平臺。大量低價值密度的資料儲存，可以實現像結構化、半結構化、非結構化資料儲存。

（2）涉及的應用領域：風險管理、反洗錢系統等。利用 Hadoop 做大量資料的查詢系統或者離線的查詢系統。比如客戶交易紀錄的查詢，甚至是一些離線分析都可以在 Hadoop 上完成。

（3）涉及的應用領域：客戶行為分析及組合式推銷。客戶行為分析與複雜事務處理提供相應的支撐，比如基於客戶位置的變化進行廣告投送，進行精準廣告的推送，都可以透過 Hadoop 資料庫的大量資料分析

功能來完成。

3. 軟體廠商

Hadoop 軟體發表版的主要廠商有 Cloudera 和 Hortonworks。Cloudera 是被廣泛採用的純 Hadoop 軟體發表廠商，其核心的開源產品 Cloudera Distribution 包括 Apache Hadoop（CDH），被許多初期採用的公司廣泛使用，也在基於 Hadoop 建構的雲端／SaaS 廠商中非常流行。Cloudera 和很多硬體大型 IT 公司結成了強大的合作夥伴關係。

Hortonworks 為 Hadoop 生態系統提供專業服務，Yahoo 和 Benchmark Capital 在 2011 年 6 月合資創建了 Hortonworks。除了進一步開發 Apache Hadoop 的開源分發以外，Hortonworks 也提供 Hadoop 專業服務，它在整個 Hadoop 產業中是技術領導者和生態環境的建構者。最近其發表的 Hortonworks Data Platform 整合了純粹的開源 Apache Hadoop 軟體。

4. 成功案例

Hadoop 尤其適合大數據的分析與挖掘。因為從本質上講，Hadoop 提供了在大規模伺服器集群中捕捉、組織、搜尋、共享以及分析資料的模式，且可以支援多種資料來源（結構化、半結構化和非結構化），規模則能夠從幾十臺伺服器擴展到上千臺伺服器。

基於 Hadoop 的應用目前已經開始遍地開花，尤其是在網路領域。Yahoo! 透過集群運行 Hadoop，支援廣告系統和 Web 搜尋的研究；Facebook 借助集群運行 Hadoop，支援其資料分析和機器學習；搜尋引擎公司百度則使用 Hadoop 進行搜尋日誌分析和網頁的資料挖掘工作；淘寶的 Hadoop 系統用於儲存並處理電子商務交易的相關資料。

隨著越來越多的傳統企業開始關注大數據的價值，Hadoop 也開始在傳統企業的商業智慧或資料分析系統中扮演重要角色。相比傳統的基

於資料庫的商業智慧解決方案，Hadoop 擁有無以比擬的靈活性優勢和成本優勢。

Hadoop 的經典客戶有百度、新浪、奇虎、世紀佳緣網、搜狐、優酷、趕集網、愛奇藝影片網站等。

3.4.4　Spark

隨著大數據的發展，人們對大數據的處理要求也越來越高，原有的批次處理框架 MapReduce 適合離線運算，卻無法滿足即時性要求較高的業務，如即時推薦、使用者行為分析等。因此，Hadoop 生態系統又發展出以 Spark 為代表的新運算框架。相比 MapReduce，Spark 速度快，開發簡單，並且能夠同時兼顧批次處理和即時資料分析。

Apache Spark 是加州大學柏克萊分校的 AMPLabs 開發的開源分散式輕量級通用運算框架，於 2014 年 2 月成為 Apache 的頂級項目。由於 Spark 基於記憶體設計，使得它擁有比 Hadoop 更高的性能，並且對多語言（Scala、Java、Python）提供支援。Spark 有點類似 Hadoop MapReduce 框架。Spark 擁有 Hadoop MapReduce 所具有的優點，但不同於 MapReduce 的是，Job 中間輸出的結果可以保存在記憶體中，從而不再需要讀寫 HDFS（MapReduce 的中間結果要放在文件系統上），因此，在性能上，Spark 比 MapReduce 框架快 100 倍左右，排序 100TB 的資料只需要 20 分鐘左右。正是因為 Spark 主要在記憶體中執行，所以 Spark 對記憶體的要求非常高，一個節點通常需要配置 24GB 的記憶體。在業界，我們有時把 MapReduce 稱為批次處理運算框架，把 Spark 稱為即時運算框架、記憶體運算框架或串流運算框架。

Hadoop 使用資料複製來實現容錯性（I/O 高），而 Spark 使用 RDD（Resilient Distributed Datasets，彈性分散式資料集）資料儲存

模型來實現資料的容錯性。RDD 是唯讀的、分區紀錄的集合。如果一個 RDD 的一個分區丟失，RDD 含有如何重建這個分區的相關資訊。這就避免了使用資料複製來保證容錯性的要求，從而減少了對硬碟的訪問。透過 RDD，後續步驟如果需要相同資料集，就不必重新運算或從硬碟加載，這個特性使得 Spark 非常適合流水線式的資料處理。

　　雖然 Spark 可以獨立於 Hadoop 運行，但是 Spark 還是需要一個集群管理器和一個分散式儲存系統。對於集群管理，Spark 支援 Hadoop YARN、Apache Mesos 和 Spark 原生集群。對於分散式儲存，Spark 可以使用 HDFS、Cassandra、OpenStack Swift 和 Amazon S3。Spark 支援 Java、Python 和 Scala（Scala 是 Spark 最推薦的程式語言，Spark 和 Scala 能夠緊密整合，Scala 程式可以在 Spark 控制臺上執行）。應該說，Spark 緊密整合 Hadoop 生態系統中的上述工具。Spark 可以與 Hadoop 上的常用資料格式（如 Avro 和 Parquet）進行互動，能讀寫 HBase 等 NoSQL 資料庫，它的串流處理組件 Spark Streaming 能連續從 Flume 和 Kafka 之類的系統上讀取資料，它的 SQL 資料庫 Spark SQL 能和 Hive Metastore 互動。

　　Spark 可用來建構大型的、低延遲的資料分析應用程式。如圖 3-10 所示，Spark 包含的函式庫有：Spark SQL、Spark Streaming、MLlib（用於機器學習）和 GraphX。其中，Spark SQL 和 Spark Streaming 最受歡迎，大概 60% 的使用者在使用這兩個函式庫中的一個。而且 Spark 還能替代 MapReduce 成為 Hive 的底層執行引擎。

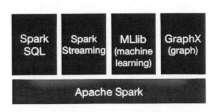

圖 3-10　Spark 組件

　　Spark 的記憶體緩存使它適合進行疊代運算。機器學習演算法需要多次遍歷訓練集，可以將訓練集緩存在記憶體裡。在對資料集進行探索時，資料科學家可以在運行查詢的時候將資料集放在記憶體中，這樣就節省了訪問硬碟的開銷。

　　雖然 Spark 目前被廣泛認為是下一代 Hadoop，但是 Spark 本身的複雜性也困擾著開發人員。Spark 的批次處理能力仍然比不過 MapReduce，與 Spark SQL 和 Hive 的 SQL 功能相比還有一定的差距，Spark 的統計功能與 R 語言相比還沒有可比性。

3.4.5　Storm 系統

　　Storm 是 Twitter 支援開發的一款分散式的、開源的、即時的、主從式的大數據串流運算系統，使用的協議為 Eclipse Public License 1.0，其核心部分使用高效能串流運算的函數式語言 Clojure 編寫，極大的提高了系統性能。但為了方便使用者使用，支援使用者使用任意程式語言進行項目的開發。

1. 任務拓撲

　　任務拓撲（Task Topology）是 Storm 的邏輯單元，一個即時應用的運算任務將被打包為任務拓撲後發表，任務拓撲一旦提交將會一直運行，除非顯式的去中止。一個任務拓撲是由一系列 Spout 和 Bolt 構成的有向無環圖，透過資料流（stream）實現 Spout 和 Bolt 之間的關聯，

如圖 3-11 左圖所示。其中，Spout 負責從外部資料來源不間斷的讀取資料，並以元組（Tuple）的形式發送給相應的 Bolt。Bolt 負責對接收到的資料流進行運算，實現過濾、聚合、查詢等具體功能，可以級聯，也可以向外發送資料流。

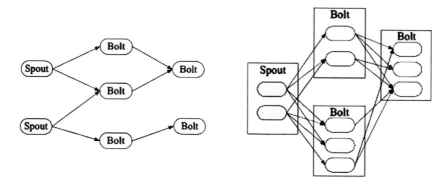

圖 3-11　Storm 任務拓撲（左圖）和 Storm 資料流組（右圖）

資料流是 Storm 對資料的抽象，它是時間上無窮的元組序列。如圖 3-11 右圖所示，資料流透過流分組（stream grouping）所提供的不同策略實現在任務拓撲中的流動。此外，為了確保訊息能且僅能被運算 1 次，Storm 還提供了事務任務拓撲。

2. 整體架構

如圖 3-12 所示，Storm 採用主從系統架構，在一個 Storm 系統中有兩類節點（一個主節點 Nimbus、多個從節點 Supervisor）及 3 種運行環境（Master、Cluster 和 Slaves）。

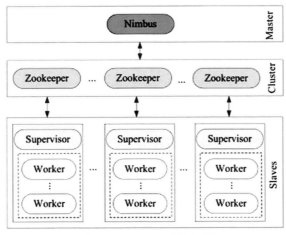

圖 3-12　Storm 系統架構

　　(1) 主節點 Nimbus 運行在 Master 環境中，是無狀態的，負責全局的資源分配、任務調度、狀態監控和故障檢測。一方面，主節點 Nimbus 接收客戶端提交來的任務，驗證後分配任務到從節點 Supervisor 上，同時把該任務的元資訊寫入 ZooKeeper 目錄中；另一方面，主節點 Nimbus 需要透過 ZooKeeper 即時監控任務的執行情況。當出現故障時進行故障檢測，並重啟失敗的從節點 Supervisor 和工作進程 Worker。

　　(2) 從節點 Supervisor 運行在 Slaves 環境中，也是無狀態的，負責監聽並接受來自主節點 Nimbus 所分配的任務，並啟動或停止自己所管理的工作進程 Worker。其中，工作進程 Worker 負責具體任務的執行。一個完整的任務拓撲往往由分布在多個從節點 Supervisor 上的 Worker 進程來協調執行，每個 Worker 都執行且僅執行任務拓撲中的一個子集。在每個 Worker 內部會有多個 Executor，每個 Executor 對應一個線程。Task 負責具體資料的運算，即使用者所實現的 Spout/Blot 實例。每個 Executor 會對應一個或多個 Task，因此系統中 Executor

的數量總是小於等於 Task 的數量。

　　ZooKeeper 是一個針對大型分散式系統的可靠協調服務和元資料儲存系統。透過配置 ZooKeeper 集群，可以使用 ZooKeeper 系統所提供的高可靠性服務。Storm 系統引入 ZooKeeper，極大的簡化了 Nimbus、Supervisor、Worker 之間的設計，保障了系統的穩定性。ZooKeeper 在 Storm 系統中具體實現了以下功能：

　　① 儲存客戶端提交任務拓撲資訊、任務分配資訊、任務的執行狀態資訊等，便於主節點 Nimbus 監控任務的執行情況。

　　② 儲存從節點 Supervisor、工作進程 Worker 的狀態和心跳資訊，便於主節點 Nimbus 監控系統各節點的運行狀態。

　　③ 儲存整個集群的所有狀態資訊和配置資訊，便於主節點 Nimbus 監控 ZooKeeper 集群的狀態。在主 ZooKeeper 節點掛掉後，可以重新挑選一個節點作為主 ZooKeeper 節點，並進行恢復。

　　3. 系統特徵

　　Storm 系統的主要特徵如下。

　　（1）簡單程式模型。使用者只須編寫 Spout 和 Bolt 部分的實現，因此極大的降低了即時大數據串流運算的複雜性。

　　（2）支援多種程式語言。默認支援 Clojure、Java、Ruby 和 Python，也可以透過添加相關協議實現對新增語言的支援。

　　（3）作業級容錯性。可以保證每個資料流作業被完全執行。

　　（4）水平可擴展。運算可以在多個線程、進程和伺服器之間並發執行。

　　（5）快速訊息運算。透過 ZeroMQ 作為其底層訊息佇列，保證訊息能夠得到快速的運算。

　　Storm 系統存在的不足主要包括：資源分配沒有考慮任務拓撲的

結構特徵，無法適應資料負載的動態變化；採用集中式的作業級容錯機制，在一定程度上限制了系統的可擴展性。

3.4.6　Kafka 系統

Kafka 是 Linkedin 所支援的一款開源的、分散式的、高吞吐量的發布訂閱訊息系統，可以有效的處理網路中活躍的串流資料，如網站的頁面瀏覽量、使用者訪問頻率、訪問統計、好友動態等，開發語言是 Scala，可以使用 Java 進行編寫。Kafka 系統在設計過程中主要考慮了以下需求特徵。

（1）訊息持久化是一種常態需求。

（2）吞吐量是系統需要滿足的首要目標。

（3）訊息的狀態作為訂閱者（consumer）儲存資訊的一部分，在訂閱者伺服器中進行儲存。

（4）將生產者（producer）、代理（broker）和訂閱者（consumer）顯式的分布在多臺機器上，構成顯式的分散式系統。

形成了以下關鍵特性。

（1）在硬碟中實現訊息持久化的時間複雜度為 O（1），資料規模可以達到兆位元組（TB）級別。

（2）實現了資料的高吞吐量，可以滿足每秒數十萬條訊息的處理需求。

（3）實現了在伺服器集群中進行訊息的分片和序列管理。

（4）實現了對 Hadoop 系統的兼容，可以將資料並行的加載到 Hadoop 集群中。

1. 系統架構

Kafka 訊息系統的架構是由生產者、代理和訂閱者共同構成的顯式

分散式架構，它們分別位於不同的節點上，如圖 3-13 所示。各部分構成一個完整的邏輯組，並對外界提供服務，各部分間透過訊息（message）進行資料傳輸。其中，生產者可以向一個主題（topic）推送相關訊息，訂閱者以組為單位可以關注並拉取自己感興趣的訊息，透過 ZooKeeper 實現對訂閱者和代理的全局狀態資訊的管理及其負載均衡的實現。

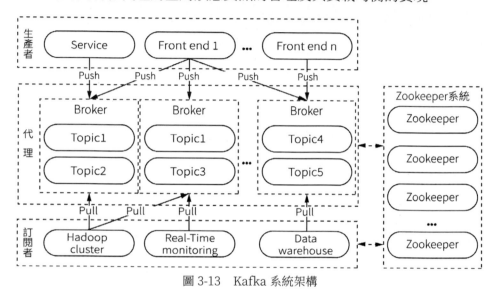

圖 3-13　Kafka 系統架構

2. 資料儲存

Kafka 訊息系統透過僅進行資料追加的方式實現對硬碟資料的持久化保存，實現了對大數據的穩定儲存，並有效的提高了系統的運算能力。透過採用 Sendfile 系統調用方式最佳化了網路傳輸，提高了系統的吞吐量。即使對於普通的硬體，Kafka 訊息系統也可以支援每秒數十萬的訊息處理能力。此外，在 Kafka 訊息系統中，透過僅保存訂閱者已經運算資料的偏量資訊，一方面可以有效的節省資料的儲存空間，另一方面也簡化了系統的運算方式，方便系統的故障恢復。

3. 訊息傳輸

Kafka 訊息系統採用推送、拉取相結合的方式進行訊息的傳輸。其中，當生產者需要傳輸訊息時，會主動的推送該訊息到相關的代理節點；當訂閱者需要訪問資料時，其會從代理節點進行拉取。通常情況下，訂閱者可以從代理節點中拉取自己感興趣的主題訊息。

4. 負載均衡

在 Kafka 訊息系統中，生產者和代理節點之間沒有負載均衡機制，但可以透過專用的第 4 層負載均衡器在 Kafka 代理上實現基於 TCP 連接的負載均衡的調整。訂閱者和代理節點之間透過 Zookeeper 實現負載均衡機制，在 Zookeeper 中管理全部活動的訂閱者和代理節點資訊。當有訂閱者和代理節點的狀態發生變化時，才即時的進行系統的負載均衡的調整，保障整個系統處於一個良好的均衡狀態。

5. 存在不足

Kafka 系統存在的不足之處主要包括：只支援部分容錯，節點失效轉移時會丟失原節點內存中的狀態資訊；代理節點沒有副本機制保護，一旦代理節點出現故障，該代理節點中的資料將不再可用；代理節點不保存訂閱者的狀態，刪除訊息時無法判斷該訊息是否已被閱讀。

3.4.7　各類技術平臺比較

一般而言，批次運算相關的大數據系統，如批次處理系統（如 MapReduce）、大規模並行資料庫等，在資料吞吐量方面具有明顯優勢，但在系統響應時間方面往往在秒級以上。而當前的串流運算相關的大數據系統，如串流處理系統、記憶體資料庫、CEP（複雜事件處理）等，在系統響應時間方面雖然維持在毫秒級的水準，但資料吞吐量往往在吉位元組（GB）級別，遠遠滿足不了大數據串流運算系統對資料吞吐

量的要求。通常情況下，一個理想的大數據串流運算系統在響應時間方面應維持在毫秒級的水準，並且資料吞吐量應該提高到拍位元組（PB）級別及以上水準。

串流大數據作為大數據的一種重要形態，在商業智慧、市場行銷和公共服務等諸多領域有著廣泛的應用前景，並已在金融銀行業、網際網路、物聯網等場景的應用中獲得了顯著的成效。但串流大數據以其即時性、無序性、無限性、易失性、突發性等顯著特徵，使得傳統的先儲存後運算的批次資料運算理念不適用於大數據串流運算的環境中，也使得當前諸多資料運算系統無法更好的適應串流大數據在系統可伸縮性、容錯、狀態一致性、負載均衡、資料吞吐量等方面所帶來的諸多新的技術挑戰。

1. 可伸縮性

在大數據串流運算環境中，系統的可伸縮性是制約大數據串流運算系統廣泛應用的一個重要因素。Storm 和 Kafka 等系統沒有實現對系統可伸縮性的良好支援：一方面，串流資料的產生速率在高峰時期會不斷增加且資料量龐大，持續時間往往很長，因此需要大數據串流系統具有很好的「可伸」的特徵，可以即時適應資料成長的需求，實現對系統資源進行動態調整和快速部署，並保證整個系統的穩定性；另一方面，當串流資料的產生速率持續減小時，需要及時回收在高峰時期所分配的但目前已處於閒置或低效能利用的資源，實現整個系統「可縮」的友好特徵，並保障對使用者是透明的。因此，系統中資源動態的配置、高效能的組織、合理的布局、科學的架構和有效的分配是保障整個系統可伸縮性的基礎，同時又盡可能的減少不必要的資源和能源的浪費。

大數據串流運算環境中的可伸縮性問題的解決需要實現對系統架構的合理布局，系統資源的有序組織、高效能管理和靈活調度。在保證系

統完成運算的前提下，儘量不要太久、太多的占用系統資源，透過虛擬化機制實現軟、硬體之間的低耦合，實現資源的線上遷移，並最終解決大數據串流運算環境中的可伸縮性問題。

2. 系統容錯

在大數據串流運算環境中，系統容錯機制是進一步改善整個系統的性能、提高運算結果的滿意度、保證系統可靠持續運行的一個重要措施，也是當前大多數大數據串流運算系統所缺失的。Kafka 等系統實現了對部分容錯的支援，Storm 系統實現了對作業級容錯的支援。大數據串流運算環境對容錯機制提出了新的挑戰，一方面，資料流是即時、持續到來的，呈現出時間上不可逆的特徵，一旦資料流流過，再次重放資料流的成本是很大的，甚至是不現實的，由於資料流所呈現出的持續性和無限性，也無法預測未來流量的變化趨勢；另一方面，在串流大數據的運算過程中，大部分「無用」的資料將被直接丟棄，能被永久保存下來的資料量是極少的。當需要進行系統容錯時，其中不可避免的會出現一個時間區段內資料不完整的情況。再則，需要針對不同類型的應用，從系統層面上設計符合其應用特徵的資料容錯級別和容錯策略，避免不必要的資源浪費及應用需求的不吻合。

大數據串流運算環境中的容錯策略的確定，需要根據具體的應用場景進行系統的設計和權衡，並且需要充分考慮到串流大數據的持續性、無限性、不可恢復性等關鍵特徵。但是，沒有任何資料丟失的容錯策略也未必是最佳的，需要綜合統籌容錯級別和資源利用、維護代價等要素間的關係。但在對系統資源占用合理、對系統性能影響可接受的情況下，容錯的精度越高必將越好。

3. 狀態一致性

在大數據串流運算環境中，維持系統中各節點間狀態的一致性對於

系統的穩定高效能運行、故障恢復都至關重要。然而，當前多數系統不能有效的支援系統狀態的一致性，如 Storm 和 Kafka 等系統尚不支援維護系統狀態的一致性。大數據串流運算環境對狀態一致性提出了新的挑戰：一方面，在系統即時性要求極高、資料速率動態變化的環境中，維護哪些資料的狀態一致性，如何從高速、大量的資料流中辨識這些資料是一個極大的挑戰；另一方面，在大規模分散式環境中，如何組織和管理實現系統狀態一致性的相關資料，滿足系統對資料的高效能組織和精準管理的要求，也是一個極大的挑戰。

大數據串流運算環境中的狀態一致性問題的解決需要從系統架構的設計層面上著手。存在全局唯一的中心節點的主從式架構方案無疑是實現系統狀態一致性的最佳解決方案，但需要有效避免單點故障問題。通常情況下，在大數據串流運算環境中，程式和資料一旦啟動後，將會常駐內容，對系統的資源占用也往往相對穩定。因此，單點故障問題在大數據串流運算環境中並沒有批次運算環境中那麼複雜。批次運算環境中的很多策略將具有很好的參考和借鑑價值。

4. 負載均衡

在大數據串流運算環境中，系統的負載均衡機制是制約系統穩定運行、高吞吐量運算、快速響應的一個關鍵因素。然而，當前多數系統不能有效的支援系統的負載均衡，如 Storm 系統不支援負載均衡機制，Kafka 系統實現了對負載均衡機制的部分支援。一方面，在大數據串流運算環境中，系統的資料速率具有明顯的突變性，並且持續時間往往無法有效預測，這就導致在傳統環境中具有很好的理論和實踐效果的負載均衡策略在大數據串流運算環境中將不再適用；另一方面，當前大多數開源的大數據串流運算系統在架構的設計上尚未充分的、全面的考慮整個系統的負載均衡問題。在實踐應用中，相關經驗的累積又相對缺乏，

因此，為大數據串流運算環境中負載均衡問題的研究帶來了諸多實踐中的困難和挑戰。

大數據串流運算環境中的負載均衡問題的解決需要結合具體的應用場景，系統性的分析和總結隱藏在大數據串流運算中的資料流變化的基本特徵和內在規律，結合傳統系統負載均衡的經驗，根據實踐檢驗情況，不斷進行相關機制的持續最佳化和逐步完善。

5. 資料吞吐量

在大數據串流運算環境中，資料吞吐量呈現出了根本性的增加。在傳統的串流資料環境中，所處理的資料吞吐量往往在吉位元組（GB）級別，這滿足不了大數據串流運算環境對資料吞吐量的要求。在大數據串流運算環境中，資料的吞吐量往往在兆位元組（TB）級別以上，且其成長的趨勢是顯著的。然而，當前串流資料處理系統（如 Storm）均無法滿足兆位元組（TB）級別的應用需求。

大數據串流運算環境中的資料吞吐量問題的解決，一方面需要從硬體的角度進行系統的最佳化，設計出更符合大數據串流運算環境的硬體產品，在資料的運算能力上實現大幅提升；另一方面，更為重要的是，從系統架構的設計中進行最佳化和提升，設計出更加符合大數據串流運算特徵的資料運算邏輯。

3.5　資料平臺

企業要做 AI 和大數據分析，首先要考慮資料的準備，這其實就是資料平臺的建設。有人也許會問：業務跑得好好的，各系統穩定運行，為何還要搭建企業的資料平臺？企業一般在什麼情況下需要搭建資料平臺，從而實現對各種資料進行重新架構？

・從業務的視角來看：業務系統過多，彼此的資料沒有打通。這種情

況下，涉及資料分析就麻煩了，可能需要分析人員從多個系統中提取資料，再進行資料整合，之後才能分析。一次兩次可以忍，天天做這個能忍嗎？人為的整合出錯率高怎麼辦？分析不及時效率低要不要處理？

· 從系統的視角來看：業務系統壓力大，但很不巧，資料分析又是一項比較費資源的任務。那麼自然會想到，透過將資料抽取出來，獨立伺服器來處理資料查詢、分析的任務，從而釋放業務系統的壓力。

· 從資料處理性能的視角來看：企業越做越大，與此同時，資料也會越來越多。可能是歷史資料的累積，也可能是新資料內容的加入。當原始資料平臺不能承受更大資料量的處理時，或者效率已經十分低下時，重新建構一個大數據處理平臺就是必需的了。

這三種情況有時並非獨立的，往往是其中兩種甚至三種情況同時出現。這時，一個資料平臺的出現不僅可以承擔資料分析的壓力，還可以對業務資料進行整合，從而從不同程度上提高資料處理的性能，基於資料平臺實現更豐富的功能需求。

AI 和大數據分析的成功需要的不僅僅是原始資料，還需要好的且高品質的資料。更準確的說法應該是，AI 的成功需要那些準備好的資料。對於分析，如果進來的是垃圾，那麼出去的也是垃圾，這就意味著，如果你把大量參差不齊的資料放到分析解決方案中，你將會得到不好的結果。所以，大多數資料科學家和資料分析師花費大量時間來為 AI 準備資料。

資料平臺透過打通資料通道實現資料匯聚、資源共享，同時提供資料的儲存、運算、加工、分析等基礎能力。大數據時代的到來，大家開始將資料當成資源，當作資產，資料管理的意義也越來越大。大數據管

理平臺的建設需要設計以下 5 個因素。

- ·資料集中和共享。企業及基礎資料平臺是公共的、中性的，資料一定要做到集中和共享，否則就失去了它的意義。
- ·資料標準統一。如果每個應用都有自己的一套標準，整個架構會越來越亂。
- ·資料管理策略統一。方向是共性的資料一定要下沉，個性的資料逐漸上浮，也就是說，共性資料都儘量落在基礎資料平臺上，個性資料可以逐漸落在各個應用上處理。
- ·減少資料複製。
- ·長期和短期相結合。一個完整的企業級基礎資料平臺包含幾個部分，即資料儲存平臺（包含相應的資料架構、資料儲存策略以及應用切分點等）、應用（包含報表、資料挖掘、系統應用等）、資料管控（包含品質管理辦法，比如資料標準等）、資料交換採集調度平臺和資料處理（包含實施資料區、大數據處理、歷史資料儲存等）。這類混合架構既要考慮結構性資料的處理方法，也要考慮非結構化資料的處理和文本等的混合運算方法。這個結構能夠幫助我們清晰的看到後續要發展成什麼樣，我們不一定開始就要完成這樣一個體系，但是可以考慮好這些相應的資料項目，包括以後擴展的介面。

3.5.1　資料儲存和運算

結構化、半結構化、文本、各類感測器的資料，音訊、圖片、影片等多媒體資料混雜，分別儲存在不同的資料庫、不同的地域中。如何處理這些資料？沒有一個即時運算的資料平臺幾乎是很難實現的。大數據時代的業務場景是多元化的，不同的資料產品面向的場景很不一樣。圍

繞這些多媒體為儲存的核心對象來建構場景,清晰、及時的呈現業務,是非常重要的一項工作。

資料平臺建設、部署對資料規範化定義,實現資料的唯一性、準確性、完整性、規範性和實效性,實現資料的共享共用,解決資料層面的孤島問題。整合企業各個業務系統,形成資料平臺。這就要求建立的資料平臺能夠整合各個業務系統,從物理和邏輯上將資料集中起來,同時資料平臺造成了物理隔離生產系統、減輕對生產系統的壓力、提升效率的作用。資料平臺可以分成以下幾類。

1. 常規資料倉庫

常規資料倉庫的重點在於資料整合,同時也是對業務邏輯的一個整理。雖然也可以打包成 saas(多維資料集)、cube(多維資料庫)等來提升資料的讀取性能,但是資料倉庫的作用更多的是為了解決企業的業務問題,而不僅僅是性能問題。常規資料倉庫的優點如下。

(1)方案成熟,關於資料倉庫的架構有著非常廣泛的應用,而且能將其善用的人也不少。

(2)實施簡單,涉及的技術層面主要是倉庫的建模以及 ETL 的處理,很多軟體公司具備資料倉庫的實施能力,實施難度的大小更多的取決於業務邏輯的複雜程度,而並非技術上的實現。

(3)靈活性強。資料倉庫的建設是透明的,如果需要,可以對倉庫的模型、ETL 邏輯進行修改,來滿足變更的需求。同時,對於上層的分析而言,透過 SQL 對倉庫資料的分析處理具備極強的靈活性。

常規資料倉庫的缺點如下。

(1)實施週期相對比較長。實施週期的長與短取決於業務邏輯的複雜性,時間花在業務邏輯的整理,並非技術的瓶頸上。

(2)資料的處理能力有限。這個有限也是相對的,大量資料的處理

肯定不行，非關係型資料的處理也不行，但是兆位元組（TB）以下級別資料的處理還是可以的（也取決於所採用的資料庫系統）。對於這個量級的資料，相當一部分企業的資料其實是很難超過這個級別的。

即時處理的要求是區別大數據應用和傳統資料倉庫技術的關鍵差別之一。隨著每天創建的資料量爆炸性的成長，就資料保存來說，傳統資料庫能改進的技術並不大，如此龐大的資料量儲存就是傳統資料庫所面臨的非常嚴峻的問題。

2. MPP（大規模並行處理）架構

傳統的資料庫模式在大量資料面前顯得很弱。造價非常昂貴，同時技術上無法滿足高性能的運算，其架構難以擴展，在獨立主機的 CPU 運算和 IO 吞吐上，都沒辦法滿足大量資料運算的需求。分散式儲存和分散式運算正是解決這一問題的關鍵，無論是 MapReduce 運算框架（Hadoop）還是 MPP 運算框架，都是在這一背景下產生的。

Greenplum 是基於 MPP 架構的，它的資料庫引擎是基於 PostgreSQL 的，並且透過 Interconnnect 連接實現了對同一個集群中多個 PostgreSQL 實例的高效能協同和並行運算。同時，基於 Greenplum 的資料平臺建設可以實現兩個層面的處理：一個是對資料處理性能的提升，目前 Greenplum 在 100TB 級左右的資料量上是非常輕鬆的；另一個是資料倉庫可以搭建在 Greenplum 中，這一層面上也是對業務邏輯的梳理，對公司業務資料的整合。Greenplum 的優點如下。

（1）大量資料的支援，存在大量成熟的應用案例。

（2）擴展性：據說可線性擴展到 10,000 個節點，並且每增加一個節點，查詢、加載性能都成線性成長。

（3）易用性：不需要複雜的調優需求，並行處理由系統自動完成。依然是 SQL 作為互動語言，簡單、靈活、強大。

（4）高階功能：Greenplum 還研發了很多高階資料分析管理功能，例如外部表、Primary/Mirror 鏡像保護機制、行／列混合儲存等。

（5）穩定性： Greenplum 原本作為一個純商業資料產品，具有很長的歷史，其穩定性比 Hadoop 產品更加有保障。Greenplum 有非常多的應用案例，那斯達克、紐約證券交易所、平安銀行、建設銀行、華為等都建立了基於 Greenplum 的資料平臺。其穩定性是可以從側面驗證的。

Greenplum 的缺點如下。

（1）本身來說，它的定位在 OLAP 領域，不擅長 OLTP 交易系統。當然，我們搭建的資料中心也不是用來作交易系統的。

（2）成本，有兩個方面的考慮，一是硬體成本，Greenplum 有其推薦的硬體規格，對記憶體、網卡都有要求，二是實施成本，這裡主要是需要人，從基本的 Greenplum 的安裝配置到 Greenplum 中資料倉庫的建構，都需要人和時間。

（3）技術門檻，這裡是相對於資料倉庫的，Greenplum 的門檻肯定更高一點。

3. Hadoop 分散式系統架構

Hadoop 已經非常紅了，Greenplum 的開源跟它也是脫不了關係的。它有著高可靠性、高擴展性、高效能性、高容錯性的口碑。在網路領域有著非常廣泛的運用，雅虎、Facebook、百度、淘寶、京東等都在使用 Hadoop。Hadoop 生態體系非常龐大，各公司基於 Hadoop 所實現的也不僅限於資料平臺，還包括資料分析、機器學習、資料挖掘、即時系統等。

當企業資料規模達到一定的量級時，Hadoop 應該是各大企業的首選方案。到達這樣一個層次的時候，企業所要解決的不僅是性能問題，

還包括時效問題、更複雜的分析挖掘功能的實現等。非常典型的即時運算體系也與 Hadoop 這一生態體系有著緊密的關聯，比如 Spark。近些年來，Hadoop 的易用性有了很大的提升，SQL-on-Hadoop 技術大量湧現，包括 Hive、Impala、Spark SQL 等。儘管其處理方式不同，但相比於原始的 MapReduce 模式，無論是性能還是易用性都有所提高。因此，對 MPP 產品的市場產生了壓力。

對於企業建構資料平臺來說，Hadoop 的優勢與劣勢非常明顯：優勢是它的大數據處理能力、高可靠性、高容錯性、開源性以及低成本（處理同樣規模的資料，換其他方案試試就知道了）；劣勢是它的體系複雜，技術門檻較高（能搞定 Hadoop 的公司規模一般都不小）。

關於 Hadoop 的優缺點，對於公司的資料平臺選型來說，影響已經不大了。需要使用 Hadoop 的時候，也沒什麼其他的方案可選擇（要麼太貴，要麼不行），沒達到這個資料量的時候，也沒人願意碰它。總之，不要為了大數據而大數據。

Hadoop 生態圈提供大量資料的儲存和運算平臺，包括以下幾種。

·結構化資料：大量資料的查詢、統計、更新等操作。

·非結構化資料：圖片、影片、Word、PDF、PPT 等文件的儲存和查詢。

·半結構化資料：要麼轉換為結構化資料儲存，要麼按照非結構化儲存。

Hadoop 的解決方案如下。

·儲存：HDFS、HBase、Hive 等。

·並行運算：MapReduce 技術。

·串流運算：Storm、Spark。

如何選擇基礎資料平臺？我們至少要從以下幾個方面去考慮。

（1）目的：從業務、系統、性能三種視角去考慮，或者是其中幾

個的組合。當然，要明確資料平臺建設的目的，有時並不容易，初衷與討論後確認的目標或許是不一致的。比如，某企業要搭建一個資料平臺的初衷可能很簡單，只是為了減輕業務系統的壓力，將資料拉出來後再分析，如果目的真的這麼單純，而且只有一個獨立的系統，那麼直接將業務系統的資料庫複製一份就好了，不需要建立資料平臺；如果是多系統，選型一些商業資料產品也夠了，快速建模，直接用工具就能實現資料的視覺化與 OLAP 分析。但是，既然已經決定要將資料平臺獨立出來，就不再多考慮一點嗎？多個業務系統的資料不趁機整理整合一下？當前只是分析業務資料的需求，以後會不會考慮歷史資料呢？方案能否支撐明年和後年的需求？

（2）資料量：根據公司的資料規模選擇合適的方案。

（3）成本：包括時間成本和金錢成本。但是這裡有一個問題，很多企業要麼不上資料平臺，一旦有了這樣的計畫，就恨不得馬上把平臺搭建出來並用起來，不肯花時間成本。這樣的情況很容易考慮欠缺，也容易被資料實施方呼攏。

在方案選型時，一個常見的誤區是忽略業務的複雜性，要用工具來解決或者繞開業務的邏輯。企業選擇資料平臺的方案有著不同的原因，要合理的選型，既要充分的考慮搭建資料平臺的目的，也要對各種方案有著充分的認識。對於資料層面來說，還是傾向於一些靈活性很強的方案，因為資料中心對於企業來說太重要了，更希望它是透明的，是可以被自己完全掌控的，這樣才有能力實現對資料中心更加充分的利用。因為不知道未來需要它去擔任一個什麼樣的角色。

3.5.2　資料品質

當前越來越多的企業認識到了資料的重要性，大數據平臺的建設如雨後春筍般。但資料是一把雙刃劍，它為企業帶來業務價值的同時，也是組織最大的風險來源。糟糕的資料品質常常意味著糟糕的業務決策，將直接導致資料統計分析不準確、監管業務難、高層領導難以決策等問題，據 IBM 統計：

‧錯誤或不完整資料導致 BI 和 CRM 系統不能正常發揮優勢甚至失效。

‧資料分析員每天有 30% 的時間浪費在了辨別資料是否是「壞資料」上。

‧低劣的資料品質嚴重降低了全球企業的年收入。

可見資料品質問題已經嚴重影響了企業業務的正常營運。在企業資訊化初期，各類業務系統恣意生長。後來業務需求成長，需要按照統一的架構和標準把各類資料整合起來，這個階段問題紛紛出現，資料不一致、不完整、不準確等各種問題撲面而來。費了九牛二虎之力才把資料融合起來，如果因為資料品質不高而無法完成資料價值的挖掘，那就太可惜了。

大數據時代資料整合融合的需求會愈加迫切，不僅要融合企業內部的資料，也要融合外部（網路等）資料。如果沒有對資料品質問題建立相應的管理策略和技術工具，那麼資料品質問題的危害會更加嚴重。資料品質問題會造成「垃圾進，垃圾出」。資料品質不好造成的結果是對業務的分析不但產生不了好的效果，相反還有誤導的作用。很多人可能在糾結，資料品質問題究竟是「業務」的問題還是「技術」的問題。根據我們以往的經驗，造成資料品質問題的原因主要分為以下幾種：

（1）資料來源管道多，責任不明確。

（2）業務需求不清晰，資料填報缺失。

（3）　ETL 處理過程中，業務部門變更代碼導致資料加工出錯，影響報表的生成。

（1）和（2）都是業務的問題，（3）雖然表面上看是技術的問題，

但本質上還是業務的問題。因此，大部分資料品質問題主要還是來自於業務。很多企業理解不到資料品質問題的根本原因，只從技術單方面來解決資料問題，沒有形成管理機制，導致效果大打折扣。在走過彎路之後，很多企業發現到了這一點，開始從業務著手解決資料品質問題。在治理資料品質問題時，採用規劃頂層設計，制定統一資料架構、資料標準，設計資料品質的管理機制，建立相應的組織架構和管理制度，採用分類處理的方式持續提升資料品質。還有，透過增加 ETL 資料清洗處理邏輯的複雜度，提高 ETL 處理的準確度。

1. AI 系統本身的資料品質

在大數據時代，資訊由資料構成，資料是資訊的基礎，資料已經成為一種重要資源。資料品質成為決定資源優劣的一個重要方面。隨著大數據的發展，越來越豐富的資料為資料品質的提升帶來了新的挑戰和困難。對於企業而言，進行市場情報調查研究、客戶關係維護、財務報表展現、策略決策支援等都需要進行資料的蒐集、分析、知識發現，為決策者提供充足且準確的情報和資料。對於政府而言，進行社會管理和公共服務影響面更為寬廣和深遠，政策和服務能否滿足社會需求，是否高效能的使用了公共資源，都需要資料提供支援和保障，因而對資料的需求顯得更為迫切，對資料品質的要求也更為苛刻。

資料作為 AI 系統的重要構成部分，資料品質問題是影響 AI 系統運行的關鍵因素，直接關係到 AI 系統建設的成敗。根據「垃圾進，垃圾出（garbage in, garbage out）」的原理，為了使 AI 建設獲得預期效果，達到資料決策的目標，要求所提供的資料是可靠的，能夠準確反應客觀事實。如果資料品質得不到保證，即使 AI 分析工具再先進，模型再合理，演算法再優良，在充滿「垃圾」的資料環境中也只能得到毫無意義的垃圾資訊。系統運行的結果、做出的分析就可能是錯誤的，甚至影響

後續決策的制定和實行。高品質的資料來源於資料收集，是資料設計以及資料分析、評估、修正等環節的強力保證。因此，對於 AI 而言，資料品質管理尤為重要，這就需要建立一個有效的資料品質管理體系，盡可能全面的發現資料存在的問題並分析原因，以推動資料品質的持續改進。

2. 大數據環境下資料品質管理面臨的挑戰

隨著行動網路、雲端運算、物聯網的快速發展，資料的生產者、生產環節都在急速攀升，隨之快速產生的資料呈指數級成長。在資訊和網路技術飛速發展的今天，越來越多的企業業務和社會活動實現了數位化。全球最大的零售商沃爾瑪，每天透過分布在世界各地的 6,000 多家商店向全球客戶銷售超過 2.67 億件商品，每小時獲得 2.5PB 的交易資料。而物聯網下的感測資料也慢慢發展成了大數據的主要來源之一。有研究預估，到 2020 年則高達 35.2ZB。此外，隨著行動網路、Web 2.0 技術和電子商務技術的飛速發展，大量的多媒體內容在呈指數級成長的資料量中發揮著重要作用。大數據時代的資料與傳統資料呈現出了重大差別，直接影響到資料在流轉環節中的各個方面，替資料儲存處理分析性能、資料品質保障都帶來了很大挑戰，這更容易產生資料品質問題。

（1）在資料收集方面，大數據的多樣性決定了資料來源的複雜性。來源眾多、結構各異、大量不同的資料來源之間存在著衝突、不一致或相互矛盾的現象。在資料獲取階段，保證資料定義的完整性、資料品質的可靠性尤為必要。

（2）由於規模大，大數據在獲取、儲存、傳輸和運算過程中可能產生更多錯誤。採用傳統資料的人工錯誤檢測與修復或簡單的程式匹配處理遠遠處理不了大數據環境下的資料問題。

（3）由於高速性，資料的大量更新會導致過時資料迅速產生，也更易產生不一致資料。

（4）由於發展迅速、市場龐大、廠商眾多、直接產生的資料或者產品產生的資料標準不完善，使得資料有更大的可能產生不一致和衝突。

（5）由於資料生產源頭激增、產生的資料來源眾多、結構各異，以及系統更新、升級加快和應用技術更新換代頻繁，使得不同的資料來源之間、相同的資料來源之間都可能存在著衝突、不一致或相互矛盾的現象，再加上資料收集與整合往往由多個團隊合作完成，增大了資料處理過程中產生問題資料的機率。

因此，我們需要一種資料品質策略，從建立資料品質評價體系、落實品質資訊的採集分析與監控、建立持續改進的工作機制和完善元資料管理 4 個方面，多方位最佳化改進，最終形成一套完善的品質管理體系，為資訊系統提供高品質的資料支援。

3. 建立資料品質管理策略和評價體系

為了改進和提高資料品質，必須從產生資料的源頭開始抓起，從管理入手，對資料運行的全過程進行監控，密切關注資料品質的發展和變化，深入研究資料品質問題所遵循的客觀規律，分析其產生的機理，探索科學有效的控制方法和改進措施。必須強化全面資料品質管理的思想觀念，把這一觀念滲透到資料生命週期的全過程。建立資料品質評價體系，評估資料品質，可以從以下 4 個方面來考慮。

（1）完整性：資料的紀錄和資訊是否完整，是否存在缺失情況。

（2）一致性：資料的紀錄是否符合規範，是否與前後及其他資料集保持統一。

（3）準確性：資料中記錄的資訊和資料是否準確，是否存在異常或者錯誤資訊。

（4）及時性：資料從產生到可以查看的時間間隔，也叫資料的延時時長。

有了評估方向，還需要使用可以量化、程式化辨識的指標來衡量。透過量化指標，管理者才可能了解到當前的資料品質，並確定採取修正措施之後資料品質的改進程度。而對於大量資料，資料量大、處理環節多，獲取品質指標的工作不可能由人工或簡單的程式來完成，而需要程式化的制度和流程來保證，因此指標的設計、採集與運算必須是程式可辨識處理的。

　　完整性可以透過紀錄數和唯一值來衡量。比如某類交易資料，每天的交易量應該呈現出平穩的特點，平穩成長或保持一定範圍內的週期波動。如果紀錄數量出現激增或激減，就需要追溯是在哪個環節出現了變動，最終定位是資料問題還是服務問題。對於屬性的完整性考量，則可以透過空值占比或無效值占比來進行檢查。

　　一致性檢驗主要是檢驗資料和資料定義是否一致，因此可以透過合規紀錄的比率來衡量。比如取值範圍是列舉集合的資料，其實際值超出範圍之外的資料占比，比如存在特定編碼規則的屬性值，不符合其編碼規則的紀錄占比。還有一些存在邏輯關係的屬性之間的校驗，比如屬性 A 取某定值時，屬性 B 的值應該在某個特定的資料範圍內，都可以透過合規率來衡量。

　　準確性可能存在於個別紀錄，也可能存在於整個資料集上。準確性和一致性的差別在於，一致性關注合規，表示統一，而準確性關注資料錯誤。因此，同樣的資料表現，比如資料的實際值不在定義的範圍內，如果定義的範圍準確，值完全沒有意義，就屬於資料錯誤。但如果值是合理且有意義的，可能是範圍定義不夠全面，就不能認定為資料錯誤，而應該去補充修改資料的定義。

　　透過建立資料品質評價體系，對整個流通鏈條上的資料品質進行量化指標輸出，後續進行問題資料的預警，使得問題一出現就可以暴露出

來，便於進行問題的定位和解決，最終可以實現在哪個環節出現問題就在哪個環節解決，避免將問題資料帶到後端以及品質問題擴大。

4. 落實資料品質資訊的採集、分析與監控

有評價體系作為參照，還需要進行資料的採集、分析和監控，為資料品質提供全面可靠的資訊。在資料流轉環節的關鍵點上設置採集點，採集資料品質監控資訊，按照評價體系的指標要求輸出分析報告。透過對來源資料的品質分析，可以了解資料和評價接入資料的品質，透過對不同採集點的資料分析報告的對比，可以評估資料處理流程的工作品質。配合資料品質的持續改進工作機制，進行品質問題原因的定位、處理和追蹤。

5. 建立資料品質的持續改進工作機制

透過品質評價體系和品質資料採集系統可以發現問題，之後還需要對發現的問題及時做出反應，追溯問題的原因和形成機制，根據問題的種類採取相應的改進措施，並持續追蹤驗證改進之後的資料品質提升效果，形成正反饋，達到資料品質持續改良的效果。在源頭建立資料標準或接入標準，規範資料定義，在資料流轉過程中建立監控資料轉換品質的流程和體系，儘量做到在哪裡發現問題就在哪裡解決問題，不把問題資料帶到後端。

導致資料品質產生問題的原因很多。有研究表示，從問題的產生原因和來源，可以分為四大問題域：資訊問題域、技術問題域、流程問題域和管理問題域。「資訊類問題」是由於對資料本身的描述、理解及度量標準偏差而造成的資料品質問題。產生這類資料品質問題的主要原因包括：資料標準不完善、元資料描述及理解錯誤、資料品質得不到保證和變化頻度不恰當等。「技術類問題」是指由於在資料處理流程中資料流轉的各技術環節異常或缺陷而造成的資料品質問題，產生的直接原因是技術實現上的某種缺陷。技術類資料品質問題主要產生在資料創建、資料接入、資料抽

取、資料轉換、資料裝載、資料使用和資料維護等環節。「流程類問題」是指由於資料流轉的流程設計不合理、人工操作流程不當造成的資料品質問題。所有涉及資料流轉流程的環節都可能出現問題，比如接入新資料缺乏對資料檢核、元資料變更沒有考慮到歷史資料的處理、資料轉換不充分等各種流程設計錯誤、資料處理邏輯有缺陷等問題。「管理類問題」是指由於人員素養及管理機制方面的原因造成的資料品質問題。比如資料接入環節由於工期壓力而減少對資料檢核流程的執行和監控、缺乏反饋管道及處理責任人、相關人員缺乏培訓等帶來的一系列問題。

　　了解問題產生的原因和來源後，就可以對每一類問題建立起辨識、反饋、處理、驗證的流程和制度。比如資料標準不完善導致的問題，就需要有一整套資料標準問題辨識、標準修正、現場實施和驗證的流程，確保問題的準確解決，不帶來新的問題。比如缺乏反饋管道和處理責任人的問題，則屬於管理問題，需要建立一套資料品質的反饋和響應機制，配合問題辨識、問題處理、解決方案的現場實施與驗證、過程和累積等多個環節和流程，保證每一個問題都能得到有效解決並有效累積處理的過程和經驗，形成越來越完善的有機運作體。當然，很多問題是相互影響的，單一地解決某一方面的問題可能暫時解決不了所發現的問題，但是當多方面的持續改進機制協同工作起來之後，互相影響，交錯前進，一點點改進，最終就會達到一個比較好的效果。

　　6. 完善元資料管理

　　資料品質的採集規則和檢查規則本身也是一種資料，在元資料中定義。元資料按照官方定義，是描述資料的資料。面對龐大的資料種類和結構，如果沒有元資料來描述這些資料，使用者就無法準確的獲取所需的資訊。正是透過元資料，大量的資料才可以被理解、使用，才會產生價值。

　　元資料可以按照其用途分為 3 類：技術元資料、業務元資料和管理

元資料。「技術元資料」是儲存關於資訊系統技術細節的資料，是開發和管理資料而使用的資料。主要包括資料結構的描述，包括對資料結構、資料處理過程的特徵描述，儲存方式和位置涵蓋涉及整個資料的生產和消費環節。「業務元資料」是從業務角度描述資料系統中的資料，提供了業務使用者和實際系統之間的語義層，主要包括業務術語、指標定義、業務規則等資訊。「管理元資料」是描述系統中管理領域相關概念、關係和規則的資料，主要包括人員角色、職位職責、管理流程等資訊。良好的元資料管理系統能為資料品質的採集、分析、監控、改進提供高效能、有力的強大保障。同時，良好的資料品質管理系統也能促進元資料管理系統的持續改進，互相促進完善，共同為一個高品質和高效能運轉的資料平臺提供支援。

7. 對不同的資料問題分類處理

從時間維度上分，企業資料主要有三類：未來資料、當前資料和歷史資料。在解決不同種類的資料品質問題時，要採取不同的處理方式。

如果你拿著歷史資料找業務部門做整改，業務部門通常以「當前的資料問題都處理不過來，哪有時間幫你追查歷史資料的問題」為理由無情拒絕。這個時候即使是找主管協調，通常也沒有太大的作用。對於歷史資料問題的處理，一般可以發揮 IT 技術人員的優勢，用資料清洗的辦法來解決，清洗的過程要綜合使用各類資料來源，提升歷史資料的品質。

當前資料的問題需要從問題定義、問題發現、問題整改、問題追蹤、效果評估 5 個方面來解決。未來資料的處理一般要採用做資料規畫的方法來解決，從整個企業資訊化的角度出發，規劃統一企業資料架構，制定企業資料標準和資料模型。藉業務系統改造或者重建的時機，來從根本上提高資料品質。當然，這種機會是可遇而不可求的，在機會到來之前，應該把企業資料標準和資料模型建立起來，一旦機會出現，

就可以遵循這些標準。

　　總之，透過對不同時期資料的分類處理，採用不同的處理方式做到事前預防、事中監控、事後改善，能從根本上解決資料品質問題，為企業業務創新打通資料關卡。資料品質（Data Quality）管理貫穿資料生命週期的全過程，涵蓋品質評估、資料監控、資料探查、資料清洗、資料診斷等方面。資料來源在不斷增多，資料量在不斷加大，新需求推動的新技術也在不斷誕生，這些都對大數據下的資料品質管理帶來了困難和挑戰。因此，資料品質管理要形成完善的體系，建立持續改進的流程和良性機制，持續監控各系統資料品質的波動情況及資料品質的規則分析，適時升級資料品質監控的工具和方法，確保持續掌握系統資料的品質狀況，最終達到資料品質的平穩狀態，為 AI 系統提供良好的資料保障。資料品質問題需要業務部門參與才能從根本上解決。要發揮資料資產的價值，需要將組織、技術和流程三者進行有機結合，從業務出發做問題定義，由工具自動、及時發現問題，追蹤問題整改進度，並建立相應的品質問題評估 KPI。透過資料品質問題全過程的管理，才能最終實現資料品質持續提升的目標，支撐資料業務應用，展現資料價值。

3.5.3　資料管理

　　資料管理和資料治理有很多地方是互相重疊的，它們都圍繞資料這個領域展開，因此這兩個術語經常被混為一談。此外，每當人們提起資料管理和資料治理的時候，還有一對類似的術語叫資訊管理和資訊治理，更混淆了人們對它們的理解。關於企業資訊管理這個課題，還有許多相關的子集，包括主資料管理、元資料管理、資料生命週期管理等。於是，出現了許多不同的理論描述關於企業中資料／資訊的管理以及治理如何運作：它們如何單獨運作，又如何一起協同工作，是「自下而上」

還是「自上而下」的方法更高效能？

1. 資料治理

其實，資料管理包含資料治理，治理是整體資料管理的一部分，這個概念目前已經得到了業界的廣泛認同。資料管理包含多個不同的領域，其中一個最顯著的領域就是資料治理。CMMI 協會頒布的資料管理成熟度（DMM）模型使這個概念具體化。DMM 模型中包括 6 個有效資料管理分類，而其中一個就是資料治理。資料管理協會（DAMA）在資料管理知識體系（DMBOK）中也認為，資料治理是資料管理的一部分。在企業資訊管理（EIM）這個定義上，Gartner 認為 EIM 是「在組織和技術的邊界上結構化、描述、治理資訊資產的一個綜合學科」。Gartner 這個定義不僅強調了資料／資訊管理和治理的緊密關係，也重申了資料管理包含治理這個觀點。

在明確資料治理是資料管理的一部分之後，下一個問題就是定義資料管理。資料管理是一個更為廣泛的定義，它與任何時間採集和應用資料的可重複流程的各個方面都緊密相關。例如，簡單的建立和規劃一個資料平臺，是資料管理層面的工作。定義誰以及如何訪問這個資料平臺，並且實施各式各樣針對元資料和資源庫管理工作的標準，也是資料管理層面的工作。資料管理包含許多不同的領域。

· 元資料：元資料要求資料元素和術語的一致性定義，它們通常聚集於業務詞彙表上。對於企業而言，建立統一的業務術語非常關鍵，如果這些術語和上下文不能橫跨整個企業的範疇，那麼它將會在不同的業務部門中出現不同的表述。

· 生命週期管理：資料保存的時間跨度、資料保存的位置以及資料如何使用都會隨著時間而產生變化，某些生命週期管理還會受到法律法規的影響。

· 資料品質：資料品質的具體措施包括資料詳細檢查的流程，目的是讓業務部門信任這些資料。資料品質是非常重要的。

·「引用資料」管理：「引用資料」提供資料的上下文，尤其是它結合元資料一起考慮的情況下。由於引用資料變更的頻率較低，引用資料的管理經常會被忽視。

2. 資料建模

資料建模是另一個資料管理中的關鍵領域。利用一個規範化的資料建模有利於將資料管理工作擴展到其他業務部門。遵從一致性的資料建模，令資料標準變得有價值（特別是應用於大數據和 AI）。我們利用資料建模技術直接連結不同的資料管理領域，例如資料血緣關係以及資料品質。當需要合併非結構化資料時，資料建模將會更有價值。此外，資料建模加強了管理的結構和形式。

資料管理在 DMM 中有 5 個類型，包括資料管理策略、資料品質、資料操作（生命週期管理）、平臺與架構（例如整合和架構標準）以及支援流程。資料管理本身著重提供一整套工具和方法，確保企業實際管理好這些資料。首先是資料標準，有了標準才有資料品質，品質是資料滿足業務需求使用的程度。有了標準之後，能夠衡量資料，可以在整個平臺的每一層做技術上的校驗或者業務上的校驗，可以做到自動化的配置和相應的校驗，生成報告來幫助我們解決問題。有了資料標準，就可以建立資料模型了。資料模型至少包括以下內容：

· 資料元（屬性）定義。

· 資料類（對象）定義。

· 主資料管理。

大數據對現有資料庫管理技術產生了很多挑戰。同樣，在傳統資料庫上，創建大數據的資料模型可能會面臨很多挑戰。經典資料庫技術並

沒有考慮資料的多類別（Variety），也沒有考慮非結構化資料的儲存問題。一般而言，借助資料建模工作也可以在傳統資料庫上創建多類別的資料模型，或直接在 HBase 等大數據資料庫系統上創建。

　　資料模型是分層次的，主要分為三層，基礎模型一般用於關係建模，主要實現資料的標準化；融合模型一般用於維度建模，主要實現跨越資料的整合，整合的形式可以是匯總、連結，也包括解析；挖掘模型其實是偏應用的，但如果用的人多了，你也可以把挖掘模型作為企業的知識沉澱到平臺，比如某個模型具有很大的共性，就應該把它規整到平臺模型，以便開放給其他人使用，這是相對的，沒有絕對的標準。

3.5.4　資料目錄

　　資料目錄管理系統應該具備以下的能力（見圖 3-14）。

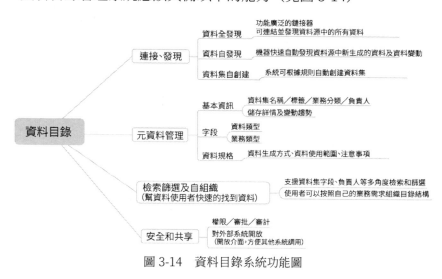

圖 3-14　資料目錄系統功能圖

1. 資料的連接和發現能力

做大數據分析和 AI 首先需要清晰的知道我們有哪些資料，透過人

工整理的方式顯然已經跟不上資料成長和變化的速度。所以，一個資料目錄最基礎的能力就是可以連接我們擁有的多種資料來源（如 HDFS、MySQL、HBase、ORACLE 等），並且可以定時的監測新生成的資料，在資料目錄中根據規則自動註冊為資料集或更新資料集狀態（如關係型資料庫新產生的表可註冊為資料集，HDFS 分區格式資料只更新當前資料集的容量大小等等，一般需要人工輔助審核和修改）。

2. 元資料管理能力

元資料管理能力包括以下三個方面。

- 資料集基本資訊：包括資料集的名稱、標籤（業務分類）、負責人以及儲存詳情的變動趨勢。
- 字段描述資訊：字段的資料類型、字段的業務類型、字段的描述資訊、整個 Schema 的版本控制。
- 資料規格：資料資產部門或者資料負責人維護資料說明的頁面，包括資料的生成方式、使用範圍、注意事項等。提供資料規格的編寫能力，方便版本控制，使用者可以按照時間線來查詢資料規格。

3. 檢索篩選和使用者自組織能力

- 檢索篩選能力：如果資料目錄沒有強大的檢索能力，系統中資料集的資訊和沉澱的相關知識就不能實現其價值，也不能促進系統的良性循環。檢索和篩選的內容包括資料集名稱、標籤、描述、字段相關資訊、資料內容、資料規格詳情等。
- 使用者自組織資料集的能力：不同使用者使用資料集的場景不一樣，所以組織方式也會不一樣。每個使用者可以按照自己的理解和需求組織自己的資料目錄，方便使用。同時，不同使用者根據不同場景對資料集的組織方式也是一種知識，可以沉澱。

4. 安全和共享能力

· 權限和審計：為資料集的訪問提供權限控制。主要表現在資料集的訪問申請和審批上。想要使用資料集的使用者可以在系統中申請，訪問申請會自動轉向資料集所有者（負責人），資料集所有者需要在系統中答覆。所有申請和審批都以時間線的方式組織，方便審計人員查閱和檢索。所有使用者對資料集的操作都需要做記錄。

· 共享能力：資料集及相關資訊分享給使用者，使用者可以看到資料集的元資料等詳情。

· 開放能力：資料目錄應該提供資料集的訪問介面，可以支援內部資料探索工具、資料 ETL 工具的調用，可以支援外部客戶的調用和加工。

圖 3-15 是一個資料目錄管理系統的實例圖。

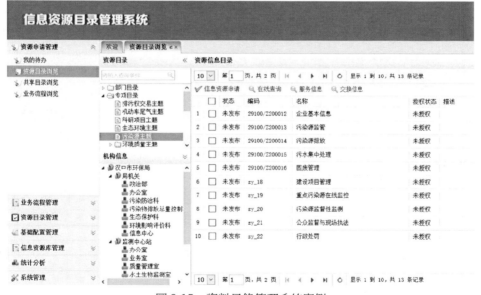

圖 3-15 資料目錄管理系統實例

3.5.5 資料安全管控

如圖 3-16 所示，安全保障體系架構包括安全技術體系和安全管理體系。安全技術體系採取技術方式、策略、組織和運作體系緊密結合的方式，從應用、資料、主機、網路、物理等方面進行資訊安全建設。

圖 3-16　安全體系框架

（1）應用安全，從身分鑑別、訪問控制、安全審計、剩餘資訊保護、通訊完整性、通訊保密性、抗抵賴、軟體容錯、資源控制、程式碼安全等方面進行考慮。

（2）資料安全，從資料屬性、空間資料、資料完整性、資料敏感性、資料備份和恢復等方面進行考慮。

（3）主機安全，從身分鑑別、訪問控制、安全審計、剩餘資訊保護、入侵防範、惡意程式碼防範、資源控制等方面進行考慮。

（4）網路安全，從結構安全、訪問控制、安全審計、邊界完整性檢

查、入侵防範、惡意程式碼防範和網路設備防護等方面進行考慮。

（5）物理安全，是指機房物理環境達到國家資訊系統安全和資訊安全相關規定的要求。

安全管理體系建設具體包括安全管理制度、安全管理機構、人員安全管理、系統建設管理、系統運維管理等方面的建設。

資料安全管控是整個安全體系框架的一個組成部分，它是從屬性資料、空間資料、資料完整性、資料保密性、資料備份和恢復等幾方面考慮的。對於一些敏感資料，資料的傳輸與儲存採用不對稱加密演算法和不可逆加密演算法確保資料的安全性、完整性和不可篡改性。對於敏感性極高的空間資料，坐標資訊透過坐標偏移、資料加密演算法及空間資料分存等方法進行處理。在資料的傳輸、儲存、處理的過程中，使用事務傳輸機制對資料完整性進行保證，使用資料品質管理工具對資料完整性進行校驗，在監測到完整性錯誤時進行告警，並採用必要的恢復措施。資料的安全機制應至少包含以下 4 個部分。

（1）身分／訪問控制。透過使用者認證與授權實現，在授權合法使用者進入系統訪問資料的同時，保護其免受非授權的訪問。在安全管控平臺實施集中的使用者身分、訪問、認證、審計、審查管理，透過動態密碼、CA 證書等設定認證。

（2）資料加密。在資料傳輸的過程中，採用對稱密鑰或 VPN 隧道等方式進行資料加密，再透過網路進行傳輸。在資料儲存上，對敏感資料先加密後儲存。

（3）網路隔離。透過內外網方式保障敏感資料的安全性，即資料傳輸採用公網，儲存採用內網。

（4）災備管理。透過資料鏡像、資料備份、分散式儲存等方式實現，保障資料安全。

3.5.6　資料準備

如今的資料往往來自文件系統、資料庫、資料湖泊、感測器或外部資料來源。為了滿足各類資料的 AI 分析需求,我們必須將所有資料採集,並將各個資料來源的資料互相關聯整合,比如:

- ·來自電商平臺的資料與客戶關係管理中的客戶資料整合在一起,以客製化行銷策略。
- ·物聯網感測器資料與營運和財務資料庫中的資料相關聯,以控制吞吐量並報告製造過程的品質。
- ·開發預測模型的資料科學家通常會加載多種外部資料來源,例如計量經濟學、天氣、人口普查和其他公共資料,然後將其與內部資源融合。
- ·試驗人工智慧的創新團隊需要匯總可用於訓練和測試演算法的大型複雜資料來源。

1. 資料整合工具與平臺

那麼,用什麼工具和做法來整合資料來源,什麼平臺被用來自動化整合資料?主要類型如下:

- ·程式和腳本完成資料整合。
- ·提取、轉換和加載(ETL)工具。
- ·資料高速公路 SaaS 平臺。
- ·具有資料整合功能的大數據管理平臺。
- ·AI 注入資料整合平臺。

(1) 資料整合程式與腳本

對於工程師來說,將資料從原始文件移動到目標文件最常見的方式是開發一個簡短的腳本。這些腳本通常以幾種模式之一運行:它們可以

按照預定義的時間表運行，也可以作為由事件觸發的服務運行，或者在滿足定義的條件時做出響應。工程師可以從多個來源獲取資料，在將資料傳送到目標資料來源之前加入過濾、清理、驗證和資料轉換。

　　腳本是移動資料的快捷方式，但它不是專業級的資料處理方法。要成為生產級的資料處理腳本，需要自動執行處理和傳輸資料所需的步驟，並處理多種操作需求。例如，若腳本正在處理大量資料，則可能需要使用 Apache Spark 或其他並行處理引擎來運行多執行緒作業。如果輸入的資料不乾淨，程式設計師應該啟用異常處理並在不影響資料流的情況下踢出紀錄。資料整合腳本通常難以跨多個開發人員進行維護。出於這些原因，具有較大資料整合需求的組織通常不會只用程式和腳本來實現資料整合。

　　(2) 提取、轉換與加載工具

　　自 1970 年代以來，ETL 技術已經出現，IBM、Informatica、微軟、Oracle、Talend 等公司提供的 ETL 工具在功能、性能和穩定性方面已經成熟。這些平臺提供視覺化程式工具，讓開發人員能夠分解並自動執行從源中提取的資料，執行轉換並將資料推送到目標儲存資料庫的步驟。由於它們是視覺化的，並將資料流分解為原子步驟，與難以解碼的腳本相比，管道更易於管理和增強。另外，ETL 平臺通常提供操作介面來顯示資料管道崩潰的位置並提供重啟它們的步驟。

　　多年來，ETL 平臺增加了許多功能。大多數平臺可以處理來自資料庫、平面文件和 Web 服務的資料，無論它們在本地、雲端中，還是在 SaaS 資料儲存中。它們支援各種資料格式，包括關係資料、XML 和 JSON 等半結構化格式，以及非結構化資料和文件檔案。許多工具使用 Spark 或其他並行處理引擎來並行化作業。企業級 ETL 平臺通常包括資料品質功能，因此資料可以透過規則或模式進行驗證，並將異常發送給

資料管理員進行解決。

　　當資料來源持續提供新資料並且目標資料儲存的資料結構不會頻繁更改時，通常會使用 ETL 平臺。

　　(3) 面向 SaaS 平臺的資料高速公路

　　是否有更有效的方法從常見資料來源中提取資料呢？也許主要資料目標是從 Salesforce、Microsoft Dynamics 或其他常見 CRM 程式中提取帳戶或客戶聯絡人。或者，行銷人員希望從 Google Analytics 等工具中提取網路分析資料。我們應該如何防止 SaaS 平臺成為雲端中的資料孤島，並輕鬆實現雙向資料流呢？如果我們已經擁有 ETL 工具，則需要查看該工具是否提供通用 SaaS 平臺的標準連接器。如果我們沒有 ETL工具，那麼可能需要一個易於使用的工具來建構簡單的資料高速公路。

　　Scribe、Snaplogic 和 Stitch 等資料高速公路工具提供了簡單的網路介面，可以連接到常見的資料來源，選擇感興趣的領域，執行基本轉換，並將資料推送到常用目的地。資料高速公路的另一種形式有助於更接近即時的整合資料。它透過觸發器進行操作，因此當原始系統中的資料發生更改時，可以將其操作並推送到輔助系統。IFTTT、Workato 和Zapier 就是這類工具的例子。這些工具對於將單個紀錄從一個 SaaS 平臺轉移到另一個 SaaS 平臺時特別有用。在評估它們時，請考慮它們整合的平臺數量、處理邏輯的功能和簡單性以及價格。

　　(4) 大數據企業平臺與資料整合功能

　　如果正在 Hadoop 或其他大數據平臺上開發功能，則可以選擇：

　　·開發腳本或使用支援大數據平臺的 ETL 工具作為端點。

　　·具有 ETL、資料治理、資料品質、資料準備和主資料功能的端到端
　　　資料管理平臺。

　　許多提供 ETL 工具的供應商也出售具有這些新型大數據功能的企業

平臺。還有像 Datameer 和 Unifi 這樣的新興平臺可以實現自助服務（如資料準備工具），並可以在 Hadoop 發行版上運行。

（5）　AI 驅動型資料整合平臺

一些下一代資料整合工具將包括人工智慧功能，以幫助自動化重複性任務或辨識難以找到的資料模式。例如，Informatica 提供了智慧資料平臺 Claire，而 Snaplogic 正在行銷 Iris，它「推動自我驅動整合」。

2. ETL

ETL 就是對資料的合併、清理和整合。透過轉換可以實現不同的原始資料在語義上的一致性。資料採集平臺主要是 ETL，它是資料處理的第一步，一切的開端。有資料庫就會有資料，就需要採集。在資料挖掘的範疇中，資料清洗的前期過程可簡單的認為是 ETL 的過程。ETL 伴隨著資料挖掘發展至今，其相關技術也已非常成熟。

（1）概念

ETL 是 Extract（提取）、Transform（轉換）、Load（加載）三個單字的首字母。ETL 負責將分散的、異構資料來源中的資料（如關係資料庫資料、平面資料文件等）抽取到臨時中間層後，進行清洗、轉換和整合，最後加載到大數據平臺中，成為為分析處理、資料挖掘提供決策支援的資料。

ETL 是建構大數據平臺重要的一環，使用者從資料來源抽取所需的資料，經過資料清洗，最終按照預先定義好的資料模型將資料加載到大數據平臺中。ETL 技術已發展得相當成熟，似乎並沒有什麼深奧之處，但在實際的項目中，卻常常在這個環節上耗費太多的人力，而在後期的維護上，往往更費腦筋。導致上面的原因往往是在項目初期沒有正確的評估 ETL 的工作，沒有認真的考慮其與工具支撐有很大的關係。

在做 ETL 產品選型的時候，仍然必不可少的要考慮 4 點：成本、人

員經驗、案例和技術支援。ETL 工具包括 Datastage、Powercenter、Kettle 等。在實際 ETL 工具應用的對比上，對元資料的支援、對資料品質的支援、維護的方便性、對客製化開發功能的支援等方面是我們選擇的切入點。一個項目，從資料來源到最終目標平臺，多則達上百個 ETL 過程，少則也有十幾個。這些過程之間的依賴關係、出錯控制以及恢復的流程處理都是工具所需要重點考慮的內容。

（2）過程

在整個資料平臺的建構中，ETL 工作占整個工作的 50% ～ 70%。要求的第一點就是，團隊合作性要好。ETL 包含 E、T、L，還有日誌的控制、資料模型、資料驗證、資料品質等方面。例如，我們要整合一個企業亞太區的資料，但是每個國家都有自己的資料來源，有的是 ERP，有的是 Access，而且資料庫都不一樣，要考慮網路的性能問題，如果直接用 JDBC 連接兩地的資料來源，這樣的做法顯然是不合理的，因為網路不好，經常連接，很容易導致資料庫連接不能釋放導致當機。如果我們在各地區的伺服器放置一個資料導出為 Access 或者文件的程式，這樣文件就可以比較方便的透過 FTP 的方式進行傳輸。下面我們指出上述案例需要做的幾項工作。

① 有人寫一個通用的資料導出工具，可以用 Java、腳本或其他的工具，總之要通用，可以透過不同的腳本文件來控制，使各地區的不同資料庫導出的文件格式是一樣的。而且還可以實現並行操作。

② 有人寫 FTP 的程式，可以用 BAT、ETL 工具或其他的方式，總之要準確，而且方便調用和控制。

③ 有人設計資料模型，包括在 1 之後導出的結構。

④ 有人寫 SP，包括 ETL 中需要用到的 SP 和日常維護系統的 SP，比如檢查資料品質之類的。

⑤ 有人分析原始資料，包括表結構、資料品質、空值和業務邏輯。

⑥ 有人負責開發流程，包括實現各種功能，還有日誌的記錄等等。

⑦ 有人測試真正好的 ETL，都是團隊來完成的，一個人的力量是有限的。

（3）　ETL 處理步驟

主要從 E、T、L 和異常處理簡單的說明。

① 資料清洗

·資料補缺：對空資料、缺失資料進行資料補缺操作，無法處理的做標記。

·資料替換：對無效資料進行資料的替換。

·格式規範化：將原始資料抽取的資料格式轉換成為目標資料格式。

·主外鍵約束：透過建立主外鍵約束，對非法資料進行資料替換或導出到錯誤文件重新處理。

② 資料轉換

·資料合併：多用表關聯實現，大小表關聯用 lookup，大大表相交用 join（每個字段加索引，保證關聯查詢的效率）。

·資料拆分：按一定規則進行資料拆分。

·行列互換、排序／修改序號、去除重複紀錄。

·資料驗證： loolup、sum、count。

實現方式包含兩種，一種是在 ETL 引擎中進行的（SQL 無法實現的）；另一種是在資料庫中進行的（SQL 可以實現的）。

③ 資料加載

·時間戳記方式：在業務表中統一添加字段作為時間戳記，當業務系統修改業務資料時，同時修改時間戳記字段值。

·日誌表方式：在業務系統中添加日誌表，業務資料發生變化時，更

新維護日誌表的內容。

・全表對比方式：抽取所有原始資料，在更新目標表之前先根據主鍵和字段進行資料比對，有更新的進行 update 或 insert。

・全表刪除插入方式：刪除目標表資料，將原始資料全部插入。

④ 異常處理

在 ETL 的過程中，面臨資料異常的問題不可避免，處理辦法為：

・將錯誤資訊單獨輸出，繼續執行 ETL，錯誤資料修改後再單獨加載。或者中斷 ETL，修改後重新執行 ETL。原則是最大限度的接收資料。

・對於網路中斷等外部原因造成的異常，設定嘗試次數或嘗試時間，超數或超時後，由外部人員手工干預。

・諸如源資料結構改變、介面改變等異常狀況，應進行同步後，再裝載資料。

ETL 不是想像中的一蹴而就，在實際過程中，你會遇到各式各樣的問題，甚至是部門之間溝通的問題。為它定義到占據整個項目 50% ～ 70% 是不足為過的。

如圖 3-17 所示是一個大數據採集平臺，提供資料獲取、清理、更換和儲存資料。該平臺允許訪問不同的資料來源，讓不同的採集任務可以同時訪問多個資料來源。它可以追蹤採集過程中的每個步驟。該產品既可以作為雲端服務部署來確保資料準備的靈活性，也可以作為內部部署的解決方案，可以整合到 Hadoop、資料庫和各種報表呈現工具中，以更快獲取價值。

圖 3-17　大數據採集平臺

　　總之，大數據現在是一個熱門話題，但企業和 IT 領導者需要明白，分析糟糕的資料意味著糟糕的分析結果，可能會造成錯誤的商業決策。正因為如此，讀者一定要高度重視資料準備。在大數據平臺建設中，推進資料標準體系建設，制定關於大數據的資料採集、資料開放、分類目錄和關鍵技術等標準，推動標準符合性評估。要加大標準實施力度，完善標準服務、評測、監督體系，堅持標準先行。

　　3. 資料 profile 能力

資料的 profile 能力包括：

· 資料集的條數、空值等。

· 針對列舉字段列舉值的統計，針對資料類型字段數值分布範圍的統計。

· 使用者自定義策略的統計。提供使用者自定義介面，可以組合各種規則統計資料集中滿足條件的資料條數。

· 針對各類指標的時序視覺化展示。資料 profile 有了時序的概念，

才能做一些資料趨勢的分析，以及監控和報警。

資料平臺應該可靈活配置資料集 profile 的運算頻率。對於不同的資料集，資料量差距很大。針對一個小表，資料集的 profile 可能秒出，大庫大表的資料集的 profile 只能定時運行了。

3.5.7　資料整合

資料整合是對導入的各類原始資料進行整合，新進入的原始資料匹配到平臺上的標準資料，或者成為系統中新的標準資料。資料整合工具對資料關聯關係進行設置。經過整合的原始資料實現了基本資訊的唯一性，同時又保留了與原始資料的關聯性。具體功能包括關鍵字匹配、自動匹配、新增標準資料和匹配品質校驗 4 個模組。有時，需要對標準資料列表中的重複資料進行合併，在合併時保留一個標準源。對一些擁有上下級關聯的資料，對它們的關聯關係進行管理設置。

資料品質校驗包括資料導入品質校驗和資料整合品質校驗兩個部分，資料導入品質校驗的工作過程是透過對原始資料與平臺資料從數量一致性、重點字段一致性等方面進行校驗，保證資料從原始資料庫導入平臺前後的一致性；資料整合品質校驗的工作是對經過整合匹配後的資料進行品質校驗，保證匹配資料的準確性，比如透過SQL腳本進行完整性校驗。

資料整合往往涉及多個整合流程，所以資料平臺一般具有 BPM 引擎，能夠對整合流程進行配置、執行和監控。

3.5.8　資料服務

將資料模型按照應用要求做了服務封裝，就構成了資料服務，這個跟業務系統中的服務概念是完全相同的，只是資料封裝比一般的功能封裝要難一點。隨著企業大數據營運的深入，各類大數據應用層出不窮，

對於資料服務的需求非常迫切，大數據如果不服務化，就無法規模化，比如某行動營運商封裝了客戶洞察、位置洞察、行銷管理、終端洞察、金融徵信等各種服務共計幾百個，每月調用量超過億次，靈活的滿足了內外大數據服務的要求。

資料服務往往需要運行在企業服務匯流排（Enterprise Service Bus，ESB）之上。ESB 基於 SOA 建構，完成資料服務的釋放、監控、統計和審計。除了直接訪問資料的服務之外，資料服務還可能包括資料處理服務、資料統計和分析服務（比如 Top N 排行榜）、資料挖掘服務（比如關聯規則分析、分類、聚類）和預測服務（比如預測模型和機器學習後的結果資料）。有時，演算法服務也屬於資料服務的一種類型。

3.5.9　資料開發

有了資料模型和資料服務還是遠遠不夠的，因為再好的現成資料和服務也往往無法滿足前端個性化的要求，資料平臺的最後一層就是資料開發，其按照開發難度也分為三個層次，最簡單的是提供標籤庫，比如，使用者可以基於標籤的組裝快速形成行銷客戶群，一般面向業務人員；其次是提供資料開發平臺，使用者可以基於該平臺訪問所有的資料並進行視覺化開發，一般面向 SQL 開發人員；最後就是提供應用環境和組件，比如頁面組件、視覺化組件等，讓技術人員可以自主打造個性化資料產品，以上層層遞進，滿足不同層次人員的要求。

3.5.10　資料平臺總結

大數據行業應用持續升溫，特別是企業級大數據市場正在進入快速發展時期。越來越多的企業期望實現資料孤島的打通，整合大量的資料資源，挖掘並沉澱有價值的資料，進而驅動更智慧的商業。隨著公司

資料爆發式成長，原有的資料庫無法承擔大量資料的處理，那麼就開始考慮大數據平臺了。大數據平臺應該支援大數據常用的 Hadoop 組件，如 HBase、Hive、Flume、Spark，也可以接 Greenplum，而 Greenplum 正好有它的外部表（也就是 Greenplum 創建一張表，表的特性叫作外部表，讀取的內容是 Hadoop 的 Hive 中的），這可以和 Hadoop 融合（當然也可以不用外部表）。透過搭建企業級的大數據平臺，打通各系統之間的資料，透過多源異構接入多個業務系統的資料，完成對大量資料的整合。大數據採集平臺應支援多樣資料來源，介面豐富，支援文件和關係型資料庫等，支援直接跨庫跨源的混合運算。

大數據平臺實現資料的分層與水平解耦，沉澱公共的資料能力。這可分為三層：資料模型、資料服務與資料開發，透過資料建模實現跨域資料的整合和知識沉澱，透過資料服務實現對於資料的封裝和開放，快速、靈活的滿足上層應用的要求，透過資料開發工具滿足個性化資料和應用的需求。圖 3-18 是某營運商的資料平臺。

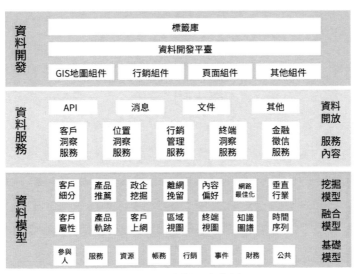

圖 3-18　資料平臺實例

資料平臺還涉及三方面內容。第一是資料技術。大家都有自己的資料中心、機房、小資料庫。但當資料累積到一定體量後，這方面的成本會非常高，而且資料之間的品質和標準不一樣，會導致效率不高等問題。因此，我們需要透過資料技術對大量資料進行採集、運算、儲存、加工，同時統一標準和口徑。第二是資料資產。把資料統一之後，會形成標準資料，再進行儲存，形成大數據資產層，進而保證為各業務提供高效能服務。第三是資料服務，包括指數，就是資料平臺面向上端提供的資料服務。

資料平臺應確保大家在使用資料的過程中，口徑、標準、時效性、效率都有保障，能有更高的可靠性和穩定性。

3.6　大數據的商用途徑

前面闡述了大數據相關的定義與相關技術，那麼大數據怎麼轉變為商業價值呢？下面我們從資料使用的幾個層面來描述。

3.6.1　資料化

首先必須有資料，就是大數據的採集與儲存。很多時候，如果我們連資料都沒有，大數據只能是空中樓閣。所以，一個想要做大數據的政府部門或企業，必須先想辦法擁有資料，或者採集、爬取、購買資料。

其次是資料互通互聯。比如一個企業內部存在很多資訊孤島，資訊孤島之間必須打通，形成統一的大數據平臺。最好的辦法其實就是企業建立一個統一的大數據平臺，當所有的資料上傳到這個大數據平臺後，資料自然就打通了。互聯其實就是資料的標準，如果想讓不同的資料來源可以相互關聯，形成更大的效應，就得有資料標準。資料標準不僅僅可以指導 ETL 過程中的資料清洗、資料校驗，好的資料標準還可以使得

無線的資料跟 PC 的資料相互關聯互通，甚至企業之間的資料關聯互通。

這些過程可以稱為資料化的過程，也就是大數據的基本要素——資料的形成。

3.6.2　演算法化

有了資料，就可以加工使用了。嚴格意義上說，是指採用大數據的相關技術對大數據進行加工、分析，並最終創造商業價值的過程。在這個過程中，最核心的就是演算法。我們提到演算法時，往往也會談到引擎，僅僅提引擎一詞，更多想到的可能是汽車的引擎。汽車引擎無論多複雜，其實輸入、輸出是很簡單的，需要的是汽油＋空氣，輸出動力（汽油的能量）。大數據的引擎可能是一組演算法的封裝，資料就是輸入的汽油，透過引擎的轉換輸出資料中的能量，提供給更上層的資料產品或者服務，從而產生商業價值。

演算法是「機器學習」的核心，機器學習又是「人工智慧」的核心，是使電腦具有智慧的根本途徑。在過去 10 年裡，機器學習促成了無人駕駛車、高效能語音辨識、精確網路搜尋及人類基因組認知的大力發展。從根本上來說，資料是不會說話的，只有資料沒有任何價值。如果擁有大量的資料，而不知道怎麼使用，就好像「坐在金山上要飯」。演算法其實指的是如何在業務過程中有效利用資料。在不遠的未來，所有業務都將成為演算法業務，演算法才是真正打開資料價值的密鑰。當演算法疊代升級時，決定其方向的不僅是資料本身的特性，更包含我們對業務本質的理解和創造新業務。這就是我們稱演算法為「引擎」而非「工具」的關鍵理由，它是智慧的核心。基於資料和演算法，完成「機器學習」，實現「人工智慧」。

3.6.3　應用化（產品化）

把使用者、資料和演算法巧妙的連接起來的是資料應用（或資料產品），這也是大數據時代特別強調資料產品重要性的根本原因。最終，大數據的成功最關鍵的一步往往是一個極富想像力的創新應用。智慧化資料產品的要求是非常高的，不僅僅是與最終使用者形成個性化、智慧化的互動，而且還要有完好的使用者體驗與突破的技術創新。比如金融行業的「秒貸」，就是基於演算法的資料智慧即時發揮作用，最終實現秒級放貸，這個是傳統的金融服務沒法想像的。這樣的智慧商業才是對傳統商業的顛覆。

比如，大數據行銷是一個熱門的大數據應用。對於多數企業而言，大數據行銷的主要價值源於以下幾個方面。

·市場預測與決策分析支援

資料對市場預測及決策分析的支援，早就在資料分析與資料挖掘盛行的年代被提出過。沃爾瑪著名的「啤酒與尿布」案例就是那個時候的傑作。只是由於大數據時代上述 Volume（規模大）及 Variety（類型多）對資料分析與資料挖掘提出了新要求。更全面、速度更及時的大數據必然對市場預測及決策分析上一個臺階提供更好的支撐。要知道，似是而非或錯誤的、過時的資料對決策者而言簡直就是災難。

·發現新市場與新趨勢

基於大數據的分析與預測，對於企業家洞察新市場與掌握經濟走向都是極大的支援。例如，微軟研究院透過大數據分析對奧斯卡各獎項的歸屬進行了預測，除最佳導演外，其他各項獎的預測全部命中。

·客戶分級管理支援

面對日新月異的新媒體，許多企業想透過對粉絲的公開內容和互動

紀錄的分析，將粉絲轉化為潛在客戶，激發社會化資產價值，並對潛在客戶進行多個維度的畫像。大數據可以分析活躍粉絲的互動內容，設定消費者畫像的各種規則，連結潛在客戶與會員資料，連結潛在客戶與客服資料，篩選目標族群做精準行銷，進而可以使傳統客戶關係管理結合社交資料，豐富客戶不同維度的標籤，並可以動態的更新消費者的生命週期資料，保持資訊新鮮有效。

·大數據用於改善使用者體驗

要改善使用者體驗，關鍵在於真正了解使用者及他們使用你的產品的狀況，做最適時的提醒。例如，在大數據時代，或許你正駕駛的汽車可以提前救你一命。只要透過遍布全車的感測器收集車輛運行資訊，在你的汽車關鍵部件發生問題之前，就會提前向你或維修中心預警，這絕不僅僅是節省金錢，而且對保護生命大有裨益。事實上，美國的 UPS 快遞公司早在 2000 年就利用這種基於大數據的預測性分析系統來檢測全美 60,000 輛車輛的即時車況，以便及時的進行防禦性修理。

·企業重點客戶篩選

許多企業家糾結的事是，在企業的使用者、好友與粉絲中，哪些是最有價值的客戶？有了大數據，或許這一切都可以更加有事實支撐。從使用者訪問的各種網站可以判斷其最近關心的東西是否與你的企業相關；從使用者在社交媒體上所發表的各類內容及與他人互動的內容中，可以找出千絲萬縷的資訊，利用某種規則關聯及綜合起來，就可以幫助企業篩選重點的目標使用者。

·競爭對手監測與品牌傳播

競爭對手在做什麼是許多企業想了解的，即使對方不會告訴你，但你卻可以透過大數據監測分析得知。品牌傳播的有效性亦可透過大數據分析找準方向。例如，可以進行傳播趨勢分析、內容特徵分析、互動使

用者分析、正負情緒分類、口碑品類分析、產品屬性分析等，可以透過監測掌握競爭對手的傳播態勢。

　　·精準行銷資訊推送支撐

　　精準行銷總在被許多公司提及，但是真正做到的少之又少，反而是垃圾資訊泛濫。究其原因，主要是過去名義上的精準行銷並不怎麼精準，因為其缺少使用者特徵資料的支撐及詳細準確的分析。相對而言，現在的 RTB（Real Time Bidding，即時競價）廣告等應用則向我們展示了比以前更好的精準性，而其背後靠的就是大數據支撐。

　　·消費者行為與特徵分析

　　只要累積足夠的消費者資料，就能分析出消費者的喜好與購買習慣，甚至做到「比消費者更了解消費者自己」。有了這一點，才是許多大數據行銷的前提與出發點。無論如何，那些過去將「一切以客戶為中心」作為口號的企業可以想想，過去你們真的能及時、全面的了解客戶的需求與所想嗎？或許只有大數據時代這個問題的答案才更明確。

　　·品牌危機監測及管理支援

　　新媒體時代，品牌危機使許多企業談虎色變，然而大數據可以讓企業提前有所洞悉。在危機爆發的過程中，最需要的是追蹤危機傳播趨勢辨識重要參與人員，方便快速應對。大數據可以採集負面定義內容，及時啟動危機追蹤和報警，按照人群社會屬性分析聚類事件過程中的觀點，辨識關鍵人物及傳播路徑，進而可以保護企業、產品的聲譽，抓住源頭和關鍵節點，快速有效的處理危機。

3.6.4　生態化

　　大數據時代將催化出大數據生態。基於底層的技術平臺，上層開放則可以形成豐富的生態。透過開放式的平臺凝聚行業的力量，為更多的

企業和個人提供大數據服務。大數據生態表現在以下兩個方面。

·資料交換／交易平臺

人工智慧的基石就是資料，作為人工智慧的第一要務，資料是最重要的。資料作為生產資料，好比汽車的汽油，沒有汽油，再高級的汽車也無法運轉。而資料的來源往往是多方面的，未來一個企業所用到的資料往往不僅僅是自身的資料，甚至是多個管道交換、整合、購買過來的資料。對於大數據商業形態，資料一定是流動的，資料只有整合關聯，才能發揮更大的價值。但是資料要實現交換、交易，我們最終所必須解決的是法律法規、資料標準等一系列問題。

·演算法經濟／生態

演算法是人工智慧應用的基石，是大數據的核心價值。多個機器學習演算法可以結合起來成為更強大的演算法，從而更好的分析資料，充分挖掘資料中的價值。Gartner 認為，無可避免的，演算法經濟將創造一個全新的市場。人們可以對各種演算法進行買賣，為當下的公司匯聚大量的額外收入，並催生出全新一代的專業技術初創企業。想像這樣一個市場：數十億的演算法都是可以買賣的，每一個演算法代表的是一種軟體程式碼，能解決一個或多個技術難題，或者從物聯網的指數級成長中創造一個新的機會。在演算法經濟中，對於尖端的技術項目，無論是先進的智慧助理，還是能夠自動運算庫存的無人機，最終都將落實成為實實在在的程式碼，供人們交易和使用。

廣義的演算法存在於大數據的整個閉環之中，大數據平臺、ETL（資料採集、資料清洗、資料脫敏等）、資料加工、資料產品等每一個層面都會有演算法支援。演算法可以直接交易，也可以包裝成產品、工具、服務，甚至平臺來交易，最終形成大數據生態中的一個重要組成部分。人們將會透過產品使用的演算法來評價它的性能好壞。企業的競爭力也不

僅僅在於大數據，還要有能夠把資料轉換為實際應用的演算法。因此，CEO 應該關注公司有產權的演算法，而不僅僅是大數據。正在湧現的機器學習平臺可憑藉「模型作為服務」的方式，託管預訓練過的機器學習模型，從而令企業能夠更容易的開啟機器學習，快速將其應用從原型轉化成產品。企業接入並使用不同的機器學習模型和服務以提供特定功能的能力將變得越來越有價值。

所有的這一切最終也離不開雲端運算，資料平臺天然就是基於雲端運算來實現的。而資料交換、演算法交易則需要一個商店，雲端就是目前最好的商店。無論是資料的互通，還是基於雲端預訓練、託管的機器學習模型，都將促使每個公司的資料產品能夠大規模的利用演算法智慧。

3.7　大數據產業

3.7.1　大數據產業界定

1990 年以來，在摩爾定律的推動下，運算儲存和傳輸資料的能力在以指數級的速度成長，每吉位元組（GB）儲存器的價格每年下降 40%。2000 年以來，以 Hadoop 為代表的分散式儲存和運算技術迅猛發展，極大的提升了資料管理能力，網路企業對大量資料的挖掘利用大獲成功，引發全社會開始重新審視「資料」的價值，開始把資料當作一種獨特的策略資源對待。大數據的所謂 3V 特徵（體量大、結構多樣、產生處理速度快）主要是從以下角度描述的。

從技術視角看，大數據代表新一代資料管理與分析技術。傳統的資料管理與分析技術以結構化資料為管理對象，在小資料集上進行分析，以集中式架構為主，成本高昂。與「貴族化」的資料分析技術相比，源於網際網路、面向多源異構資料、在超大規模資料集（拍位元組〔PB〕

量級）上進行分析、以分散式架構為主的新一代資料管理技術，與開源軟體潮流疊加，在大幅提高處理效率的同時（資料分析從 T ＋ 1 到 T ＋ 0 甚至即時），成百倍的降低了資料應用成本。

從理念視角看，大數據打開了一種全新的思維角度。其一是「資料驅動」，即經營管理決策可以自下而上的由資料來驅動，甚至像量化股票交易、即時競價廣告等場景中那樣，可以由機器根據資料直接決策；其二是「資料閉環」，觀察網路行業大數據案例，它們往往能夠構造起包括資料採集、建模分析、效果評估到反饋修正各個環節在內的完整「資料閉環」，從而不斷的自我升級，螺旋上升。目前很多「大數據應用」，要麼資料量不夠大，要麼並非必須使用新一代技術，但展現了資料驅動和資料閉環的思維，改進了生產管理效率，這是大數據思維理念應用的表現。

大數據本身既能形成新興產業，也能推動其他產業發展。當前，中外缺乏對大數據產業的公認界定。我們認為，大數據產業可以從狹義和廣義兩個層次界定。從狹義看，當前全球圍繞大數據採集、儲存、管理和挖掘，正在逐漸形成一個「小生態」，即大數據核心產業。大數據核心產業為全社會大數據應用提供資料資源、產品工具和應用服務，支撐各個領域的大數據應用，是大數據在各個領域應用的基石，如圖 3-19 所示。應該注意到，狹義大數據產業仍然圍繞資訊的採集加工建構，屬於資訊產業的一部分。

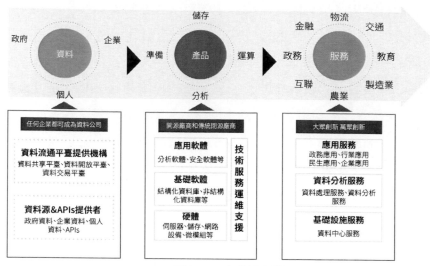

圖 3-19　大數據產業

　　資料資源部分負責原始資料的供給和交換，根據資料來源的不同，可以細分為資料資源提供者和資料交易平臺兩種角色。資料基礎能力部分負責與資料生產加工相關的基礎設施和技術要素供應，根據資料加工和價值提升的生產流程，資料基礎能力部分主要包括資料儲存、資料處理和資料庫（資料管理）等多個角色。資料分析／視覺化部分負責資料隱含價值的挖掘、資料關聯分析和視覺化展現等，既包括傳統意義上的 BI、視覺化和通用資料分析工具，也包括面向非結構化資料提供的語音、圖像等媒體辨識服務。資料應用部分根據資料分析和加工的結果，面向電商、金融、交通、氣象、安全等細分行業提供精準行銷、信用評估、交通引導、資訊防護等企業或公眾服務。

　　目前大數據產業的統計口徑尚未建立。對於中國大數據產業的規模，各個研究機構均採取間接方法估算。根據多個管理顧問機構的預測，2018年中國大數據市場規模將達到 280 億人民幣，未來 5 年（2018 ～ 2022）年均複合成長率約為 27.29%，2022 年將達到 735 億人民幣。

從廣義看，大數據具有通用技術的屬性，能夠提升運作效率，提高決策水準，從而形成由資料驅動經濟發展的「大生態」，即廣義大數據產業。廣義大數據產業包含大數據在各個領域的應用，已經超出了資訊產業的範疇。美國麥肯錫預計，到 2020 年，美國大數據應用帶來的增加值將占 2020 年 GDP 的 2%～4%。中國信息通信研究院預計，到 2020 年，大數據將帶動中國 GDP 成長 2.8%～4.2%。總之，在智慧化技術發展和資料價值不斷提升的資料資產化共同推動下，數位經濟是從業務資料化到資料業務化的不斷循環漸進的過程，這也就意味著資料與業務的結合仍是大數據時代新技術應用的核心。

3.7.2　大數據技術發展的推動力

1. 社交網路和物聯網技術拓展了資料採集技術管道

經過行業資訊化建設，醫療、交通、金融等領域已經累積了許多內部資料，構成大數據資源的「存量」；而行動網路和物聯網的發展，大大豐富了大數據的採集管道，來自外部社交網路、可穿戴設備、車聯網、物聯網及政府公開資訊平臺的資料將成為大數據增量資料資源的主體。

當前，行動網路的深度普及為大數據應用提供了豐富的資料來源。根據中國互聯網路資訊中心（CNNIC）的報告，截至 2017 年 12 月，中國網民規模達 7.72 億，普及率達到 55.8%，超過全球平均水準（51.7%）4.1 個百分點。全年共計新增網民 4,074 萬人，成長率為 5.6%。中國手機網民規模達 7.53 億，網民中使用手機上網的人群占比由 2016 年的95.1% 提升至 97.5%。線下企業透過與網路企業的合作，或者利用開放的應用程式介面（API）或網路爬蟲，可以採集到豐富的網路資料，可以作為內容資料的有效補充。

另外，快速發展的物聯網也將成為越來越重要的大數據資源提供

者。相對於現有網際網路資料雜亂無章和價值密度低的特點，透過可穿戴、車聯網等多種資料採集終端定向採集的資料資源更具利用價值。例如，智慧化的可穿戴設備經過幾年的發展，智慧手環、腕帶、手錶等可穿戴設備正在走向成熟，智慧自行車等設備層出不窮。根據 IDC 公司預計，到 2020 年之前，可穿戴設備市場的年複合成長率將為 20.3%，而 2020 年將達到 2.136 億臺。可穿戴設備可以 7×24 小時不間斷的收集個人健康資料，在醫療保健領域有廣闊的應用前景，一旦技術成熟，設備測量精度達到醫用要求，電池續航能力也有顯著增強，就很可能會進入大規模應用階段，從而成為重要的大數據來源。例如，車聯網已經進入快速成長期，據國外公司預計，2016 年前，車聯網市場滲透率將達到 19%，在未來 5 年內迎來發展黃金期，2020 年將達到 49%。

　　不過，值得注意的是，即使外部資料越來越豐富，但可獲取性還不夠高，一方面受目前技術水準所限，車聯網、可穿戴設備等資料採集精度、資料清洗技術和資料品質還達不到實用要求；另一方面，由於體制機制原因，導致行業和區域上的條塊分割、資料割據和孤島普遍存在，跨企業、跨行業資料資源的融合仍然面臨諸多障礙。根據中國信息通信研究院對中國國內 800 多家企業的調查研究來看，有 50% 以上的企業把內部業務平臺資料、客戶資料和管理平臺資料作為大數據應用最主要的資料來源。企業內部資料仍是大數據的主要來源，但對外部資料的需求日益強烈。當前，有 32% 的企業透過外部購買獲得資料，只有 18% 的企業使用政府開放的資料。如何促進大數據資源建設，提高資料品質，推動跨界融合流通，是推動大數據應用進一步發展的關鍵問題之一。

　　2. 分散式儲存和運算技術加固了大數據處理的技術基礎

　　大數據儲存和運算技術是整個大數據系統的基礎。在儲存方面，2000 年左右，Google 等提出的文件系統以及隨後的 Hadoop 分散式文

件系統 HDFS 奠定了大數據儲存技術的基礎。與傳統系統相比，GFS/HDFS 將運算和儲存節點在物理上結合在一起，從而避免在資料密集運算中易形成的 I/O 吞吐量的制約，同時這類分散式儲存系統的文件系統也採用了分散式架構，能達到較高的併發訪問能力。

在運算方面，Google 在 2004 年公開的 MapReduce 分散式並行運算技術是新型分散式運算技術的代表。一個 MapReduce 系統由廉價的通用伺服器構成，透過添加伺服器節點可線性擴展系統的總處理能力，在成本和可擴展性上都有強大的優勢。Google 的 MapReduce 是其內部網頁索引、廣告等核心系統的基礎。之後出現的 Apache Hadoop MapReduce 是 GoogleMapReduce 的開源實現，目前已經成為應用最廣泛的大數據運算軟體平臺。

MapReduce 架構能夠滿足「先儲存後處理」的離線批次運算需求，但也存在局限性，最大的問題是時延過長，難以適用於機器學習疊代、串流處理等即時運算任務，也不適合針對大規模圖資料等特定資料結構進行快速運算。為此，業界在 MapReduce 的基礎上提出了多種不同的並行運算技術路線。例如 Storm 系統是針對「邊到達邊運算」的即時串流運算框架，可在一個時間窗口上對資料流進行線上即時分析，已經在即時廣告、微博等系統中得到應用。此外，還出現了將 MapReduce 記憶體化以提高即時性的框架，針對大規模圖資料進行最佳化的 Pregel 系統等等。

以 Hadoop 為代表的開源軟體大幅度降低資料的儲存與運算的成本。傳統資料儲存和分析的成本約為 3 萬美元／ TB，而採用 Hadoop 技術，成本可以降到 300 美元～ 1000 美元／ TB。新一代運算平臺 Spark 進一步把 Hadoop 性能提升了 30 多倍，性能越來越高，技術門檻越來越低。目前，開源 Hadoop 和 Spark 已經形成了比較成熟的產品

供應體系，基本上可以滿足大部分企業建設大數據儲存和分析平臺的需求，為企業提供了低成本解決方案。

3. 深度神經網路等新興技術開闢大數據分析技術的新時代

資料分析技術一般分為聯機分析處理和資料挖掘兩大類。OLAP 技術一般基於使用者的一系列假設，在多維資料集上進行互動式的資料集查詢、關聯等操作來驗證這些假設，代表了演繹推理的思想方法。

資料挖掘技術一般是在大量資料中主動尋找模型，自動發展隱藏在資料中的模式，代表了歸納的思想方法。傳統的資料挖掘算法主要有以下幾種。

（1）聚類，又稱集群分析，是研究（樣品或指標）分類問題的一種統計分析方法，針對資料的相似性和差異性將一組資料分為幾個類別。屬於同一類別的資料間的相似性很大，但不同類別之間的資料的相似性很小，跨類的資料關聯性很低。企業透過使用聚類分析演算法可以進行客戶分群，在不明確客戶群行為特徵的情況下對客戶資料從不同維度進行分群，再對分群客戶進行特徵提取和分析，從而抓住客戶的特點推薦相應的產品和服務。

（2）分類，類似於聚類，但是目的不同，分類可以使用聚類預先生成的模型，也可以透過經驗資料找出一組資料對象的共同點，將資料劃分成不同的類，其目的是透過分類模型將資料項映射到某個給定的類別中，代表演算法是 CART（分類與迴歸樹）。企業可以將使用者、產品、服務等各業務資料進行分類，建構分類模型，再對新的資料進行預測分析，使之歸於已有類中。分類演算法比較成熟，分類準確率也比較高，對於客戶的精準定位、行銷和服務有著非常好的預測能力，幫助企業進行決策。

（3）迴歸，反映了資料的屬性值的特徵，透過函數表達資料映射的關係來發現屬性值之間的一覽關係。它可以應用到對資料序列的預測和

相關關係的研究中。企業可以利用迴歸模型對市場銷售情況進行分析和預測，及時做出對應策略的調整。在風險防範、反欺詐等方面也可以透過迴歸模型進行預警。

傳統的資料分析方法，無論是傳統的 OLAP 技術還是資料挖掘技術，都難以應付大數據的挑戰。首先是執行效率低。傳統資料挖掘技術都是基於集中式的底層軟體架構開發的，難以並行化，因而在處理兆位元組（TB）級以上的資料時效率低。其次是資料分析精度難以隨著資料量的提升而得到改進，特別是難以應對非結構化資料。在人類全部數位化的資料中，僅有非常小的一部分（約占總資料量的 1%）數值型資料得到了深入分析和挖掘（如迴歸、分類、聚類），大型網路企業對網頁索引、社交資料等半結構化資料進行了淺層分析，占總量近 60% 的語音、圖片、影片等非結構化資料還難以進行有效的分析。

所以，大數據分析技術的發展需要在兩個方面獲得突破，一是對體量龐大的結構化和半結構化資料進行高效率的深度分析，挖掘隱性知識，如從自然語言構成的文本網頁中理解和辨識語義、情感、意圖等；二是對非結構化資料進行分析，將大量複雜多源的語音、圖像和影片資料轉化為機器可辨識的、具有明確語義的資訊，進而從中提取有用的知識。目前來看，以深度神經網路等新興技術為代表的大數據分析技術已經得到一定發展。

神經網路是一種先進的人工智慧技術，具有自行處理、分散儲存和高度容錯等特性，非常適合處理非線性的以及模糊、不完整、不嚴密的知識或資料，十分適合解決大數據挖掘的問題。典型的神經網路模型主要分為三大類：第一類是用於分類預測和模式辨識的前饋式神經網路模型，其主要代表為函數型網路、感知器；第二類是用於聯想記憶和最佳化演算法的反饋式神經網路模型，以 Hopfield 的離散模型和連續模型

為代表。第三類是用於聚類的自組織映射方法，以 ART 模型為代表。不過，雖然神經網路有多種模型及演算法，但在特定領域的資料挖掘中使用何種模型及演算法並沒有統一的規則，而且人們很難理解網路的學習及決策過程。

深度學習是近年來機器學習領域最令人矚目的方向。自 2006 年深度學習界泰斗 Geoffrey Hinton 在《Science》雜誌上發表 Deep Belief Networks 的論文後，激發了神經網路的研究，開啟了深度神經網路的新時代。學術界和工業界對深度學習熱情高漲，並逐漸在語音辨識、圖像辨識、自然語言處理等領域獲得突破性進展，深度學習在語音辨識領域的準確率獲得了 20% ～ 30% 的提升，突破了近十年的瓶頸。2012 年，圖像辨識領域在 ImageNet 圖像分類競賽中獲得了 85% 的 Top 5 準確率，相比前一年 74% 的準確率有里程碑式的提升，並進一步在 2013 年將準確率提高到了 89%。目前，Google、Facebook、微軟、IBM 等國際龍頭，以及中國的百度、阿里巴巴、騰訊等網路龍頭爭相布局深度學習。由於神經網路演算法的結構和流程特性非常適合大數據分散式處理平臺進行運算，透過神經網路領域的各種分析演算法的實現和應用，公司可以實現對多樣化的分析，並在產品創新、客戶服務、行銷等方面獲得創新性進展。

隨著網際網路與傳統行業融合程度日益加深，對於 Web 資料的挖掘和分析成為需求分析和市場預測的重要方法。Web 資料挖掘是一項綜合性的技術，可以從文件檔案結構和使用集合中發現隱藏的輸入到輸出的映射過程。目前研究和應用比較多的是 PageRank 演算法。PageRank 是 Google 演算法的重要內容，於 2001 年 9 月被授予美國專利，以 Google 創始人之一賴利・佩吉（Larry Page）命名。PageRank 根據網站外部連結和內部連結的數量和品質衡量網站的價值。這個概念的靈感來自於學術研究中的一種現象，即一篇論文被引述的頻率越高，一般會

判斷這篇論文的權威性和品質越高。在網際網路場景中，每個到頁面的連結都是對該頁面的一次投票，被連結的越多，就意味著被其他網站投票越多。這就是所謂的連結流行度，可以衡量多少人願意將他們的網站和你的網站掛鉤。

需要指出的是，資料挖掘與分析的行業與企業特點強，除了一些最基本的資料分析工具外，目前還缺少針對性的、一般化的建模與分析工具。各個行業與企業需要根據自身業務建構特定的資料模型。資料分析模型建構的能力強弱成為不同企業在大數據競爭中獲勝的關鍵。

3.7.3 重點行業的大數據應用

傳統的資料應用主要集中在對業務資料的統計分析，作為系統或企業的輔助支撐，應用範圍以系統內部或企業內部為主，例如各類統計報表、展示圖表等。伴隨著各種隨身設備、物聯網和雲端運算、雲端儲存等技術的發展，資料內容和資料格式多樣化，資料顆粒度也愈來愈細，隨之出現了分散式儲存、分散式運算、串流處理等大數據技術，各行業基於多種甚至跨行業的資料來源相互關聯探索更多的應用場景，同時更注重面向個體的決策和應用的時效性。因此，大數據的資料形態、處理技術、應用形式構成了區別於傳統資料應用的大數據應用。

一方面，大數據在各個領域的應用持續升溫；另一方面，大數據的效益尚未充分驗證。大多數的大數據系統尚處於早期部署階段，因此它們的投資報酬還未得到充分驗證。大數據前景很美好，同時也可能存在「呼攏」出來的「泡沫」成分。整體來看，大數據應用尚處於從熱門行業領域向傳統領域滲透的階段。中國信息通信研究院的調查顯示，大數據應用水準較高的行業主要分布在網路、電信、金融行業，一些傳統行業的大數據應用發展較為緩慢。

第 3 章　資料

1. 電信領域

電信行業掌握體量龐大的資料資源，單個營運商的手機使用者每天產生的通聯紀錄、信令資料、上網日誌等資料就可以達到拍位元組（PB）級規模。電信行業利用 IT 技術採集資料改善網路營運、提供客戶服務已有數十年的歷史，而傳統處理技術下，營運商實際上只能用到其中百分之一左右的資料。

大數據對於電信營運商而言，一是意味著利用廉價、便捷的大數據技術提升其傳統的資料處理能力，聚合更多的資料提升洞察能力。例如，美國 T-Mobile 借助大數據加快了診斷網路潛在問題的效率，改善服務水準，為客戶提供了更好的體驗，獲得了更多的客戶以及更高的業務成長。中國移動、德國電信利用大數據技術加大對歷史資料的分析，動態最佳化調整網路資源配置，大幅提高無線網路的運行效率。T-Mobile 透過整合資料綜合分析客戶流失的原因，在一個季度內將客戶流失率減半。SK電訊成立SK Planet公司專門處理與大數據相關的業務，透過分析客戶的使用行為防止客戶流失。中國聯通利用大數據技術對全中國 3G/4G 使用者進行精準畫像，形成大量有價值的標籤資料，為客戶服務和市場行銷提供了有力支援。中國移動透過對消費、通話、位置、瀏覽、使用和交往圈等資料的分析，利用各種關聯紀錄發現各種圈子，分析影響力及關鍵人員，用來進行家庭客戶、政企客戶和關鍵客戶的辨識，以實現主動行銷和客戶維繫。

二是提高資料意識，尋求合適的商業模式，嘗試資料價值的外部變現。主要有資料即服務（Data-as-a-Service，DaaS）和分析即服務（Analytics-as-a-Service，AaaS）兩種模式，資料即服務模式往往透過開放資料或開放 API 的方式直接向外出售脫敏後的資料；分析即服務模式往往與第三方公司合作，利用脫敏後的（自身或整合外部）資料資源

為政府、企業或行業客戶提供通用資訊、資料建模、策略分析等多種形式的資訊和服務，以創造外部收益，實現資料資源變現。

　　資料即服務方面，AT&T 將客戶在 WiFi 網路中的地理位置、網路瀏覽歷史紀錄以及使用的應用程式等資料銷售給廣告公司獲取可觀收益；英國電信基於安全資料分析服務 Assure Analytics，幫助企業收集、管理和評估大資料集，將這些資料透過視覺化的方式呈現給企業，幫助企業改進決策；德國電信和沃達豐主要嘗試透過開放 API，向資料挖掘公司等合作方提供部分使用者匿名的地理位置資料，以掌握人群交通規律，有效的與一些 LBS 應用服務對接。限於中國國內對資料交易流通方面缺乏明確規定，中國國內營運商很少嘗試資料即服務模式。

　　分析即服務方面，西班牙電信成立了動態洞察部門 Dynamic Insights 發展大數據業務，與市場研究機構 Gfk 進行合作，在英國、巴西推出名為智慧足跡的創新產品，該產品基於完全匿名和聚合的行動網路資料，可對某個時段、某個地點人流量的關鍵影響因素進行分析，並將洞察結果面向政企客戶提供；Verizon 成立精準行銷部門（Precision Marketing Division），提供精準行銷洞察、精準行銷、行動商務等服務，包括聯合第三方機構對其使用者集群進行大數據分析，再將有價值的資訊提供給政府或企業獲取額外價值；中國電信在大數據 RTB 精準廣告業務（根據客戶行為和位置分析進行商店選址和實施行銷）、景區流動人口監測業務、基於客戶行為的中小微企業通用信用評價等方面均有嘗試，且成效顯著，借助對不同行業、不同類型企業的行為資料分析，中國電信的「貸 189」平臺，一個月吸引了中小企業 580 家、金融機構 24 家，訂單成交額達 3,368 萬人民幣。中國移動和中國聯通也與第三方合作，推展智慧旅遊、智慧交通、智慧城市等項目，探索資料外部變現的新型商業模式，尋找新的業務成長點。

2. 金融領域

　　金融行業是資訊產業之外大數據的又一重要應用領域，大數據在金融三大業務——銀行、保險和證券中均具有較為廣闊的應用前景。整體來說，金融行業的主要業務應用包括企業內外部的風險管理、信用評估、借貸、保險、理財、證券分析等，都可以透過獲取、關聯和分析更多維度、更深層次的資料，並透過不斷發展的大數據處理技術得以更好、更快、更準確的實現，從而使得原來不可擔保的信貸可以擔保，不可保險的風險可以保險，不可預測的證券行情可以預測。

　　利用大數據可以提升金融企業內部的資料分析能力。中國中信銀行信用卡中心從 2010 年開始引入大數據分析解決方案，為企業中心提供了統一的客戶視圖。借助客戶統一視圖可以從交易、服務、風險、權益等多個層面獲取和分析資料，對客戶按照低、中、高價值來進行分類，根據銀行整體經營策略積極的提供相應的個性化服務，在降低成本的同時大幅提升精準行銷能力。更多的金融企業利用大數據技術整合來自網際網路等管道的更多的外部資料。

　　淘寶網的「阿里小貸」依託阿里巴巴（B2B）、淘寶、支付寶等平臺資料，大量的交易資料在阿里的平臺上運行，阿里透過對商家最近 100 天的資料分析，準確的掌握商家可能存在的資金問題。美國的 Lending Club 透過獲取 eBay 等公司的網店店主的銷售紀錄、信用紀錄、顧客流量、評論、商品價格和存貨等資訊，以及他們在 Facebook 和 Twitter 上與客戶的互動資訊，借助資料挖掘技術，把這些店主分成不同的風險等級，以此來確定提供貸款金額數量與貸款利率的水準。

　　眾安保險不斷改進其資料分析模型和挖掘方式，建構了強大的大數據能力，推出了針對高頻小額事件的運費險。中國一款網路車險產品利用手機獲取車主駕駛行為的資料，結合車型因素、違規歷史資料、個人

信用資料等維度資訊，對車主安全行為畫像，從而進行風險定價。IBM使用大數據資訊技術成功開發了「經濟指標預測系統」，可透過統計分析新聞中出現的單字等資訊來預測股價等走勢。另外，英美甚至中國都有基於社交網路的證券投資的探索，根據從 Twitter、微博等社交網路資料內容感知的市場情緒來進行投資。

3. 政務領域

大數據的政務應用獲得了世界各國政府的日益重視。美國 2012 年啟動了「大數據研究和發展計畫」，日本 2013 年正式公布以大數據為核心的新 IT 國家策略，英國政府透過高效能的使用公共大數據技術每年可以節省 330 億英鎊，相當於英國人每人每年節省 500 英鎊。中國政府也非常重視利用大數據提升國家治理能力，其《國務院關於印發促進大數據發展行動綱要的通知》提出「大數據成為提升政府治理能力的新途徑」，要「打造精準治理、多方合作的社會治理新模式」。

首先，大數據有助於提升政府提供的公共產品和服務。一方面，基於政務資料共享互通，實現政務服務一號認證（身分認證號）、一窗申請（政務服務大廳）、一網辦事（聯網辦事），大大簡化了辦事手續。另一方面，透過建設醫療、社保、教育、交通等民生事業大數據平臺，有助於提升民生服務，同時引導鼓勵企業和社會機構推展創新應用研究，深入發掘公共服務資料，有助於激發社會活力、促進大數據應用市場化服務。

其次，大數據支援宏觀調控科學化。政府透過對各部門、社會企業的經濟相關資料進行關聯分析和融合利用，可以提高宏觀調控的科學性、預見性和有效性。比如電商交易、人流、物流、金融等各類資訊的融合交匯可以繪出國家經濟發展的氣象雲圖，幫助人們了解未來經濟走向，提前預知通貨膨脹或經濟危機。

再次，大數據有助於政府加強事中、事後的監管和服務，提高監管和服務的針對性、有效性。中國政府提出了 4 項主要目標：一是提高政府運用大數據的能力，增強政府服務和監管的有效性；二是推動簡政放權和政府職能轉變，促進市場主體依法誠信經營；三是提高政府服務水準和監管效率，降低服務和監管成本；四是實現政府監管和社會監督有機結合，建構全方位的市場監管體系。「大數據綜合治稅」、「大數據信用體系」等以大數據融合加強企業事中、事後監管的新模式的探索正在中國各地展開。

最後，大數據有助於推動權利管控精準化。借助大數據實現政府負面清單、權利清單和責任清單的透明化管理，完善大數據監督和技術反腐體系，促進政府依法行政。

總之，大數據超越了傳統行政的思考模式，推動政府從「經驗治理」轉向「科學治理」。隨著國家大數據策略漸次明細，各方實踐逐步展開，大數據在政府領域的應用將迎來高速發展。

4. 交通領域

交通資料資源豐富，具有即時性特徵。在交通領域，資料主要包括各類交通運行監控、服務和應用資料，如公路、航道、客運場站和港口等影片監控資料，城市和高速公路、幹線公路的各類流量、氣象檢測資料，城市公車、計程車和客運車輛的衛星定位資料，以及公路和航道收費資料等，這些交通資料類型繁多，而且體積龐大。此外，交通領域的資料採集和應用服務均對即時性要求較高。目前，大數據技術在交通運行管理最佳化、面向車輛和出行者的智慧化服務，以及交通應急和安全保障等方面都有著重大發展。

在交通方面，面向大眾出外資訊需求，整合交通服務資訊，在公共交通、出租汽車、道路交通、公共停車、公路客運等領域擴大資訊服務

涵蓋面，使大眾交通更便捷。可以提供綜合性、多層次資訊服務，包括交通資訊、即時路況、公車車輛動態資訊、停車動態資訊、水上客運、航班和鐵路等動態資訊服務以及交通路徑規畫、出租叫車等資訊互動服務。例如，滴滴、Uber叫車軟體提供計程車、快車、專車、順風車服務，同時接入地圖、路線查詢、即時路況、線上支付等相關服務。智慧停車軟體也進入市場，如停簡單、好停車、PP停車等，實現停車行業與動態交通的有效銜接。

在物流方面，物流資料可以為物流市場預測、物流中心選址、最佳化配送路線、倉庫儲位最佳化等提供支撐，甚至能夠提供交通路況、車輛運行、社會經濟發展動態的資訊。對於跨境物流，整合集口岸監管、物流運輸、航運資訊，可以實現物流產業鏈的業務單據、車輛船舶動態、通關狀態等要素資訊的跨行業、跨區域貫通，提高物流效率。

在管理方面，利用交通行業資料支撐交通管理與決策。利用資料挖掘技術可以深入研究交通網最佳化，為行業發展趨勢研判、政策制定及效果評估等提供支撐保障。此外，交通與公安、城管、環保等相關職能部門的大數據平臺對接，可以提高跨領域管理能力。在營運方面，整合行業資料，形成地面公車、出租汽車、軌道交通、路網建設、汽車服務、港口、航空等領域的一體化智慧管理。透過車載、營運資料的精確、即時採集可以實現公車調度、行車安全監控、公車場站管理，支援公車安全、服務、成本管控的全過程管理和互動。透過打通出租汽車電調平臺與網路叫車平臺之間的資訊管道，可以提供多管道便捷的叫車服務，實現對出租汽車服務品質的動態追蹤、評估和管理。對軌道交通線網基礎設施、運行狀況、營運資料、服務品質、隱患治理、安全保護區等進行監測，可以實現安全管理和應急協同。

5. 醫療領域

醫療衛生領域每年都會產生大量的資料，一般的醫療機構每年會產生 1TB ～ 20TB 的相關資料，個別大規模醫院的年醫療資料甚至達到了拍位元組（PB）級別。從資料種類上來看，醫療機構的資料不僅涉及服務結算資料和行政管理資料，還涉及大量複雜的門診資料，包括門診紀錄、住院紀錄、影像學紀錄、用藥紀錄、手術紀錄、醫保資料等，作為醫療患者的醫療檔案，顆粒度極為細膩。所以醫療資料無論從體量還是種類上來說都符合大數據的特徵，基於這些資料，可以有效輔助臨床決策支撐臨床方案。同時，透過對疾病的流行病學分析，還可以對疾病危險進行分析和預警。

臨床中遇到的疑難雜症，有時即使是專家也缺乏經驗，很難做出正確的診斷，治療也更加困難。臨床決策支援系統可以透過大量文獻的學習和不斷的錯誤修正給出最適宜的診斷和最佳治療。大數據分析技術將使臨床決策支援系統更智慧，這得益於對非結構化資料的分析能力日益加強。比如可以使用圖像分析和辨識技術辨識醫療影像（X 光、CT、MRI）資料，或者挖掘醫療文獻資料，建立醫療專家資料庫，從而向醫生提出診療建議。此外，臨床決策支援系統還可以使醫療流程中大部分的工作流向護理人員和助理醫生，使醫生從耗時過長的簡單諮詢工作中解脫出來，從而提高治療效率。以 IBM Watson 為代表的臨床決策系統在開發之初只是用來進行分診的工作。而如今，透過建立醫療文獻及專家資料庫，Watson 已經可以依據與療效相關的臨床、病理及基因等特徵，為醫生提出規範化臨床路徑及個體化治療建議，不僅可以提高工作效率和診療品質，也可以減少不良反應和治療差錯。在美國兒科重症病房的研究中，臨床決策支援系統就避免了 40% 的藥品不良反應事件。世界各地的很多醫療機構已經開始了比較效果研究（Comparative

Effectiveness Research，CER）項目並獲得了初步成功。

　　大量的基因資料、臨床實驗資料、環境資料以及居民的行為與健康管理資料形成了「大數據」，同時隨著人類對疾病與基因之間映射關係認識的加深，基因測序成本的下降，可穿戴設備的普及，監控設備的微型化，行動連接和網路涵蓋範圍的擴大和大數據處理能力的大幅提升，針對患者個體的精準醫療和遠端醫療成為可能。透過收集和分析資料，醫生可以更好的判斷病人的病情，可實現電腦遠端監護，對慢性病進行管理。透過對遠端監控系統產生的資料進行分析，可以減少病人住院的時間，減少急診量，實現提高家庭護理比例和門診醫生預約量的目標。

　　公共衛生部門可以透過涵蓋全國的患者電子病歷資料庫快速檢測傳染病，進行全面的疫情監測，並透過整合疾病監測和響應程式快速進行響應。百度透過對中國各地的使用者產生的搜尋日誌的分析，提供中國331 個地級市、2,870 個區縣的疾病態勢。百度還準備將社交媒體資料、問答社群資料，甚至是各地區天氣變化、各地疾病人群遷徙等特徵資料融合到預測裡，進一步提高預測的準確性。很多研究者試圖利用其他管道（比如社交網站）的資料來預測流感。紐約羅徹斯特大學的一個資料挖掘團隊就曾利用 Twitter 的資料進行了嘗試，研究者在一個月內收集了 60 餘萬人的 440 萬筆 Twitter 資訊，挖掘其中的身體狀態資訊。分析結果顯示，研究人員可以提前 8 天預報流感對個體的侵襲狀況，而且準確率高達 90%。

　　基因測序研究一直是大數據應用的重點領域，隨著大數據處理能力的不斷提升，該領域的研究也進展顯著。隨著運算能力和基因測序能力逐步增加，美國哈佛醫學院個人基因組項目負責人認為，2015 年會有 5,000 萬人擁有個人基因圖譜，而一個基因組序列文件大小約為750MB。成立於 2011 年的初創公司 Bina Technology 主要從事的工作

就是利用大數據來分析人類的基因序列，其分析成果將為研究機構、臨床醫師等下游醫療服務行業提供最基礎的研究素材。在與史丹佛大學研究者進行的試點研究結果顯示，Bina Technology 平臺利用大數據處理技術在 5 個小時內可完成幾百人的基因序列分析，按照傳統的分析方法需要花費一週時間來完成。

6. 旅遊領域

在旅遊行業，大數據平臺可以收集網際網路，例如論壇、部落格、微博、微信、電商平臺、點評網等關於旅遊的評論資料，透過對大數據進行分詞、聚類、情感分析，了解遊客的消費習慣、價值取向，從而全面掌握旅遊目的地的供需狀況及市場評價，為政府和相關企業做決策提供依據。

7. 環保領域

在生態環境領域，中國正在加快建設布局合理、功能完善的生態環境監測網路，實現對環境品質、重點汙染源、生態狀況監測的全面涵蓋。建設生態環境大數據平臺，提高環境綜合分析、預警預測和協同監管能力，搭建面向社會公眾和組織的資料開放和共享平臺，打造精準治理、多方合作的生態環境治理新模式。中國正在加強生態環境監測資料資源的開發與應用，推展大數據關聯分析，為生態環境保護決策、管理和執法提供資料支援。

以上我們從電信、金融、政務、交通、醫療、旅遊和環保等幾個行業分析了行業大數據應用的典型模式和發展狀況。大數據的應用其實是無所不在的，其他行業（如工業、零售業、農業）的應用場景也非常多。但是整體來說，大數據應用尚處於初步階段，受制於資料獲得、資料品質、體制機制、法律法規、社會倫理、技術成本等多方面因素的制約，實際成果還需要時間檢驗。

3.7.4　大數據應用發展趨勢

　　大數據行業應用的發展是沿襲資料分析應用而來的漸變的過程。觀察人數據應用的發展演變可以從技術強度、資料廣度和應用深度三個視角切入（見圖3-20）。從以上的應用來看，大數據區別於傳統的資料分析，有以下特徵。

　・資料方面，逐步從單一內部的小資料向多源內外交融的大數據方向發展，資料多樣性、體量逐漸增加。

　・技術方面，從過去以報表等簡單的描述性分析為主，向關聯性、預測性分析演進，最終向決策性分析技術階段發展。

　・應用方面，傳統資料分析以輔助決策為主，在大數據應用中，資料分析已經成為核心業務系統的有機組成部分，最終生產、科學研究、行政等各類經濟社會活動將普遍基於資料的決策，組織轉型成為真正的資料驅動型組織。

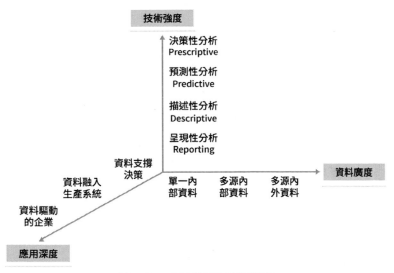

圖 3-20　大數據應用發展趨勢

中國信息通信研究院調查顯示，目前企業應用大數據所帶來的主要效果包括實現智慧決策、提升營運效率和改善風險管理。在調查中，企業表示將進一步加大在大數據領域的投入。

3.7.5　大數據的產業鏈構成分析

如圖 3-21 所示，大數據的產業鏈大致可以分為資料標準與規範、資料安全、資料採集、資料儲存與管理、資料分析與挖掘、資料運維及資料應用幾個環節，涵蓋了資料從產生到應用的整個生命週期。

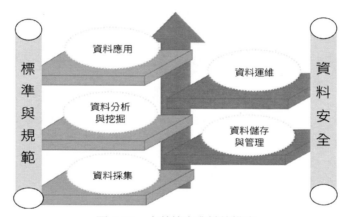

圖 3-21　大數據產業鏈的構成

1. 資料標準與規範

大數據標準體系是發展大數據應用的前提條件，沒有統一的標準體系，資料共享、分析、挖掘、決策支援將無從談起。大數據標準包括體系結構標準、資料格式與表示標準、組織管理標準、安全標準和評測標準。在標準化建設方面，參與單位主要包括各個行業的標準化組織。

2. 資料安全

隨著大量資料的不斷增加，對資料儲存和訪問的安全性要求越來越高，從而對資料的訪問控制技術、加密保護技術以及多副本與容災機制

等提出了更高的要求。另外，由於大數據處理主要採用分散式運算方法，這必然面臨著資料傳輸、資訊互動等環節，如何在這些環節中保護資料價值不洩露、資訊不遺失，保護所有站點的安全是大數據發展面臨的重大挑戰。在大數據時代，傳統的隱私資料內涵與外延有了極大突破和延伸，資料的多元化與彼此的關聯性進一步發展，使得對單一資料的隱私保護變得極其脆弱，需要針對多元資料融合的安全提出新的要求。

3. 資料採集

政府部門、以 BAT 為代表的網路企業、營運商是當前大數據的主要擁有者。除此之外，利用網路爬蟲或網站公開 API 等途徑對網路資料進行採集也是大數據的主要來源。現實世界中的資料大多不完整或不一致，無法直接進行資料挖掘或挖掘結果不理想，需要對採集的資料進行填補、平滑、合併、規格化、檢查一致性等資料預處理操作，並且往往需要大量的人工參與，因此資料採集和清洗成為大數據產業鏈的一個重要環節。

4. 資料儲存與管理

大數據儲存與管理主要基於 Hadoop 和 MPP。各家企業針對大數據應用發展各具特色的資料庫架構和資料組織管理研究，形成針對具體領域的產品。

5. 資料分析與挖掘

大數據分析與挖掘的意圖主要集中在兩方面：一是從大量的機構結構化和半結構化資料中分析出電腦可以理解的語義資訊或知識；二是對隱性的知識（如關聯情況、意圖等）進行挖掘。常用的方法包括分類、聚類、關聯規則挖掘、序列模式挖掘、時間序列分析預測等。資料分析與挖掘的能力直接決定了大數據的應用推廣程度和範圍，是大數據產業的核心。

6. 資料運維

由於資料的重要性得到普遍認可，除政府部門不具備資料運維服務條件外，資料的採集者通常就是資料運維者。各地政府則通常利用大數據平臺建設來推動政府大數據的公開與共享，吸引個人和企業使用者發展創新與創業，積極推動大數據的加值服務。

7. 資料應用

大數據對傳統資訊技術帶來了革命性的挑戰，正在重構資訊技術體系和產業格局。中國國內企業在國際先進的開源大數據技術基礎上，形成了獨立的大數據平臺建構和應用服務解決方案，以支撐不同行業、不同領域的專業化應用。雖然 BAT 企業在平臺建構上有著得天獨厚的優勢，但是在某些具體的業務領域，並不擅長或者關注。傳統企業以及從事大數據的微型企業是具體業務領域大數據應用的主力軍。應用是大數據價值的展現，是大數據發展的原始推動力。當前大數據的應用正倒逼軟體技術、資料架構、資料共享方式的轉變，在這個過程中需要積極轉變思想，明確資料共享的方式是什麼，資料擁有者的利益如何平衡，商業模式如何發展等等。

目前來看，許多企業在大數據產業鏈裡僅擁有一項或兩項能力是完全不夠的，只有將大數據產業鏈融合連通才能催生更大的市場和利潤空間。在大數據推動的商業革命浪潮中，只有打通資料流通變現的商業模式才能創造商業價值，從而在大數據驅動的新生代商業格局中脫穎而出。

3.8　政府大數據案例分析

這些年來，中國非常重視大數據產業的發展，早在 2014 年，「大數據」便被寫入《政府工作報告》。而在 2016 年 3 月，「十三五規畫綱要」的發表，更是提出了「實施國家大數據策略」，正式將大數據提升至國

家策略層面。到了 2016 年 7 月，《促進大數據發展行動綱要》發表並提出，2018 年底前建成國家政府資料統一開放平臺，進一步推動資料互通互聯。

　　大數據產業已經熱了 5 年，今天所面臨的最大問題依然是資料來源。內部資料來源主要面臨的是治理、標準化和互通等問題，外部資料來源主要面臨的是開放、流通和保護等問題。此前由於政策法規的不完善以及資料標準不統一等因素，造成中國雖然資料資源豐富，卻無法實現這些資源的有效共享和應用。如今，政務資訊共享交換平臺的建設將有望破解這些大數據資源的瓶頸。在中國，政府部門掌握著全社會量最大、最核心的資料。了解政府大數據應用的案例和資料價值釋放的方法將有利於啟動沉睡的資料，釋放政府資料的價值。

　　利用大數據技術實現政府各業務部門產生的業務資料、社情民意資料、環境資料以及社會資料等結構化資料和非結構化資料的匯聚和運用儲存，並進行品質治理、挖掘融合、深度學習，形成基礎庫、主題庫、共享庫、開放庫等，透過資料管理門戶、資料開放門戶共享開放給政府部門和社會大眾，為政務大數據應用提供運算、分析、展示等基本能力服務，為政府及社會提供共享交換、資料增信、金融創新等資料加值服務。

3.8.1　政府有哪些資料資源

　　政府的資料資源主要包括以下兩個方面。

- ·政府所擁有和管理的資料，如典型的公安、交通、醫療、衛生、就業、社保、地理、文化、教育、科技、環境、金融、統計、氣象等資料。
- ·政府工作發展產生、採集以及因管理服務需求而採集的外部大數據（如網路輿論資料）。

從政府「擁有或控制」的角度來講，政府資料資產大致可分為 5 類，分別如下。

- 政府資源才有權利採集的資料，如資源類、稅收類、財政類等。
- 政府資源才有可能匯總或獲取的資料，如建設、農業、工業等。
- 因政府發起才產生的資料，如城市基建、交通基建、醫院、教育師資等。
- 政府的監管職責所擁有的大量資料，如人口普查、食品藥品管理等。
- 政府提供的服務的客戶級消費和檔案資料，如社保、水電、教育、醫療、交通路況、公安等。

3.8.2　政府大數據應用案例

政府在建設和應用大數據的過程中有獨特的優勢。政府部門不僅掌握著 80% 有價值的資料，而且能最大限度的調動社會資源，整合推動大數據發展的各方力量。政府作為大數據建設和應用的主導力量，積極應用大數據決定著能否發揮大數據隱含的策略價值，對行業來說具有引領性作用。以下是一些政府大數據的應用案例。

1. 工商部門

·企業異常行為監測預警

重慶依託大數據資源探索建立註冊登記監測預警機制，對市場準入中的外地異常投資、行業異常變動、設立異常集中等異常情形進行監控，對風險隱患提前介入、先行處置，有效遏制虛假註冊、非法集資等違法行為。同時，積極推動法人資料庫與地理空間資料庫的融合運用，建設市場主體分類監管平臺，將市場主體精確定位到電子地圖的監管網格上，並整合基本資訊、監管資訊和信用資訊。平臺根據資料模型自動

評定市場主體的監管等級，提示監管人員採取分類監管措施，有效提升監管的針對性和科學性。

· 中小企業大數據服務平臺精準服務企業

山西省中小企業產業資訊大數據應用服務平臺依託大數據、雲端運算和垂直搜尋引擎等技術，為全省中小企業提供產業動態、供需情報、會展情報、行業龍頭、投資情報、專利情報、海關情報、招投標情報、行業研報、行業資料等基礎性情報資訊，還可以根據企業的不同需求提供包括消費者情報、競爭者情報、合作者情報、生產類情報、銷售類情報等個性化客製情報，為中小微企業全面提升競爭力提供資料資訊支援。

2. 規畫部門

· 營運商大數據助力城市規畫

重慶市綦江區規畫局委託上海復旦規畫建築設計研究院及重慶移動共同進行，利用重慶移動相關資料及綦江相關統計年鑑資料對綦江中心城區人口、住宅、商業、公共服務配套等進行大數據分析，量化綦江房地產庫存，從城市建設角度提出改進策略，完善城市功能，促進城市健康發展。據介紹，重慶移動率先將手機信令資料引入城市規畫，透過建立人口遷移模型，提供 2013 ～ 2015 年期間綦江區人口的流入流出情況（包括國際、省際、市內流動），建立職住模型提供綦江區居住及工作人口的分布，透過監控道路周邊基站人口的流動情況，反應綦江區全天 24 小時道路人口的流動情況，辨識出各個時段道路的堵點。

3. 交通部門

· 大數據助力杭州「治堵」

2016 年 10 月，杭州市政府聯合阿里雲公布了一項計畫：為這座城市安裝一個人工智慧中樞——杭州城市資料大腦。城市大腦的核心將採用阿里雲人工智慧技術，可以對整個城市進行全局即時分析，自動調配

公共資源，修正城市運行中的問題，並最終進化成為能夠治理城市的超級人工智慧。「緩解交通堵塞」是城市大腦的首個嘗試，並已在蕭山區投入使用，部分路段車輛通行速度提升了 11%。

4. 教育部門

·徐州市教育局利用大數據改善教學體驗

徐州市教育局實施「教育大數據分析研究」，旨在應用資料挖掘和學習分析工具，在網路學習和面對面學習融合的混合式學習方式下，實現教育大數據的獲取、儲存、管理和分析，為教師教學方式建構全新的評價體系，改善教與學的體驗。此項工作需要在前期工作的基礎上，利用中央電化教育館掌握的資料、指標體系和分析工具進行資料挖掘和分析，建構統一的教學行為資料庫，對目前的教學行為趨勢進行預測，為「徐州市資訊技術支援下的學講課堂」提供高水準的服務，並能提供隨教學改革發展一直跟進、持續更新完善的系統和應用服務。

5. 醫療衛生部門

·微軟助上海市浦東新區衛生局更加智慧化

上海市浦東新區衛生局在微軟的幫助之下，積極利用大數據推動衛生醫療資訊化走上新的高度：公共衛生部門可透過涵蓋區域的居民健康檔案和電子病歷資料庫快速檢測傳染病，進行全面的疫情監測，並透過整合疾病監測和響應程式快速進行響應。與此同時，得益於非結構化資料分析能力的日益加強，大數據分析技術也使得臨床決策支援系統更智慧。

6. 氣象部門

·氣象資料為理性救災指明道路

大數據對地震等「天災」救援已經開始發揮重要作用，一旦發生自然災害，透過大數據技術將為「理性救災」指明道路。抓取氣象局、地震局的氣象歷史資料、星雲圖變化歷史資料以及城建局、規畫局等的城

市規畫、房屋結構資料等資料來源，透過建構大氣運動規律評估模型、氣象變化關聯性分析等路徑，精準的預測氣象變化，尋找最佳的解決方案，規劃應急、救災工作。

7. 環保部門

·環保部門用大數據預測霧霾

微軟在利用城市運算預測空氣品質上已推出 Urban Air 系統，透過大數據來監測和預報細粒度空氣品質，該服務涵蓋了中國的 300 多個城市，並被中國生態環境部採用。同時，微軟也已經和部分其他中國政府機構簽約，為不同的城市和地區提供所需的服務。該技術可以對京津冀、長三角、珠三角、成渝城市群以及單獨的城市進行未來 48 小時的空氣品質預測。與傳統模擬空氣品質不同，大數據預測空氣品質依靠的是基於多源資料融合的機器學習方法，也就是說，空氣品質的預測不僅僅看空氣品質資料，還要看與之相關的氣象資料、交通流量資料、廠礦資料、城市路網結構等不同領域的資料，不同領域的資料互相疊加、相互補強，從而預測空氣品質狀況。

8. 文化旅遊部門

·山東省用旅遊大數據帶動農村經濟發展

山東將省內公安系統、交通系統、統計系統、環保系統、通訊系統等十餘個旅遊相關行業部門聯合，整合全省旅遊行業的要素資料，開發完成旅遊產業運行監測管理服務平臺。透過管理分析旅遊大數據，提升景區管理水準，挖掘省內旅遊資源，開發更多符合遊客需求的景點以及「農家樂」鄉村旅遊服務，進而帶動景區，特別是農村地區的經濟發展。

9. 政法部門

·濟南公安用大數據提升警務工作能力

浪潮幫助濟南公安局在搭建雲端資料中心的基礎上建構了大數據平

臺,以進行行為軌跡分析、社會關係分析、生物特徵辨識、音訊影片辨識、銀行電信詐騙行為分析、輿情分析等多種大數據研判方法的應用,為指揮決策、各警種情報分析研判提供支援,圍繞治安焦點能夠快速精確定位、及時全面掌握資訊、科學調度警力和社會安保力量迅速解決問題。

　　·上海利用大數據助百姓找律師

　　2016 年底,上海市律師協會開發的上海市律師行業信用資訊服務平臺上線,整合上海市司法局法律服務行業資訊平臺、上海市人民法院律師訴訟服務平臺、上海市人民政府公共資訊信用平臺三大權威資料來源,透過對法院已經公開的裁判文書資料進行大數據分析,自動整理出律師以往訴訟代理的情況,方便百姓、企業以及政府機構等查找律師,促進法律服務資訊透明對稱,推動法律服務市場良性競爭。信用資訊資料庫中包括基本資訊、執業資訊、獎懲資訊、業務資訊和社會服務資訊五大方面。平臺資訊分為法定公開、行業公開、自願公開三種,並對信用主體提供了多角度的資訊展示。對於信用主體自行申報的資訊,上海律協在形式審查後會標注明確的告知事項,向社會公布,接受社會的監督。

　　10. 農業部門

　　·農業大數據在三農中的應用

　　某公司以累積的農業相關基礎資料為起點,發展農村普惠金融服務和供應鏈金融服務,以一個大數據平臺加兩個應用系統(農資經銷商系統和新農人系統),幫助新型經營主體、農資經銷商解決規模、資金和效率三大難題,並藉此收集農業生產中的動態資料,將服務延伸到農業全產業鏈中的其他七大市場——農業金融、農產品流通、農機服務、農技服務、農事服務、土地流轉服務、農業物聯網,打造農業大數據生態鏈閉環。

· 美國企業：大數據預測農作物生長

美國在農業大數據領域不乏創新公司。2006 年，兩名前 Google 員工創立了 Climate Corporation。該公司透過大量公開的國家氣象服務資料，重點研究全美範圍內的熱量與降水類型。透過這些資料與美國農業部累積的 60 年農作物產量資料進行分析，從而預測玉米、大豆、小麥等農作物生長。同時，透過即時氣象觀察與追蹤，公司在線上向農民銷售天氣保險產品。從 2007 年開始，Climate Corporation 持續獲得了 17 個投資人 4 輪 1.08 億美元的投資，公司 2013 年被著名農業公司孟山都以 9.3 億美元的價格收購。

11. 財稅部門

· 無錫地方稅務局應用大數據進行稅收監管

無錫地方稅務局自 2013 年起就著手研究大數據時代對稅收管理發展帶來的影響，探討大數據技術應用於稅收風險管理的前景，並建設了「無錫地稅涉稅情報分析管理平臺」作為資訊化支撐，著重研究行業、事項和大企業三類稅收管理領域，透過從網路上收集與納稅人相關的各類資料，經處理後與徵管系統中的資訊進行分析、比對，產生風險疑點實施推送應對。值得注意的是，相比於中國，美國政府的稅務大數據應用場景要具體得多。自 2012 年起，美國聯邦及州的稅務部門就開始嘗試應用大數據技術尋找偷稅、騙稅行為的共同特徵來打擊逃稅。美國稅務局（Internal Revenue Service，IRS）對納稅人申報資訊與各種公開資訊紀錄進行比較，特別針對申報表中的稅前列支內容、退稅資訊創建了大量演算法，尋找其中的疑點。僅就 2011 年度的納稅申報，就發現了 36 億美元的虛假稅前列支，並發現超過 3% 的退稅存在欺詐行為。

· 金融證券

針對金融證券領域高頻演算法交易、資料綜合分析、違規操作監

管、金融研究報告交易、金融資料服務等方面的需求，建設了金融大數據分析與智慧決策支援系統。匯聚融合中外證券及相關衍生品市場的高通量交易資料，整合行業媒體即時資訊與輿情，為相關機構提供金融監管和風險管控等智慧決策支援，為投資者提供金融市場資料和經濟資料、投資方向等個性化的金融資料服務。

12. 人社部門

· 鎮江市打造勞動保障監察「大數據」維權監管體系

江蘇省鎮江市人社局牽頭整合就業、社保、監察、人才培訓及稅務、工商、民政、公安等資料資源，形成全市「資訊共享、網格聯動、預防處置、指揮調度」勞動關係智慧化預警監控「資訊鏈」。透過資訊資料庫的比對，市人社部門可以第一時間發現並糾正企業勞動保障違法行為，改變了以往單靠勞動保障監察部門處理案件的被動局面，促進了全市勞動關係的和諧穩定。

13. 民政部門

以群眾辦理低保手續為例，以前居民辦理低保要提交各種申請，先給社區，社區給縣區審核，縣區再給市裡的民政局，透過它的系統來錄入。之後國家民政部下面的系統去核對，一層層下來將近一個月。現在把政務服務系統（比如車管所系統）和民政部的低保系統打通，一週就可以辦，市民只要跑一次。如果透過資料比對發現居民在車管所的資料顯示有車，那麼肯定不符合辦理低保的手續，這樣可以一次性排除掉審核對象，也同時為公職人員減輕了工作負擔。所以，資料的打通能夠為政府和百姓雙方都帶來極大的便利。

3.8.3　政府大數據面臨的挑戰

政府大數據面臨著諸多挑戰，譬如各自為政、條塊分割、煙囪林立、資訊孤島；系統數量多、分布散、缺乏統一規畫和標準規範、資訊資源縱橫聯通共享難，導致政務服務中標準不統一、平臺不連通、資料不共享、業務不協同等後果，造成了資料散、少、亂、差、死的困境，最根本的原因是系統龐雜、資料混雜、網路複雜、管理亂雜等。政府大數據建設的核心是打破資訊壁壘，透過資訊共享互通提高效率，將一個個「資訊孤島」有效的串聯起來，形成城市大數據平臺。依託大數據，形成以智慧城市基礎設施為依託，以大數據平臺為資訊中樞，以人工智慧技術產品應用為媒介的分析系統。

政府大數據在資料資源標準、共享、應用、評價以及資料資產轉化方面面臨著嚴峻挑戰，因此需要從保障資料流動性的角度來重構資訊體系，從關注流程和業務邏輯的角度轉向關注資料流動性和資料價值，遵從資訊流動的內在邏輯，發揮資料的最大價值，提高資料複用率。城市大數據發展應遵從四大準則，首先，城市資訊資源是國家資源，非某個政府部門更非某個人所有；其次，共享開放是原則，非共享開放是例外（重點在提高複用率）；再次，資料標準化是前提；最後，資料與系統分離是趨勢。所以，我們要在資料採集源頭、資料標準、安全管控規則、資料開放能力及資料營運能力方面助力大數據發展。

中國國務院辦公廳印發的《政務資訊系統整合共享實施方案》要求消除「殭屍」系統、加快政務部門內部資訊系統整合共享、政務資訊資源目錄編制和全國大普查、推進國家政務網共享平臺和網站建設、加快國家資料開放平臺和網站建設、規範建設網際網路上的政務服務平臺和網站、全國聯動發展「互聯網＋政務服務」等，對政務資訊資源元資料

227

的類型、共享屬性、開放屬性的界定做了分析，對政務資訊資源目錄整理編制的工作流程、規範等進行了界定。

總之，政府大數據的建設首先是建設雲端運算中心，將各個行業搬到雲端上。然後整合政府各部門的資料，形成政府部門資料共享，利用雲端運算和大數據形成政府大數據平臺。與此同時，政府選擇城市大數據營運商，幫助政府達到本地化獨具特色的智慧城市目標。

3.8.4　政府大數據應用啟示

資料是基礎性資源，也是重要生產要素。如何管理政府大數據資產，中國各部門還缺乏統一標準，如何利用大數據進行精細分析，仍處於探索起步階段，應用分散。分析中國政府大數據應用的現狀和特點，借鑑國外的有益經驗，推動中國政府大數據的應用，應著重從以下幾個方面發展。

1. 建設政府資料開放平臺，做好政府資料資產整合與管理

政府資料資產到底有多大價值？按照麥肯錫給出的測算方法，北京市政府部門資料開放的潛在價值可達 3,000 億人民幣～ 5,000 億人民幣，按此推算，全中國政府部門資料開放的潛在價值可達 10 萬億人民幣～ 15 萬億人民幣。

鑑於政府資料的龐大價值，美國、新加坡、英國都已經建成國家層面的資料開放平臺。在中國，上海、北京、廣州、武漢等地相繼建立開放資料平臺，在資料公開方面做了有益的嘗試，但在資料開放數量和品質上與國外還有很大差距──許多資訊支離破碎，且使用的格式各異，使用者搜尋資訊並進行統一處理的難度很高。建設統一的政府資料開放平臺，整合所有的政府公開資料，將之以統一的資料標準與資料格式進行發表，並為開發者提供 API 介面，可以大大提升公眾對政府資料的使用效率。

建設政務資料資源目錄平臺，這是一個政府內部資料共享的平臺，政務資料按照共享程度分為無條件共享、有條件共享和不予共享三種類型。只有無條件共享的資料才會對公眾開放。政府部門的資料打通有助於服務於智慧城市的建設。所謂智慧城市，是指政府利用先進的資訊和通訊技術方法對城市運行的各項資料進行監測、分析和整合，從而為民生、環保、交通、工商業等領域的活動提供更加智慧的服務。

打破資訊孤島，對已有的政務資料進行交換、共享、溯源，整合基礎資源庫和各電子政務系統的相關資訊，建立資料分析模型，對重要民生領域相關資料進行挖掘分析，並將結果及時推送給相關部門，為政府決策和管理提供資料支撐。逐步向社會開放交通、醫療、教育等重點領域公共資料資源。

2. 以需求為導向，推動大數據服務民生

政府資料本質上是國家機關在履行職責時所獲取的資料，採集這些資料的經費來自於公共財政，因而這些資料是公共產品，歸全社會所有，應取之於民，用之於民。因此，政府大數據必須充分考慮到老百姓的實際需求，而不僅僅是將原本分散管理的業務資料集中起來提供給政府部門內部辦公使用。例如，近年來各地政府部門推廣實施「一號一窗一網」，將大數據引入政府治理，解決群眾「辦證多、辦事難」等問題，就是透過資料資源暢通流動、開放共享，推動政府管理體制、治理結構更加合理最佳化、透明高效能。

3. 鼓勵資料開放，引導社會力量開發資料應用產品

在大數據時代，對於政府來說，一方面應建設政府大數據，實現政務資料資源的公開和共享；另一方面應承擔起引領、推動大數據產業發展的使命。透過開放政府資料，供社會進行增值開發和創新應用，可以激發大眾創新，萬眾創新，推動大數據產業發展。這方面美國的經驗值

得借鑑。在政府大數據應用方面,美國重視啟發民智,鼓勵公眾對大數據的應用。一方面,政府、社會與企業可以從Data. gov免費下載資料,還可以利用 Data. gov 提供的 API 實現豐富的第三方應用的開發;另一方面,基於 Data. gov,美國政府還建設了 Apps. gov,面向全國所有政府部門提供政府公用雲端服務,並整合了一系列的應用程式,實際上類似於一個政府的應用程式商店。僅僅在 Data. Gov 網站上就匯集了幾千個應用程式和軟體工具。其中,有近 300 個是由民間的程式設計師、公益組織等社會力量自發開發的。

第 4 章　機器學習概述

從 1956 年達特茅斯會議「人工智慧」這一概念被提出，到現在，這期間經過了多個階段。2010 年以後，隨著深度學習使得語音辨識、圖像辨識和自然語言處理等技術獲得了驚人發展，前所未有的人工智慧商業化和全球化的浪潮席捲而來。整體來說，人工智慧是最早出現的概念，其次是機器學習，最後出現的是深度學習，是當今人工智慧大爆炸的核心驅動（見圖 4-1）。

圖 4-1　人工智慧發展階段

4.1　走進機器學習

大數據是怎麼與圖像辨識、語音辨識等具體的 AI 技術相連起來的呢？靠的就是機器學習。

4.1.1　什麼是機器學習

機器學習（Machine Learning）是讓機器從大量樣本資料中自動學習其規則，並根據學習到的規則預測未知資料的過程。以上是機器學習的一個定義。如果你在網路上搜尋「機器學習」，你會看到很多版本的定義。畢竟，越是熱門的詞彙，人們越難替它下一個精準而權威的定義。在機器學習的眾多定義中，我們認為這個定義是相對讓初學者容易接受的一種說法。這個定義中的關鍵字是「學習」二字。機器學習的目標是發現資料中暗藏的規律，並由此來對未知進行預測。這個過程要透過「學習」來實現，而學習用到的材料則是資料。

4.1.2　機器學習的感性認知

　　如果你是第一次接觸機器學習，其實機器學習離你絕不遙遠。機器學習可以類比小孩認知事物的過程，只不過這裡的認知過程是交給機器來完成的，讓機器發現事物的規律。在我們小的時候，我們對周邊的事物還並不了解，不知道什麼是蘋果，什麼是貓，什麼是汽車。但在經過某種「訓練」之後，我們逐漸能夠自信而準確的判斷出我們看到的、聽到的、感知到的東西是什麼。這個「訓練」可能來自外部的教導，也可能源自於我們自身的探索和嘗試。

　　舉個例子來說，在我們很小的時候，家長帶我們參觀動物園。剛剛學會說話和識字的我們會看到很多令我們「驚奇」的未知生物。家長告訴我們那個長鼻子的動物是大象，我們似懂非懂的記住了。走了幾步之後，我們又在另一個地方發現了另一隻長得很像之前看到過的物體，家長又告訴我們「這也是一隻大象」。回到家中，我們拿著洗出來的照片，指著照片上的「長鼻子」問媽媽，「這個是什麼？」媽媽回答我們說是大象。這時我們已經逐漸發現了這個叫作大象的東西長相的特點（見圖 4-2）。過了幾天後，我們在電視機上的動物園短片中看到了一個熟悉的輪廓，憑藉自己對「長鼻子」和其他特徵的一些判斷，我們向媽媽喊出：「看，是大象」。

圖 4-2　大象辨識樣圖

　　機器學習的原理和上面的過程極其相似。假如你想讓機器完成從圖像中辨識大象的任務。就像人的知識不是與生俱來的一樣，機器不是一

上來就什麼都會的，想讓機器能夠完成任務，要先提供大量的資料讓它學習，告訴它大象長什麼樣子，大象之外的其他動物長什麼樣子。在經過大量樣本的學習後，機器可以從一張新的圖像中判定其中是否有大象，如圖 4-3 所示。

圖 4-3　大象辨識樣圖

4.1.3　機器學習的本質

如圖 4-4 所示，類似人腦思考，機器經過大量樣本的訓練（training），獲得了一定的經驗（模型），從而產生了能夠預測（inference）新的事物的能力，就是機器學習。這種預測能力，本質上是輸入到輸出的映射。

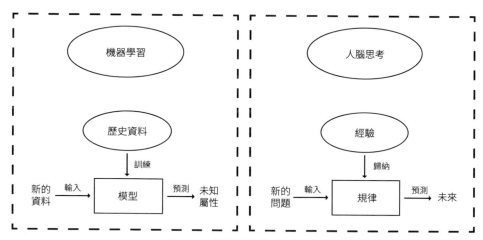

圖 4-4　機器學習與人腦思考

給定一個輸入，比如一段語音、一張圖片或者一些資料型的資訊，電腦能夠建立一個函數（可以理解為一種對應關係），生成輸出結果（見圖4-5）。機器學習的任務就是找到這個函數，找出從輸入到輸出的規則。

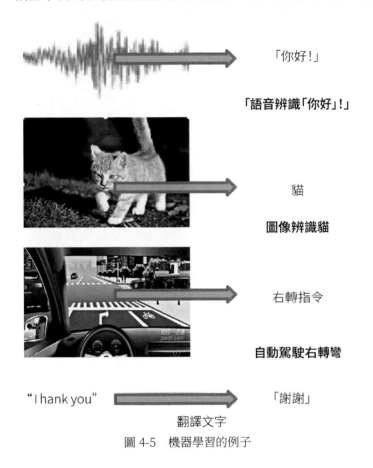

圖 4-5　機器學習的例子

4.1.4　對機器學習的全面認識

機器學習是一門學科，它基於機率、統計、最佳化等數學理論的研究，理論嚴謹，也是已被廣泛認可的成熟的知識體系。機器學習在高等教育院校中作為一門獨立的課程存在，近年來受到包括資料科學、統計

學、電腦、應用數學、運籌學、工程學等眾多專業的學生的青睞。在學術研究方面，每年機器學習相關論文發表不計其數，是數理學科重要的學術研究方向之一。

機器學習也是一門技術，它被資料科學家（Data Scientist）廣泛應用，是在資料分析中最常用的技術之一。而資料科學家也是 21 世紀最熱門的職業之一，其中機器學習是這個職位最重要的技能和工作內容之一。同時，也有像「機器學習工程師」這樣的純粹做機器學習的職位。隨著大數據時代資訊量和資料量的爆炸式提升，人們對未知事物更加好奇，機器學習越來越能夠「成形」而發揮使用價值。同時，隨著 Python 等程式語言的普及以及 TensorFlow 等機器學習框架的完善，這個曾經似乎是高端學術的東西也越來越偏向應用，能夠被更多人接受。

機器學習包含一系列演算法，雖說它是這一系列演算法的總稱，但僅僅把機器學習視為演算法或者模型是不準確的。機器學習是解決問題的一種方法，演算法只是其中的一部分。這裡所謂的演算法或者模型，只是從輸入到輸出之間的一步，而機器學習是實現從輸入到輸出的全部過程，其中還包括對輸入資料的清洗和轉換、對特徵的提取和整合、對資料的探索分析等。這些必要的步驟不做，拿到資料就盲目的直接套用模型，是不能解決問題的。

4.1.5　機器學習、深度學習與人工智慧

機器學習、深度學習和人工智慧都是現今人們熱議的詞彙，這三個概念通常被人們放在一起討論，但很多人理不清三者之間的關係。其實這三個概念雖然定義上的動機和角度有所差異，但事實上它們之間存在很清晰的包含關係。普遍認為，人工智慧、機器學習、深度學習三者的關係如圖 4-6 所示。

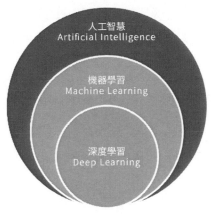

圖 4-6　人工智慧、機器學習和深度學習的包含關係

　　從概念上來說，機器學習是人工智慧的一個分支。機器學習被看作解決人工智慧問題的途徑或者方案。而深度學習是機器學習的子類，或者可以理解為機器學習眾多演算法中的一種。只不過因為它最近過於突出的表現，人們越來越習慣把這個概念單獨提出來討論。

　　從時間軸來看，三者也從大到小有著推進關係。人工智慧這個詞出現得最早。早在 1950 年，人工智慧的概念就被提出，當時這個全新的領域令人興奮不已。到了 1980 年左右，機器學習開始興起，人們開始用機器學習的方法解決人工智慧問題。深度學習在 2010 年開始流行，作為機器學習中最前端的部分，推動人工智慧發展出現重大突破。下面介紹深度學習，並重點說明深度學習和機器學習的關係。

　　最近幾年，「深度學習」的概念也越來越熱門，並且這個詞更多的與人工智慧產生了直接關聯。深度學習被視為進入人工智慧領域的敲門磚，也是很多人工智慧項目推展的基石。關於深度學習，我們會在後面的章節中進行詳細介紹。這裡我們先用幾句話說明深度學習與機器學習之間的關聯和區別。

　　前文提到，深度學習和機器學習是包含關係，深度學習是機器學習

的一個子類。在傳統的介紹機器學習演算法的課程中，絕大多數會提到神經網路這個模型，而深度學習其實就是有多個隱藏層的神經網路。所以說，深度學習可以算作機器學習的一個分支領域，從演算法來說是機器學習的一種，只不過這個分支由於具有其他演算法不具備的顯著優勢，特別在 AI 領域的應用中，這些優勢使得深度學習解決問題的效果尤為突出，所以在某種程度上，深度學習幾乎成了人工智慧模型演算法的代名詞。

在 AI 很多特定的領域中，我們看到的現象也確實如此，深度學習作為新興的模型演算法，表現出壓倒性的統治力，而傳統的機器學習演算法應用只占極少數。那麼，深度學習究竟為何能夠在短時間內異軍突起，擊敗它的「老前輩」們，成為新時代的寵兒？深度學習的優勢究竟在哪裡？在本書介紹完機器學習和深度學習後，相信讀者會對它們的本質看得更透澈，也會對二者產生更直覺的感性認知，對這個問題我們會在第 7 章給出解釋。

在這個深度學習大有「一統江湖」趨勢的時代裡，我們還有必要學習傳統的機器學習模型理論嗎？答案是肯定的。首先，傳統的機器學習模型並不落後，至今還有相當大的使用價值，在一些特定的問題中使用起來更為快速、靈活；其次，傳統機器學習模型的思想對學習深度學習有重要的幫助。深度學習的許多理論和思想是基於傳統機器學習模型的理念而來的。深度學習所用的神經網路可以由簡單的機器學習模型（如感知器、邏輯迴歸）演變而來。

對於初學者來說，可以將深度學習理解為「多層神經網路」。嚴格來說，深度學習是一種學習的模式，是指採用具有「深度」的模型進行學習，其本身並不是一個模型。多層神經網路是具有「深度」特點的一個學習模型，它實際上是深度學習的一種形式。

4.1.6　機器學習、資料挖掘與資料分析

除了深度學習之外，另一個和機器學習類似而被人們廣泛談論的詞語是資料挖掘（Data Mining）。另外，資料分析（Data Analysis）和大數據分析（Big Data Analysis）也似乎和機器學習有著密切的關聯。下面我們把這幾個概念放到一起談談。

無論是機器學習、資料挖掘還是資料分析，都沒有一個學術上的權威定義。這幾個詞本身從定義上的出發點不同，並且提出概念的動機和背景上的差異比之前提到的人工智慧、機器學習和深度學習之間的差異更大，因此它們直接的界定更為模糊。因為它們在定義上有相通和重疊之處，我們也沒有必要刻意去區分這幾個概念之間的關係。這幾個概念不像之前的人工智慧、機器學習、深度學習那樣容易透過文氏圖來闡述。不過我們還是簡單比較一下它們之間的異同。我們先來看一個資料分析的例子，如表 4-1 所示。

表 4-1　資料分析的例子

對照組（無藥物）	藥物 A	藥物 B
14.4	14.3	18.1
13.9	15.9	17.9
12.4	16.1	17.2
15.8	12.8	16.6
15.0	13.0	19.8
14.6	14.6	18.5
13.2	17.4	17.6

對比上述三組資料，我們會發現B組的得分顯著高於A組和對照組。透過建立統計學模型，我們會得出 B 組的得分顯著高於 A 組的結論，於是證明藥物 B 更加有效。根據已知資訊進行分析總結，得出有意義的結論，就是一般資料分析要做的工作。

人們通常所說的資料分析是對小規模資料而言的，而當我們需要處

第 4 章　機器學習概述

理大規模資料時，往往會用大數據分析這個說法。大數據分析和資料分析相比，主要是資料量的區別以及因此而帶來的運算模式和方法上的差異。大數據分析通常需要依賴多臺電腦和分散式系統架構進行運算。除去這一點，大數據分析在目標上和資料分析是大致相同的。大數據分析與資料挖掘、機器學習的概念也更接近一些，因為資料挖掘和機器學習幾乎都是建立在大數據基礎上的。

相比資料分析，資料挖掘要做的事情更深入，跟機器學習的意義也更為貼近。資料挖掘不僅是對資料進行分析總結，還要「挖掘」表層所看不到的資訊。從概念上來說，二者既有交叉，又有區別。資料挖掘的範圍更大，是指從資料中獲得有價值的資訊。資料挖掘經常會透過機器學習來完成。事實上，兩者的區別我們只需從字面上理解即可。資料挖掘側重於「挖掘」二字，是從大量資料中發現和提取有用資訊的過程。這裡所謂有用的資訊，可以是任何具有指導意義、在商業環境中能夠幫助人們進行決策的資訊。

資料挖掘的一個經典案例是「啤酒和尿布」的故事。在 1990 年代，美國沃爾瑪超市的管理人員從銷售資料中發現了一個有趣的現象：在某些特定的情況下，「啤酒」與「尿布」兩件看上去毫無關係的商品經常會出現在同一個購物籃中。經過後續分析發現，同時購買這兩種商品的顧客通常是年輕的父親。這樣問題得到了解釋：在美國有嬰兒的家庭中，母親一般在家中照看嬰兒，而去超市買尿布的任務通常會落在父親身上。父親在購買尿布的同時，往往會順便為自己購買啤酒。因此，啤酒和尿布竟然成為「會經常同時購買」的商品。這樣一來，沃爾瑪想出了一個點子，將啤酒和尿布嘗試擺放在同一個貨架區域，從而讓年輕父親能夠在找到尿布的同時發現啤酒，從而大大提升了兩種商品的購買率，最終為超市帶來了更高的營業收入。透過資料挖掘，沃爾瑪員工為公司

挖掘出了商業價值。這就是資料挖掘的魅力所在。

反觀機器學習，從機器學習的定義來說，它最終落在「預測」兩個字上，由此可見，通常機器學習是基於預測未知資訊為人們帶來決策上的收益的。但資料挖掘則不限於如此。發現資料的規律後不一定要跟著做預測，一條有價值的總結性資訊可以直接幫助人們進行決斷。

機器學習、資料挖掘、資料分析、大數據分析的相同點總結如下：

‧都是從資料中提取資訊的過程。

‧都是數學和電腦結合的產物。

‧都可以幫助人們進行判斷和決策。

4.2　機器學習的基本概念

在本節中，我們首先了解一個機器學習任務是如何進行的，分為哪些關鍵步驟；其次闡述機器學習中的幾個重要的術語（樣本、特徵、目標）；最後了解如何根據目標形式對機器學習任務進行分類。

4.2.1　資料集、特徵和標籤

我們從一個實際問題出發。表 4-2 是紐約市某餐廳一個月內顧客消費和給予小費的資料，我們希望利用此資料研究顧客用餐給小費的規律。以這個資料集為例，我們先向讀者介紹機器學習中的一些基本概念。

表 4-2　某餐廳小費支付表

ID	餐費	小費	性別	人數	星期	時間
1	17.8	2.34	男	4	週六	晚餐
2	21.7	4.3	男	2	週六	晚餐
3	10.1	1.83	女	1	週四	午餐
4	32.9	3.11	男	2	週日	晚餐
5	16.5	3.23	女	3	週四	午餐
6	13.4	1.58	男	2	週五	午餐

＊資料節選自 Python Seaborn 資料包。原資料包含 244 個樣本，7 個變量。

　　我們通常把表 4-2 這樣的樣本資料叫作資料集（dataset），該資料集以結構化的列表形式呈現。資料集由若干樣本（instances 或 examples）組成，每一個樣本是一個觀測資料的紀錄（Records），或者叫觀測值（Observances），在表格中以行（Row）的形式呈現。在機器學習中，一行、一條紀錄和一個樣本的概念可以視為是等價的。在這個情景中，我們關注的是顧客給予小費的情況，小費這一列是我們關注的結果（outcome），我們可以把這個變量稱為因變量（dependent variable，也叫函數值），在機器學習領域中通常叫作目標（target）或標籤（label），也有人把它稱為響應值（response）。以上幾個概念可以視為一個意思，在本書中一般用目標來指代這個變量，對應的資料稱為標籤資料。不同於「小費」，表中其他列表示的變量在這個問題中是用來解釋和預測「小費」的，我們把這些變量叫作自變量（independent variables），在機器學習領域通常用特徵（Features）這個術語來表示。特徵和目標在表中通常以列（column）的形式呈現。整個關係如圖 4-7 所示。

圖 4-7　特徵和目標例子

4.2.2　監督式學習和非監督式學習

　　並不是所有機器學習任務的資料集都帶有標籤資料，我們把具有標籤資料的學習任務叫作監督式學習（Supervised Learning）。當目標變量是連續型（比如溫度、價格）的時候，我們把這類問題叫作迴歸任務

（Regression Task）；當目標變量是離散型（例如某種植物是否具有毒性、貸款人是否會違約、員工所屬部門類別）的時候，我們遇到的問題則是分類任務（Classification Task）。迴歸問題和分類問題是監督式學習的兩大類型。

有時我們遇到的樣本資料並沒有標籤資料，我們把這個問題叫作非監督式學習（Unsupervised Learning）。非監督式學習雖然沒有標籤資料，但我們仍然可以挖掘特徵資料的資訊進行分析，聚類（Clustering）就是其中最常見的一種，它根據樣本資料分布的特點將資料分成幾個類。我們可以把機器學習任務按圖 4-8 進行分類。

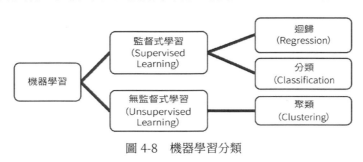

圖 4-8　機器學習分類

4.2.3　強化學習和遷移學習

強化學習（Reinforcement Learning）是不同於監督式學習和非監督式學習的另一種機器學習方法。在傳統機器學習分類中不包括強化學習，而隨著強化學習的飛速發展，越來越多的人傾向於把強化學習看作機器學習的第三類方法。

強化學習是基於「行動－反饋」的自我學習機制。所謂反饋，是一種基於行動對學習機的獎勵。學習機以最大化獎勵為目標，不斷改進「行動」，從而適應環境。強化學習與監督式學習的主要區別是，前者是完全靠自己的經歷去學習，沒有人告知學習機正確的答案，「強化」的信

號是對學習機行動的反饋；而後者則是有人在監督學習機。

強化學習就像人類剛出生時探索未知的大自然一樣，是自我摸索尋找行為道路的過程。強化學習目前一個熱門的應用是在遊戲 AI 中。一個射擊遊戲的機器人要學會如何躲避敵人子彈，找到最合理的開槍和換子彈時機，這些用傳統的機器學習來完成是相當困難的，因為遊戲對局是動態的、瞬息萬變的，有無數種可能。要用監督式學習「教會」電腦如何進行這些操作，需要訓練的過程是漫長而煩瑣的。強化學習很好的適應了這一問題。我們需要給電腦一個反饋機制，將「未能躲避子彈」作為懲罰，殺死敵人給予獎賞，剩下的就完全交給電腦去完成。這樣電腦就能透過一遍又一遍的行為探索得到一套成熟有效的行動方案。

遷移學習指的是將已經訓練好的參數提供給新的模型用作訓練。現實中很多機器學習問題是存在相關性的。比如在圖像辨識中，辨識狗和辨識哈士奇，雖然具體任務不同，但它們具有相似性，用於辨識狗的模型學習到的參數可以分享給辨識哈士奇的任務，使得後者可以「從半路開始」，而不是從零開始學習參數，大大減少了學習時間。

遷移學習並不是一種新的機器學習分類，而是一種加快學習的模式。遷移學習在深度學習模型中的應用尤為明顯。深度學習的模型龐大複雜，具有極多的參數需要訓練。

4.2.4　特徵資料類型

- 數值型（numerical），如長度、溫度、價格等。
- 分類型（categorical），如性別。
- 文本（text），如姓名、地址等。
- 日期（datetime），如 2018-08-26。

4.2.5 訓練集、驗證集和測試集

在機器學習任務中，我們通常將資料集分成三部分：訓練集（Training Set）、驗證集（Validation Set）和測試集（Test Set）。下面介紹這三個概念。

· 訓練集： 用於訓練模型，確定模型中的參數。

· 驗證集： 用於模型的選擇和最佳化。

· 測試集： 用於對已經訓練好的模型進行評估，評價其表現。

訓練集和測試集的概念相對好理解。訓練集顧名思義是用來訓練的，機器使用訓練集來學習樣本。而測試集用來檢驗模型的效果。就像我們在學校學習功課，訓練集如同教科書中的題庫，測試集相當於考試試卷。我們透過「做題庫」獲得知識，從而在考試中獲得優異的成績。

為什麼要建立測試集呢？不直接用訓練集進行測試的原因是，模型是用訓練集進行學習的，傾向於盡可能擬合訓練集資料的特性，因此在訓練集上的測試效果通常會很好，但在沒有見過的資料集上表現效果可能會明顯下降，這個現象叫作過擬合（Overfitting）。有關過擬合的概念，後面會詳細介紹。模型在沒有見過的資料集上獲得高準確率比在原訓練集上獲得好的效果更有說服力。因此，總是要設立測試集。就像只有考試才能最公平的衡量學生對功課的掌握程度一樣。

有了訓練集和測試集，很多機器學習入門者可能不知道還有驗證集這樣一個概念。事實上，驗證集是用來調參的。為了敘述的流暢性，這裡讀者可以先將調參理解為調整模型，相關概念會在後續章節介紹並透過具體例子說明。驗證集的作用是比較我們所嘗試的多個模型，從中選擇表現最好的一個。這個任務僅透過測試集其實也能實現，很多人會直接把測試集當作驗證集來選擇和最佳化模型，從而將測試集和驗證集的概念混為一談。但嚴格來說，驗證集的單獨存在是必要的。測試集用來衡量一個完整建好的模型，意味著這個模型在之前就被認定為已經調整到最優，而這個最佳化的過程就是透過驗證集實現的。如果我們延續上文中對訓練集和測試集的比喻，驗證集就相當於考前的模擬測試。

4.2.6　機器學習的任務流程

一個完整的任務流程大致可分為如圖 4-9 所示的 6 個步驟。注意這個流程只是一般的思路，具體問題會有各自的差異和側重。

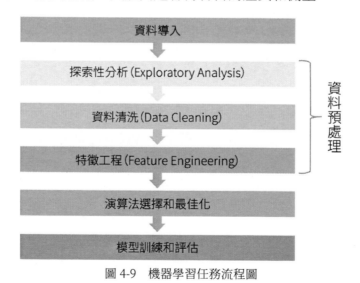

圖 4-9　機器學習任務流程圖

一般來說，在「資料導入」上，機器學習演算法讀入的是像表 4-2 一樣的結構化資料（Structured Data）。在結構化資料中，特徵都是以列的形式一條一條展開的。但是在圖像辨識、語音辨識等任務中，原始資料以圖片或音訊的形式出現，所謂的特徵我們是「看不見的」。這個時候，我們需要將這些原始資訊轉化為結構化的形式。

4.3　資料預處理

在拿到任務和資料後，應該先做資料預處理的基本流程，包括探索性分析、資料清洗和特徵工程。本節闡述探索性分析的目的和途徑、資料清洗的常見類型和方式、特徵工程的重要性和常見方法。

4.3.1　探索性分析

探索性分析（Exploratory Analysis），或者叫探索性資料分析（Exploratory Data Analysis），是透過圖表等視覺化工具對原始資料（Raw Data）進行大致了解和初步分析的過程。探索性分析的目的是讓我們對陌生的資料集有個直覺和感性的認識，從而在龐大的資料集中發現有價值、值得挖掘的資訊，找出資料集中的「亮點」。具體而言，透過探索性分析，我們可以：

　·了解資料集的基本資訊。

　·為資料清洗提供方向。

　·為特徵工程提供方向。

探索性分析是我們在拿到資料集還沒有頭緒的時候可以嘗試的方法。探索性分析要避免時間過長，畢竟我們的目的是對資料進行初步探索，分析工作的重頭戲在後面。

4.3.2　資料清洗

好的資料總是比好的演算法要強得多（Better data beats fancier algorithms）。這句話送給初學者是最合適不過的。任何想從事機器學習的資料分析師，首先要記住這句話。如果資料品質差，雜亂無章，即使再好的演算法也沒有用，就好比加工垃圾一樣，用再先進的技術加工出來的成品也是垃圾（Garbage in, garbage out）。之所以要進行資料清洗，是因為在現實生活中，我們遇到的絕大多數資料集都是「不乾淨的」。比如會出現以下情形（見表 4-3）：

·存在重複紀錄的資料

比如人口資料中同一個人有兩條完全相同的紀錄。

·存在不相關紀錄

比如我們只關注中國人口資料，但資料集中有美國人的資訊。

·無用的特徵資訊

例如身分 ID 等一些顯然不會對結果有影響的編號類資料。

·文字拼寫錯誤

一些比較明顯的資訊輸入錯誤。

·資訊格式不統一

例如大小寫不一致，比如「beijing」和「Beijing」應該屬同一類。表述形式不統一，比如「陝西省」和「陝西」也應該統一成一種。

·明顯錯誤的離群值（outlier）

比如某個人的年齡資料顯示為 175。

·缺失資料

表格中有一些資訊空缺，沒有紀錄，如表 4-3 所示。

表 4-3　人口資訊：雜亂的資料

姓名	ID	性別	年齡	學歷	城市
張三	1400001	男	26	大學	北京市
李雷	1400002	男	21	研究所	上海
李雷	1400002	男	21	研究所	上海
王娜	1400003	女	NaN	高中	杭州
劉磊	1400026	男	175	NaN	深圳
林佳	1400027	Female	18	碩士	新加坡
孫瑤	1400031	女	24	大學	北京

＊NaN 表示缺失資料。

　　設想一下，假如我們遇到表 4-3 這樣的原始資料，想必一定會很頭疼吧。如果不做資料清洗，後面的模型分析等操作根本就是寸步難行。然而資料亂不等於它沒有分析價值，只要經過專業的資料清洗和特徵工程處理，我們仍然能得到出色的分析效果。現實中資料來源紛雜多樣，絕大多數做機器學習的人都需要花費大量時間進行資料預處理和清洗。

　　那麼，如何清洗資料呢？對於離群值（見圖 4-10），很多人會把離群值所在的紀錄去掉或者用缺失值代替，但其實很多時候這樣做並不是最好的選擇。離群值通常指樣本中偏離均值較大的資料，在圖像中通常處於「孤立」的位置。離群值所表示的資料很可能是有問題的。然而，離群值在被證明「有罪」之前都是清白的，僅當有確切、合適的理由的時候才可以去掉它，並且這樣做能夠提高模型的預測效果。因為「數值太大」，草率的將其去掉是不可取的，因為這個「大數值」本身可能包含了一定資訊。最後無論怎樣，離群值所在行的其他特徵資料依然是清白的，所以這一條紀錄不能因為一個特徵出現離群值就去掉。

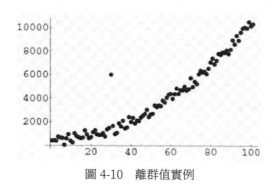

圖 4-10　離群值實例

　　對於缺失值，有幾種常見的處理方式。第一種處理方式是用均值或者眾數等進行填充。這樣做的好處是比較快捷、方便，但可能不是最合理的方式。當缺失值比例較大時，這樣做等於人為的向資料集中添加了雜訊，因為這些資料並不是真實、準確的資訊，從而可能會影響我們對結論的判斷。類似的填充方式還有根據前後數值填充、插值填充、模型擬合填充等。第二種處理方式是去掉該特徵。當一個特徵大部分值都缺失時，如果我們認為這個特徵對分析沒有幫助，去掉該特徵也並非不是一個可取的方法。第三種處理方式是保留缺失值的資訊。對於分類型變量，我們可以將缺失值作為新的一類。

4.3.3　特徵工程

　　特徵工程（Feature Engineering）又稱特徵提取，是機器學習建模之前的一個重要步驟。前文提到，機器學習的本質是要找從 x 到 y 的映射，我們最終的目標是輸出 y。如果 x 沒有幫助的話，後面的努力往往會成為徒勞。特徵工程就是從原始資料中找到合適的特徵集 x 的過程。

　　在很多機器學習任務中，特徵工程是最重要，也是最耗時的環節，其重要性遠遠超過建模和訓練。然而這個過程最容易被初學者忽視。特

徵工程是漫長而艱苦的過程。在 Kaggle 資料科學競賽中，選手們平均花
在建構特徵集的時間在 70% 以上。一個好的特徵集通常能戰勝一個好的
模型或者演算法。

第 5 章　模型

　　本章我們闡述模型和演算法的含義，了解一個模型是如何訓練出來的，了解參數的概念和在模型中的地位。本章還將學習機器學習最經典的模型——線性迴歸，用電腦實戰操作解決機器學習問題，了解 Python 機器學習庫 sklearn 基本模式。

5.1　什麼是模型

　　下面透過一個具體的案例來認識機器學習中的重要概念——模型，了解模型的作用及它是怎樣運作的。

　　表 5-1 是從美國城市餐廳小費資料集中節選的資料，我們透過圖 5-1 的關係圖來觀察小費與餐費之間的關係。

表 5-1　從美國城市餐廳小費資料集中節選的資料

total_bill	tip
18.35	2.5
15.06	3
20.69	2.45
17.78	3.27
24.06	3.6
16.31	2
16.93	3.07
18.69	2.31
31.27	5
16.04	2.24

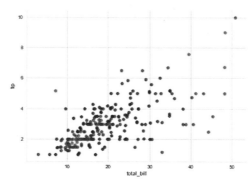

圖 5-1　小費與餐費關係圖

用 x 軸表示餐費，y 軸表示小費，透過觀察散點圖可以看出，y 隨著 x 的增加而增加，並且近似成比例增加。熟悉美國小費制度的讀者應該知道，小費通常和餐費成正比，根據顧客對用餐服務的滿意程度，金額一般為餐費的 10% ～ 20%。因此，我們考慮用線性表達式來刻畫 x 與 y 之間的關係：

$$y = a0 + a1^* x \quad (1)$$

上述公式就是最簡單的線性迴歸（Linear Regression）模型。因為只有一個自變量 x，所以叫做一元線性迴歸。下面我們以這個一元線性迴歸為例，來看在機器學習中模型究竟是什麼，以及是怎麼運作的。

公式（1）所表述的 y 與 x 之間的關係就是這個任務中我們所用的模型。對於模型的概念，我們可以這樣理解，它刻畫了因變量 y 和自變量 x 之間的客觀關係，即 y 與 x 之間存在這樣一種形式的客觀規律在約束。具體來說，y 約等於某個數乘以 x，再加上另一個數。使用這個模型，就意味著我們認定樣本資料服從這樣一個規律。換句話說，模型是對處理變量關係的某種假設。在機器學習中，a1 叫作權重（weight），a0 叫作偏差（bias），x 是一個特徵（feature），而 y 是預測的標籤。訓練一個模型就是從訓練資料中確定所有權重和偏差的最佳值。如圖 5-2 所示，箭頭部分表示了預測值和真實值之間的差距，這叫誤差（loss）。如果這個模型很完美，那麼誤差應該接近 0。訓練的目標是找到讓誤差最小的權重和偏差。

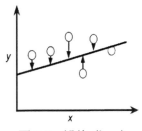

圖 5-2　誤差（loss）

需要指出的是，（1）公式在統計學上不是嚴謹的寫法，但我們在討論機器學習時可以這樣簡寫。y 與 x 在統計學意義上的關係可以由下式給出：

$$y = a0 + a1x + epsilon$$

或

$$E（y|x）= a0 + a1x$$

第一個式子中的 epsilon 是誤差項，通常服從標準正態分布。第二個式子的含義與第一個相同，y 在給定 x 的情況下服從條件正態分布，並且條件期望是 a0 + a1x。

在確定參數 a0、a1 之前，可以把上面的式子看成一系列模型，或者稱為模型簇（set of models）。這些參數一旦取定之後，這個式子就成為一個確定模型。比如 y = 4 + x 和 y = 2x 就是兩個具體的模型，相對應的參數（a0，a1）分別為（4，0）和（0，2）。

5.2　誤差和 MSE

假設我們有一組帶標籤的樣本（x，y），如表 5-2 所示。

表 5-2　一組帶標籤的樣本

y	2	1	9	11	14
x	2	3	5	9	7

讓我們嘗試用下面兩個模型對原樣本資料進行預測：

模型 1：y = x + 4
模型 2：y = 2x

第一個模型的預測效果如表 5-3 所示。

表 5-3　第一個模型的預測效果

x	2	3	5	6	7
y'	6	7	9	10	11
誤差	1	0	0	-1	-3

第二個模型的預測效果如表 5-4 所示。

表 5-4　第二個模型的預測效果

x	2	3	5	6	7
y"	4	6	10	12	14
誤差	-1	-1	1	1	0

上面兩個表中的誤差是預測值與真實值之間的距離，描述了預測值與真實值之間的偏離程度。為了評價模型的擬合效果，我們需要運算均方誤差（Mean Squared Error，MSE）。均方誤差是所有誤差平方的平均值。例如上述兩個模型的均方誤差分別為：

MSE1 ＝（1^2 ＋ 0^2 ＋ 0^2 ＋（-1）^2 ＋（-3）^2）／5 ＝ 11／5

MSE2 ＝（（-1）^2 ＋（-1）^2 ＋ 1^2 ＋ 1^2 ＋ 0^2）／5 ＝ 4／5

均方誤差通常簡稱為 MSE，是迴歸模型中極為重要的概念，它描繪了整個考察的樣本集中預測值和實際值的平均偏離程度。在迴歸任務中，我們希望 MSE 盡可能的小。MSE 越小，說明模型的擬合效果越好。就上述兩個模型相比，y ＝ 2x 的擬合效果更優，也就是說它更接近樣本資料的分布規律。

5.3　模型的訓練

模型的訓練就是參數的求解，即演算法。那麼，如何確定參數？回到前面的小費的例子：

```
y ＝ a0 ＋ a1* x
```

　　我們現在已經認定 y 與 x 存在上述的線性關係，但我們還不知道 a0、a1 的值。如何確定它們？這就需要我們的樣本集出場。我們想要找到最合適的 a0、a1，使得上述公式能最好的擬合樣本集資料的特徵。這就是所謂的機器學習演算法。它就是檢查所有的樣本資料，從而找到一個模型，這個模型的誤差盡可能小。簡單來說，透過演算法來求解參數。比如，找到一組參數值（a0，a1），使得均方誤差最小。模型訓練的目標就是找到誤差盡可能小的參數。

　　誤差函數是為了評估模型擬合的好壞，通常用誤差函數來度量擬合的程度。誤差函數極小化意味著擬合程度最好，對應的模型參數即為最優參數。在線性迴歸中，誤差函數可以是上述的均方誤差。

5.3.1　模型與演算法的區別

　　在前文中，我們對於模型和演算法這兩個概念的界定是比較模糊的，事實上，模型和演算法這兩個概念是有區別的。對於線性迴歸這個例子來說可以這樣理解，用來描述問題、定義變量之間關係的公式（1）是模型本身，而用來求解模型中的參數的「最小二乘法」則可以看成是演算法。整體來說，模型用來描述要解決的問題，通常為一個或一系列數學表達式；而演算法則是解決這個問題的過程，用於求解模型中待定的參數，經常會透過程式設計來實現。

　　針對一個模型，可以有多種不同的演算法來求解。拿線性迴歸來說，模型中 a0，a1，……，am 是需要求解的參數，而「最小二乘法」（又稱最小平方法，最小化誤差的平方）只是其中最經典的一種求解方法，除了「最小二乘法」之外，還可以透過最大概似估計等方法來運算。不同模型會有各自適合的演算法，比如求解深度學習模型中的參數會用到著名的梯度下降演算法。不同的演算法可能會有截然不同的思想，比如

最大概似估計是用統計學思想來估算的，而梯度下降法的思路則是利用電腦反覆疊代找到最優值。

5.3.2 疊代法

疊代法是用電腦解決問題的一種基本方法。比如，5.1 節中的公式（1），對於一個資料集，我們要求解最佳的 a0 和 a1，使得它的誤差最小（比如使用 MSE 來判斷）。那麼，疊代法就是利用電腦運算速度快、適合做重複性操作的特點，讓電腦嘗試一組一組的參數值（a0，a1），在同一個資料集上重複運算誤差。在每次執行一組參數後，就換到一組新的參數（見圖 5-3）。機器學習演算法能夠使用這個疊代過程來訓練模型。整個疊代一直繼續，直到找到一組誤差足夠小的參數值。

圖 5-3　疊代法

簡單來說，利用疊代演算法解決問題需要做好以下三個方面的工作。

1. 確定疊代變量

在可以用疊代演算法解決的問題中，至少存在一個直接或間接的不斷由舊值遞推出新值的變量，這個變量就是疊代變量。在上述例子中，a0 和 a1 是兩個疊代變量。

2. 建立疊代關係式

所謂疊代關係式，是指從變量（如 a0）的前一個值推出其下一個值

的公式（或關係）。疊代關係式的建立是解決疊代問題的關鍵，通常可以使用遞推或倒推的方法來完成。

3. 對疊代過程進行控制

在什麼時候結束疊代過程是編寫疊代程式必須考慮的問題。不能讓疊代過程無休止的重複執行下去。疊代過程的控制通常可分為兩種情況：一種是所需的疊代次數是一個確定的值，可以運算出來；另一種是所需的疊代次數無法確定。對於前一種情況，可以建構一個固定次數的循環來實現對疊代過程的控制；對於後一種情況，需要進一步分析出用來結束疊代過程的條件。在機器學習中，這個結束的條件就是誤差（比如 MSE）。只要誤差達到要求，就可以結束疊代。一般情況下，誤差不再有大的變化，我們就可以終止疊代，然後說模型已經是收斂（converged）的了。

5.4　梯度下降法

在 5.3.2 節的疊代法中，針對圖 5-3 中的「更改模型參數值」，我們並沒有說明下一組新參數值怎麼出來。假定我們有足夠的時間來遍歷各個 a1 的可能值，那麼對於線性迴歸函數來說，誤差和 a1 值之間的關係如圖 5-4 所示。

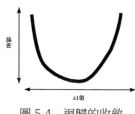

圖 5-4　迴歸的收斂

誤差的最小值就是誤差函數收斂的位置。如果我們嘗試每個 a1 值去找到這個收斂點，效率就低了。在機器學習中，有一個更好的方法，那

就是梯度下降法（Gradient Descent）。

如圖 5-5 所示，在梯度下降法中，首先選擇一個 a1 的起點值。這個起點值可以是 0，也可以是一個隨機數，這些都沒關係，我們的目的是求誤差的最小值。下面來看梯度下降的一個直覺的解釋。比如我們在一座大山上的某處位置，由於我們不知道怎麼下山，於是決定走一步算一步，也就是在每走到一個位置的時候，求解當前位置的梯度，沿著梯度的負方向，也就是當前最陡峭的方向向下走一步，然後繼續求解當前位置的梯度，從這一步所在的位置沿著最陡峭最易下山的方向走一步。這樣一步步的走下去，一直走到山腳。當然這樣走下去，有可能我們不能走到山腳，而是到了某一個局部的山峰低處。從上面的解釋可以看出，梯度下降不一定能夠找到全局的最優解，有可能是一個局部最優解。當然，如果誤差函數是凸（convex）函數，梯度下降法得到的解就一定是全局最優解，因為最小值的地方就是梯度為 0 的地方。

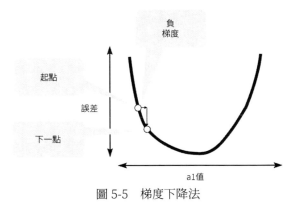

圖 5-5　梯度下降法

5.4.1　步長

從上面的例子可以看出，下山或者尋找最小值取決於兩個因素：

（1）每步你走哪個方向。如圖 5-4 所示，從起點到下一個點，選擇

負梯度方向。

（2）每步你走多遠，這叫步長（step size，也叫 learning rate）。步長決定了在梯度下降疊代的過程中，每一步沿梯度負方向前進的長度。用上面下山的例子，步長就是在當前這一步所在位置沿著最陡峭最易下山的位置走的那一步的長度，如圖 5-5 所示。

在機器學習演算法中，在最小化誤差函數時，透過梯度下降法來一步步的疊代求解，最終得到最小化的誤差和模型參數值。

上述的步長是一個超參數（Hyperparameter）。所謂超參數，是模型的一些細化特徵。超參數與參數不同，它們本質的區別是，參數是在模型中訓練出來的，而超參數是不可被訓練的。絕大多數機器學習模型都有超參數，超參數是需要我們在訓練之前人為指定的。

5.4.2　最佳化步長

在使用梯度下降時，需要進行調優。哪些地方需要調優呢？

（1）演算法的步長選擇。在前面的演算法描述中，可以先取步長為 1，但是實際上取值取決於資料樣本，可以多取一些值，從大到小，分別運行演算法，看看疊代效果，如果誤差函數在變小，說明取值有效，否則要增大步長。步長太小，疊代速度太慢，很長時間演算法都不能結束（見圖 5-6）。步長太大會導致疊代過快，甚至有可能錯過最優解（見圖 5-7）。所以演算法的步長需要多次運行後才能得到一個較為優的值。

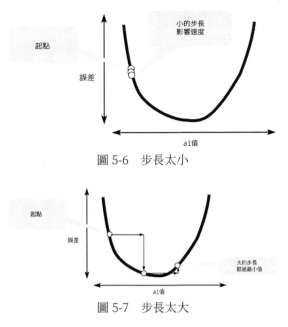

圖 5-6　步長太小

圖 5-7　步長太大

（2）演算法參數的初始值選擇。初始值不同，獲得的最小值也有可能不同，因此梯度下降求得的只是局部最小值。當然，如果誤差函數是凸函數，則一定是最優解。由於有局部最優解的風險，需要多次用不同初始值運行演算法，選擇誤差函數最小化的初值。

總之，對於一個成功的模型訓練來說，並不一定要找到那個最完美的步長。我們的目標是找到一個足夠大的步長，這使得梯度下降能夠高效能收斂。

5.4.3　三類梯度下降法

有三類常見的梯度下降法，下面一一進行介紹。

·批次梯度下降法

批次梯度下降法（Batch Gradient Descent）是梯度下降法最常用的形式，具體做法就是在更新參數時使用所有的樣本來進行更新，這個

方法對應於前面的線性迴歸的梯度下降演算法，也就是說前面的梯度下降演算法就是批次梯度下降法。由於我們有 m 個樣本，這裡求梯度的時候就用了所有 m 個樣本的梯度資料。

·隨機梯度下降法

隨機梯度下降法（Stochastic Gradient Descent）其實和批次梯度下降法的原理類似，區別在於求梯度時沒有用所有的 m 個樣本的資料，而是僅僅選取一個樣本 j 來求梯度。隨機梯度下降法和批次梯度下降法是兩個極端，一個採用所有資料來梯度下降，一個用一個樣本來梯度下降。自然各自的優缺點都非常突出。對於訓練速度來說，隨機梯度下降法由於每次僅採用一個樣本來疊代，訓練速度很快，而批次梯度下降法在樣本量很大的時候，訓練速度不能讓人滿意。對於準確度來說，隨機梯度下降法僅用一個樣本決定梯度方向，導致解很有可能不是最優的。對於收斂速度來說，由於隨機梯度下降法一次疊代一個樣本，導致疊代方向變化很大，不能很快的收斂到局部最優解。

那麼，有沒有一個中庸的辦法能夠結合兩種方法的優點呢？有，這就是小批次梯度下降法。

·小批次隨機梯度下降法

小批次隨機梯度下降法（Mini-Batch Stochastic Gradient Descent，Mini-Batch SGD）是批次梯度下降法和隨機梯度下降法的折中，也就是對於 m 個樣本，我們採用 x 個樣子來疊代，$1<x<m$。一般可以取 10 到 1,000 之間的隨機數，當然根據樣本的資料，可以調整這個 x 的值。

5.4.4　梯度下降的詳細演算法

本節內容需要讀者具有一定的微積分基礎。讀者可跳過本節內容。在微積分裡面，對多元函數的參數求 ∂ 偏微分，把求得的各個參數的

偏微分以向量的形式寫出來，就是梯度。比如函數 f（x，y），分別對 x、y 求偏微分，求得的梯度向量就是（$\partial f/\partial x$，$\partial f/\partial y$），簡稱 grad f（x，y）。對於在點（x_0，y_0）的具體梯度向量就是（$\partial f/\partial x_0$，$\partial f/\partial y_0$），如果是 3 個參數的向量梯度，就是（$\partial f/\partial x$，$\partial f/\partial y$，$\partial f/\partial z$），以此類推。那麼，這個梯度向量求出來有什麼意義呢？從幾何意義上講，就是函數變化增加最快的地方。具體來說，對於函數 f(x，y)，在點（$_0$，y_0），沿著梯度向量的方向，就是（$\partial f/\partial x_0$，$\partial f/\partial y_0$）的方向，是 f（x，y）增加最快的地方。或者說，沿著梯度向量的方向更加容易找到函數的最大值。反過來說，沿著梯度向量相反的方向，也就是 -（$\partial f/\partial x_0$，$\partial f/\partial y_0$）的方向，梯度減小最快，也就更加容易找到函數的最小值。

梯度下降法的演算法可以有代數法和矩陣法（也稱向量法）兩種表示，如果對矩陣分析不熟悉，則代數法更加容易理解。本節以代數法為例來講解演算法。

1. 先決條件：確認最佳化模型的假設函數和誤差函數

比如對於線性迴歸，假設函數表示為 h_θ（x_1，x_2，……，x_n）＝ θ_0 ＋ $\theta_1 x_1$ ＋……＋ $\theta_n x_n$，其中 θ_i（i＝0，1，2……n）為模型參數，x_i（i＝0，1，2，……，n）為每個樣本的 n 個特徵值。這個表示可以簡化，我們增加一個特徵 x_0＝1，這樣 h_θ（x_0，x_1，……，x_n）＝ $\sum \theta_i x_i$，其中 i＝0～n。同樣是線性迴歸，對應上面的假設函數，誤差函數可以使用樣本輸出和假設函數的差取平方。

2. 演算法相關參數初始化

主要是初始化 θ_0，θ_1，……，θ_n，以及演算法終止距離 ε 和步長 α。在沒有任何先驗知識的時候，我可以將所有的 θ 初始化為 0，將步長初始化為 1。在調優的時候再優化。

3. 演算法過程

（1）確定當前位置的誤差函數的梯度。在微積分裡面，對多元函數的參數求 ∂ 偏微分，把求得的各個參數的偏微分以向量的形式寫出來，就是梯度。對於 θi，其梯度表達式為 ∂ f/ ∂ θi，其中函數 f 可以是均方差函數。

（2）用步長乘以誤差（損失）函數的梯度得到當前位置下降的距離，即對應於前面登山例子中的某一步。

（3）確定是否所有 θi 梯度下降的距離都小於 ε，如果小於 ε，則演算法終止，當前所有的 θi（i = 0，1，……，n）即為最終結果。否則進入步驟 4。

（4）更新所有的 θ，對於 θi，其更新表達式如下。更新完畢後繼續轉入步驟（1）。

$$\theta i = \theta i - 當前位置下降的距離$$

在機器學習中，無約束最佳化演算法除了梯度下降法以外，還有前面提到的最小二乘法，此外還有牛頓法和擬牛頓法。梯度下降法和最小二乘法相比，梯度下降法需要選擇步長，而最小二乘法不需要。梯度下降法是疊代求解，最小二乘法是運算解析解。如果樣本量不算很大，且存在解析解，最小二乘法比起梯度下降法有優勢，運算速度很快。但是如果樣本量很大，用最小二乘法由於需要求一個超級大的逆矩陣，這時就很難或者很慢才能求解了，使用疊代的梯度下降法比較有優勢。梯度下降法和牛頓法／擬牛頓法相比，兩者都是疊代求解，不過梯度下降法是梯度求解，而牛頓法／擬牛頓法是用二階的黑塞矩陣的逆矩陣或偽逆矩陣求解。相對而言，使用牛頓法／擬牛頓法收斂更快，但是每次疊代的時間比梯度下降法長。

5.5　模型的擬合效果

透過學習本節內容，我們將了解欠擬合和過擬合及其嚴重性，認識形成過擬合的原因，以及如何解決過擬合。

5.5.1　欠擬合與過擬合

在如圖 5-8 所示的分類問題中，我們的目標是找到一個分類器，分割兩種標籤的資料。我們用肉眼不難看出，藍色標籤（圓圈）的點集中在圖的右上區域，中間的圖是最為合適的分類器。左圖用一條直線分割平面，模型過於簡單，對直線右側的紅色標籤資料（叉叉）刻劃較差，屬於欠擬合（underfit）；而右圖則用了比較複雜的模型，對樣本集的資料全部照顧，屬於過擬合（overfit）。過擬合是參數過多，對訓練集的匹配度太高、太準確，以至於在後面的預測過程中可能會導致預測值非常偏離合適的值，預測非常不準確。中間的圖是合適的擬合。

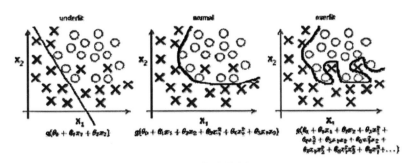

圖 5-8　擬合的例子

欠擬合和過擬合都是應當盡可能避免的。欠擬合會讓我們的模型產生較大的偏差（bias），這裡的偏差是指我們的模型描繪的資料分布與資料的客觀分布之間存在差異。欠擬合通常是因為我們使用了過於簡單的模型，比如線性模型，或者訓練的時間不夠。而過擬合雖然將樣本集的

誤差降到最低，但會使模型產生很大的方差（variance），方差大意味著當新的資料進來時，模型的預測準確率波動會比較大，雖然訓練集預測能力很好，但對未知的測試集預測效果可能會很差。過擬合通常是因為我們的模型過於複雜。

　　事實上，在實際應用中，過擬合的問題遠遠多於欠擬合。在解決問題時，我們幾乎總是要考慮和處理過擬合，但很少會遇到欠擬合。這是因為我們在訓練模型時經常會採用過於複雜的模型，使用了太多的特徵（features）來訓練，對訓練集的匹配度非常高（誤差幾乎為零），但是不能推廣到其他未知資料上，也就是對於訓練集之外的輸入不能做出正確的預測。

　　防止過擬合是機器學習中極其重要的一個問題，重要到後文幾乎所有模型講解中都會提到並給出防止過擬合的方法，可以說如果沒有處理好過擬合，我們就會全盤皆輸。過擬合是絕對值得我們花相當一部分時間去處理的。

5.5.2　過擬合的處理方法

　　當過擬合發生時，我們的模型對訓練集資料的預測效果很好，但對測試集資料的預測效果較差。這是因為模型過於關注訓練集的局部特徵，從而記住了樣本集的雜訊，而這些雜訊並不是資料分布的真實規律，所以出現了訓練集和測試集準確率相差較大的情況。無論多優秀的模型，如果我們不去防止，都可能出現過擬合。通常有以下幾種辦法來處理過擬合問題。

　　（1）使用更多訓練資料

　　引入更多訓練資料通常會降低過擬合。訓練資料的增加總是會為機器學習帶來正面的作用，降低過擬合就是最大的好處之一。資料量越

大，意味著模型訓練得到的參數方差越小，模型越穩定，因此會降低資料集發生變化時模型效果的波動，從而降低過擬合。

雖然增大訓練資料量是「首選」，但很多時候獲得更多資料是很困難的。如果無法引入更多資料，我們仍然可以嘗試這兩種方法：第一種，將資料集中更多的資料用作訓練資料，即加大訓練集所占的比例。第二種，透過資料集增強（Data Augmentation）的方式從原始資料集中「獲得」更多虛擬資料，如透過將原始圖片旋轉、鏡像及色彩變換等技巧生成更多圖片用作訓練。

（2）使用正則化

正則化是降低過擬合的一個主要技巧。正則化是透過改變誤差（損失）函數，在誤差函數原有的基礎上加入懲罰項。懲罰項和參數的大小直接相關，當我們使用過多的參數時，這個懲罰項會變得很大，從而可以防止模型過於複雜。常見的正則化方法包括 L1 和 L2 正則化。關於這兩種正則化方法會在後面的章節進行詳細介紹。加入 L1 和 L2 懲罰項可以讓部分參數值急遽變小或變成 0，以達到「壓縮」參數個數的作用。

（3）Early Stopping

Early Stopping 是指在疊代過程中提前結束疊代，從而防止過度訓練的方法。訓練時間過長，模型會越來越傾向於記住樣本集的全部內容，而這會導致過擬合的發生。因此，我們可以在疊代訓練的過程中隨時觀察誤差（損失）函數的變化情況，如果發現在一段時間後模型效果沒有顯著提升，就停止訓練。針對神經網路更多過擬合的解決方法也會在後面的章節系統性的介紹。

（4）使用整合演算法

整合演算法是指將多個簡單模型進行平均的系統性方法。假設我們有 10 個模型，這 10 個模型單獨運作都容易發生過擬合，但這 10 個模

型平均之後則會降低過擬合的影響。就好比評審打分數，1 個人的評分經常是不穩定的，多個人投票或者取均值則會讓評分變得更加公正、可靠。這裡讀者可以先記住一句話來代表整合演算法的思想，叫作「眾人拾柴火焰高」。整合演算法可以將多個基礎演算法結合在一起，並把「團體」的力量發揮到最大。

（5）減少特徵的數量

減少特徵的數量包括人工手動減少特徵的數量和使用模型選擇演算法，我們會在後面的章節中講到。

5.6 模型的評估與改進

透過上節的學習，我們知道為了防止過擬合，需要有效的利用驗證集來選擇表現最好的模型。我們順著這個思路進入本節的學習：透過驗證集評價、選取和改進模型。

5.6.1 機器學習模型的評估

要評價一個機器學習模型的表現，我們需要一個具體的指標來評估。一個確實的量化指標對我們評價和選擇模型具有重要的參考意義。對於迴歸模型來說，常用的指標為 MSE、MAE 等，對於分類模型，常用指標包括準確率、精確率、召回率、F1-Score、ROC 曲線和 AUC 等。下面我們來詳細介紹這些概念。

1. 分類模型的評估

絕大多數分類任務都是二分類任務（binary classification problem），即類別只有兩種：0 或 1。對於一個二分類問題來說，根據預測值和真實值分類，無外乎出現表 5-5 所示的 4 種情況。

表 5-5　根據預測值和真實值分類所出現的 4 種情況

	真實類別：1	真實類別：0
預測類別：1	TP（True Positive）	FP（False Positive）
預測類別：0	FN（False Negative）	TN（True Negative）

對於分類問題，最直覺也是最簡單的評價指標就是準確率（Accuracy），即樣本中有多大比例被我們預測正確。準確率等於預測正確的樣本數除以總樣本數，即（TP ＋ TN）／（TP ＋ TN ＋ FP ＋ FN）。相對應的一個概念是錯誤率（Error/Misclassification Rate），或者叫誤差率，是指我們預測錯誤的樣本數所占的比例，誤差率＝ 1 －準確率。

使用準確率或誤差率作為評價指標的時候，意味著我們將兩種分類類別平等對待。但現實中我們遇到的二分類任務中，通常兩種分類類別並不像「性別為男或女」這樣的對等關係，而是有正負之分。我們將某件事情發生、具有肯定性結果對應為類別 1，或稱為具有正值，比如藥檢呈陽性、天氣預報會下雨、信用貸款會違約等。與之相對應的分類結果歸為類別 0，即事件未發生、具有否定性的結果。

當我們要差別對待類別 0 和類別 1 時，就需要懂得精確率、召回率等概念，這也是我們引入表 5-5 的原因。

精確率（Precision）的定義是所有我們預測為正的樣本中確實為正值的比率。

$$精確率 = TP ／（TP ＋ FP）$$

召回率（Recall）是指所有真實值為正的樣本中被我們預測為正值的比率。

$$召回率 = TP ／（TP ＋ FN）$$

F1-Score 綜合考慮精確率與召回率，等於二者的調和平均值，定義如下：

$$F1\text{-}Score = 2* precision* recall ／（precision ＋ recall）$$

精確率和準確率看似只在分母上有細微差別，其實表達的意思截然不同，它們反映了分類器性能的兩個方面。之所以有兩個概念，是因為不同問題中我們關注的側重點不同。我們來看以下兩個場景。

（1）罪犯追蹤

在人臉辨識罪犯的案例中，通常我們會秉著「不錯怪任何好人」的原則，希望我們辨識出來的「罪犯」確實全部是真的罪犯。因此，我們要讓精確率盡可能高，判斷出的正值不能有失誤。雖然這樣做可能會使得一些嫌犯「逃脫」，但仍然是這個任務中可以接受的結果，總比錯將好人當作犯人產生不必要的麻煩要好得多。

（2）地震檢測

對於地震的預測則恰恰相反，我們希望當地震真實發生時我們能預測出來，寧可 100 次誤報 95 次，將 5 次地震全部預測到，而不要只預測10 次，結果漏掉 5 次中的 2 次。在這個情形中，我們希望召回率越高越好，哪怕犧牲一定的精確率。

2. 迴歸模型的擬合效果評估

相比分類模型，迴歸模型的評價指標則比較簡單，最常使用的指標就是前面提到的 MSE。回憶一下，MSE 是估算值與真實值之差的平方和取均值再開平方根，用來量化預測值和真實值的偏離程度。除了 MSE之外，有時也會用 MAE（Mean Absolute Error，平均絕對誤差）。MAE 是估算值與真實值之差的絕對值取均值。MAE 看起來似乎比 MSE更直覺，但遠不及 MSE 常用。這主要是因為 MSE 作為誤差（損失）函數是可導的，方便透過求導來找最小值。

3. 其他評價指標

除了衡量模型的準確度外，有時我們還需要關注運算能力相關的一些指標，比如運行時間、占用記憶體等。這些指標雖然重要，但通常不

會作為最佳化的對象，而是作為一種「條件指標」進行約束，在該約束下使得我們要最佳化的指標（準確度）盡可能好。

5.6.2　機器學習演算法與人類比較

隨著機器學習越來越普及，人們逐漸開始將機器學習和人類的表現作比較。機器學習演算法和人類的比較也成為越來越多機器學習學者研究的課題。這是因為最近幾年隨著機器學習演算法變得越來越先進，特別是深度學習的興起，機器學習在面臨更多領域問題的時候表現出很高的可行性，並且可以和人類相提並論。比如拿圖像辨識來說，機器辨識一個物體，給我們的感覺就像用人眼辨識一樣，幾乎所有人類能辨識出來的東西機器也能辦到，並具有和人類不相上下的準確率。同時，在建立機器學習系統時，通常透過高度機動性的工作流來實現，這比人類手工完成要高效能得多。

那麼，機器學習和人類在做同一個任務時到底誰的準確率更高呢？事實上，目前機器學習之所以被廣泛應用，正是因為它會表現得比人類更加優秀。理論和實踐都證明，機器學習的準確率隨著不斷訓練和改進會逐漸提升直至超過人類水準，但一旦越過人類水準，提升的速度將會顯著放緩，直到達到一個「瓶頸」。這一「瓶頸」叫作「貝葉斯最優誤差（Bayes Error）」，是這個任務準確率的理論最優值，無論用任何方式都無法超過這個水準。這個最優值會比人類水準稍高一點點，但通常達不到100%。比如在語音辨識領域，由於語音中客觀存在一定比率的雜訊，所以無論是人類還是機器，都無法準確的聽出這部分內容是什麼，所以「最優準確率」並不是100%。

5.6.3　改進策略

只要機器學習演算法準確率比人類水準低，我們就可以用以下策略來改進。

（1）使用更多人為標注的標籤資料。

（2）手動進行誤差分析。

（3）進行效果更好的 bias-variance 分析。

關於第三種策略，我們能夠進行更好的 bias-variance 分析，是因為我們能夠透過對比人類誤差，決定改進的方向——降低偏差還是降低方差。假設在一個辨識貓的任務中，人類的誤差率是 0.5%，我們把這個誤差近似看成「貝葉斯最優誤差」。我們模型的訓練誤差是 6%，而 Dev Error 是 8%。訓練誤差和人類誤差之間還有一定距離，說明我們應將重點放在降低誤差的策略上，比如使用更高階的神經網路，或者訓練更長時間。

人類誤差	訓練誤差	Dev Error
0.5%	6%	8%

假設另有一個難度較高的辨識任務，比如辨識一種具體的稀有貓科動物，在這項任務中，人類的誤差率是 5.5%。而假定我們模型的訓練誤差率仍為 6%，Dev Error 也依然為 8%。訓練誤差與人類誤差之間的差距僅有 0.5%。在這種情況下，降低偏差的提升空間很小，因為我們很難把誤差率降到 5.5% 以下。反而訓練誤差和 Dev Error 之間 2% 的間隔相對比較大，此時我們應該側重於降低方差，而不是偏差。也就是說，我們應該嘗試更多的防止過擬合的方法，比如採用正則化、使用更多訓練資料等。

人類誤差	訓練誤差	Dev Error
5.5%	6%	8%

以上三種改進方法，當機器學習演算法準確率超過人類時都將無法實現。所以從人類水準到理論最優值，這一段路要比之前難走得多。

5.7　機器學習的實現框架

大數據、演算法和並行運算能力構成了人工智慧高速發展的三要素，大量的資料累積是基礎。開源的機器學習平臺能夠讓開發者將複雜的資料傳輸對已有的框架進行分析和處理，縮短了開發時間，提升了訓練效果，極大的推動了 AI 技術的商業化進程。在本節中，我們將介紹兩個用於 AI 開發的語言、框架和函式庫。

5.7.1　Python

Python 是資料科學家最常用的程式語言之一，也是機器學習的首選工具。這是因為 Python 內建了很多實用的 library，很方便直接拿來用於解決機器學習的實際問題，後面要介紹的 scikit-learn 就是其中之一。

不熟悉程式設計的朋友們可能對 library 的概念不了解。我們知道，Python 是寫程式碼的工具，而 library 實際上就是預先寫好的程式碼，可以直接用於應用，省去重複編寫程式碼的過程。Library 翻譯成中文通常叫作「函式庫」。在 Python 中，資料科學家常用的 library 如表 5-6 所示。

表 5-6　Python 中常用的 library

函式庫名	主要功能	例子
Numpy	最常見的函式庫，科學運算的利器。用於向量和矩陣的儲存和運算	np.dot(x,y)：進行 x 與 y 的矩陣乘法 np.max(x,axis=1)：返回矩陣每行的最大值
Pandas	基於 Numpy 建構的具有更高階資料結構的資料分析函式庫，實現了結構化表資料的基本操作	pd.read_csv('file name')：讀取 CSV 格式的資料源
Matplotlib	用於製作圖表的基礎函式庫	plt.scatter(x,y)：製作變量 x 和 y 的散點圖
Seaborn	專業用於統計製圖，適合描繪資料集特徵的分布和關係，基於 Matplotlib	sns.boxplot：顯示一組資料分散情況資料的統計圖

對於初次接觸程式設計或者 Python 的讀者，我們推薦下載 Anaconda。Anaconda整合了Python基本環境和上述所有常見函式庫，安裝方便，非常適合初學者使用。讀者只需從 Anaconda 官網上免費下載其最新版本，就可以編寫 Python 程式。本書中所有實例程式碼都可以在 Anaconda Python 中實現。

在 Anaconda 上，我們可以選擇 Spyder 進行程式碼的編寫。Spyder 是 Python 的一款 IDE。如同其他程式語言一樣，Python 在編寫程式碼時需要一個整合開發環境，IDE 就是整合開發環境的縮寫，它為使用者提供了程式設計需要的圖形化介面、編輯器、編譯器、調試器等。打開 Spyder，就可以看到輸入程式碼的介面。

5.7.2　scikit-learn

編寫機器學習模型不容易，但使用機器學習模型非常簡單，讀者只需套用現有的框架即可。現有的框架可以是某種程式環境中的程式套件，或者一款成熟的機器學習商業軟體。scikit-learn 是一個針對機器學習的強大 Python 函式庫，主要用於建構模型，使用諸如 Numpy、SciPy 和 Matplotlib 等函式庫建構，如圖 5-9 所示，對於統計建模技術（如分類、迴歸、集群等）非常有效。scikit-learn 的特性包括監督式學習演算法、非監督式學習演算法和交叉驗證，官網地址是 http://scikit-learn. org/。scikit-learn 的優點是可以使用許多 shell 演算法，提供高效能的資料挖掘；缺點是不是最好的模型建構函式庫，GPU 使用不高效能。

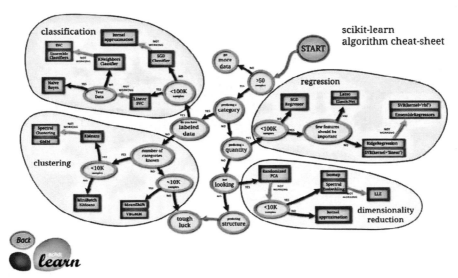

圖 5-9　scikit-learn

　　Python 中有完備的機器學習函式庫 sklearn，它整合了現有的眾多傳統的機器學習模型，這些模型的演算法已經在程式套件中編寫好，使用者無須知道演算法的原理，也無須懂得模型的含義，甚至無須會程式設計，即可調用程式套件，執行並得到我們需要的結果。整個過程不過只是幾行程式碼，就像把大象放到冰箱一樣，只需三步。下面我們以 Python 為例，來看看它如何解決機器學習經典案例——titanic 沉船生存預測，如表 5-7 所示。

表 5-7　titanic 沉船生存預測

Pclass	Age	SibSp	Parch	Fare	male	Q	S	NoAge
3	22	1	0	7.25	1	0	1	0
1	38	1	0	71.2833	0	0	0	0
3	26	0	0	7.925	0	0	1	0
1	35	1	0	53.1	0	0	1	0
3	35	0	0	8.05	1	0	1	0
3	0	0	0	8.4583	1	1	0	1
1	54	0	0	51.8625	1	0	1	0

（續表）

Pclass	Age	SibSp	Parch	Fare	male	Q	S	NoAge
3	2	3	1	21.075	1	0	1	0
3	27	0	2	11.1333	0	0	1	0
2	14	1	0	30.0708	0	0	0	0
3	4	1	1	16.7	0	0	1	0
1	58	0	0	26.55	0	0	1	0
3	20	0	0	8.05	1	0	1	0

特徵集 X

Survived

1

1

1

0

0

0

0

1

1

1

1

0

0

標籤資料 Y

```
from sklearn.ensemble import  RandomForestClassifier
```

好比從圖書館中獲得需要的工具材料。

第一步：讀取程式函式庫
這裡我們讀取的是 random forest 模型

```
model = RandomForestClassifier(n_estimetors=12)
```

建立了一個模型，叫作 model，這個 model 要用隨機森林模型。

第二步：聲明模型
告訴電腦我們要用的模型是什麼，要用哪種方法解決問題

```
model = model.fit(X, Y)
```

經過這一步，model 記住了資料並獲得了預測能力。

第三步：訓練模型
向聲明了種類的模型「餵」資料，讓模型自主學習資料。這裡 X、Y 分別為資料的特徵和標籤

```
Y_hat = model.predict(X')
```

讓 model 對未知標籤資料進行預測。

第四步：模型預測
讓訓練好的模型去「完成任務」，即預測新資料的標籤

Predict
1
1
1
0
0
0
0
1
1
1
1
0
0

預測資料 Y'

　　對於不熟悉模型的人，只需記住這幾行程式碼，就可以完整的跑出這個模型。程式碼中並沒有多少需要理解的部分或者需要預先掌握的知識，基本都是 sklearn 的預設格式。實際上，sklearn 可以用於絕大多數傳統機器學習模型，並且只需在這幾行程式碼上稍作改動。

5.7.3　Spark MLlib

　　Apache 的 Spark MLlib 是一個具有高度拓展性的機器學習函式庫，在 Java、Scala、Python 甚至 R 語言中都非常有用，因為它使用 Python 和 R 中類似 NumPy 這樣的函式庫，能夠進行高效能的互動。MLlib 可以很容易的插入 Hadoop 工作流程中。它提供了機器學習演算法，如分類、迴歸、聚類等。這個強大的函式庫在處理大規模的資料時，速度非常快。Spark MLlib 的官網地址是 https://spark. apache.

org/mllib/。

　　Spark MLlib 的優點是，對於大規模資料處理來說，非常快，可用
於多種語言；缺點是，陡峭的學習曲線，僅 Hadoop 支援即插即用。

第 6 章　機器學習演算法

　　機器學習一直以來都是人工智慧研究的核心領域。它主要透過各種演算法使得機器能夠從樣本、資料和經驗中學習規律，從而對新的樣本做出辨識或對未來做出預測。1980 年代開始的機器學習浪潮誕生了包括決策樹學習、推導邏輯規畫、聚類、強化學習和貝氏網路等非常多的機器學習演算法，它們已經被廣泛的應用在網路搜尋、垃圾郵件過濾、推薦系統、網頁搜尋排序、廣告投放、信用評價、欺詐檢測等領域。而這幾年來獲得突破性進展而受到人們關注的深度學習，只是實現機器學習的其中一種技術方法。圖 6-1 展示了產品、資料和演算法的協同效應。

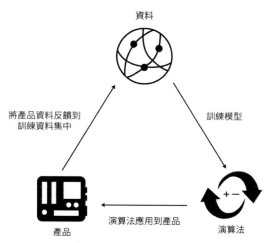

圖 6-1　產品、資料、演算法的協同效應

6.1　演算法概述

　　最常見的機器學習就是學習 $y = f(x)$ 的映射，針對新的 x 預測 y，這叫作預測建模或預測分析。我們的目標就是讓預測更加精確。我們不知道目標函數 f 是什麼樣的。如果知道，就可以直接使用它，而不需要再透過機器學習演算法從資料中進行學習。機器學習演算法可以描述為學習一個目標函數 f，它能夠最好的映射出輸入變量 x 到輸出變量 y。預

測建模的首要目標是減小模型誤差或將預測精度做到最佳。我們從統計等不同領域借鑑了多種演算法來達到這個目標。

當面對各種機器學習演算法時，一個新手最常問的問題是「我該使用哪個演算法」。要回答這個問題需要考慮很多因素：(1) 資料的大小、品質和類型。(2) 完成運算所需要的時間。(3) 任務的緊迫程度。(4) 你需要對資料做什麼處理。在嘗試不同演算法之前，即使是一個經驗豐富的資料科學家，也不可能告訴你哪種演算法性能最好。本節列舉的是最常用的幾種。如果你是一個機器學習的新手，這幾種是最好的學習起點。

6.1.1　線性迴歸

線性迴歸可能是統計和機器學習領域最廣為人知的演算法之一。透過線性迴歸找到一組特定的權值，稱為係數 B。透過最能符合輸入變量 x 到輸出變量 y 關

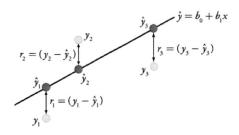

係的等式所代表的線表達出來。線性迴歸的例子如圖 6-2 所示。

例如，$y = b_0 + b_1^* x$。我們針對輸入的 x 來預測 y。線性迴歸學習演算法的目標是找到 b_0 和 b_1 的值。不同的技巧可以用於線性迴歸模型，比如線性代數的普通最小二乘法以及梯度下降最佳化演算法。線性迴歸已經有超過 200 年的歷史，已經被廣泛的研究。根據經驗，這種演算法可以很好的消除相似的資料，以及去除資料中的雜訊，是快速且簡便的首選演算法。

6.1.2　邏輯迴歸

　　邏輯迴歸是另一種從統計領域借鑑而來的機器學習演算法。與線性迴歸相同，邏輯迴歸的目的是找出每個輸入變量對應的參數值。不同的是，預測輸出所用的變換是一個被稱作 logistic 函數的非線性函數。logistic 函數像一個大 S，它將所有值轉換為 0 到 1 之間的數，如圖 6-3 所示。這很有用，我們可以根據一些規則將 logistic 函數的輸出轉換為 0 或 1（比如，當小於 0.5 時則為 1），然後以此進行分類。

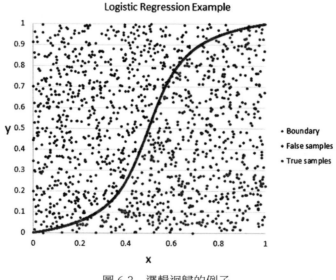

圖 6-3　邏輯迴歸的例子

　　正是因為模型學習的這種方式，邏輯迴歸做出的預測可以被當作輸入為 0 和 1 兩個分類資料的機率值。這在一些需要給出預測合理性的問題中非常有用。就像線性迴歸，在需要移除與輸出變量無關的特徵以及相似特徵方面，邏輯迴歸可以表現得很好。在處理二分類問題上，這是一個快速高效能的模型。

6.1.3 線性判別分析

邏輯迴歸是一個處理二分類問題的傳統分類演算法。如果需要進行更多的分類，線性判別分析演算法（Linear Discriminant Analysis，LDA）是一個更好的線性分類方法。線性判別分析的例子如圖6-4所示。對 LDA 的解釋非常直接，它包括針對每一個類的輸入資料的統計特性。對於單一輸入變量來說，包括：

· 類內樣本均值。

· 整體樣本變量。

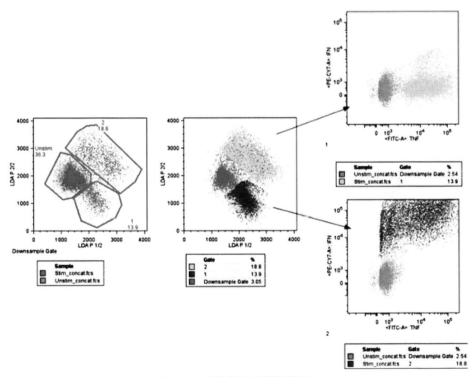

圖 6-4　線性判別分析的例子

透過運算每個類的判別值，並根據最大值來進行預測。這種方法假設資料服從常態分布（鐘形曲線），所以可以較好的提前去除離群值。這是針對分類模型預測問題的一種簡單有效的方法。

6.1.4　分類與迴歸樹分析

決策樹是機器學習預測建模的一類重要演算法，可以用二叉樹來解釋決策樹模型。這是根據演算法和資料結建構立的二叉樹，並不難理解。每個節點代表一個輸入變量以及變量的分叉點（假設是數值變量）。如圖 6-5 所示是決策樹的例子。

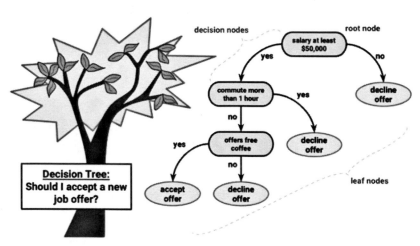

圖 6-5　決策樹的例子

樹的葉節點包括用於預測的輸出變量 y。透過樹的各分支到達葉節點，並輸出對應葉節點的分類值。樹可以進行快速的學習和預測。通常並不需要對資料做特殊的處理，就可以使用這個方法對多種問題得到準確的結果。

6.1.5 單純貝氏

單純貝氏（Naive Bayes）是一個簡單但異常強大的預測建模演算法。這個模型包括兩種機率，它們可以透過訓練資料直接運算得到：(1) 每個類的機率。(2) 給定 x 值的情況下，每個類的條件機率。根據貝氏定理（見圖6-6），一旦完成運算，就可以使用機率模型針對新的資料進行預測。當你的資料為實數時，通常假設服從常態分布（鐘形曲線），這樣可以很容易的預測這些機率。

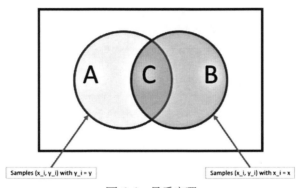

圖6-6　貝氏定理

之所以被稱作單純貝氏，是因為我們假設每個輸入變量都是獨立的。這是一個強假設，在真實資料中幾乎是不可能的。但對於很多複雜問題，這種方法非常有效。

6.1.6 K-近鄰演算法

K-近鄰演算法（KNN）是一個非常簡單有效的演算法。KNN 的模型表示整個訓練資料集。對於新資料點的預測是：尋找整個訓練集中 K 個最相似的樣本（鄰居），並對這些樣本的輸出變量進行總結。對於迴歸問題，可能意味著平均輸出變量。對於分類問題，則可能意味著類值的眾數

（最常出現的那個值）。訣竅是如何在資料樣本中找出相似性。最簡單的方法是，如果你的特徵都是以相同的尺度（比如都是英寸）度量的，就可以直接運算它們互相之間的歐式距離。如圖6-7所示為K-近鄰演算法的例子。

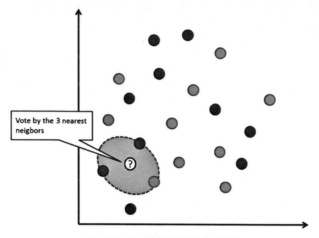

圖 6-7　K- 近鄰演算法的例子

　　KNN 需要大量空間來儲存所有的資料。但只是在需要進行預測的時候才開始運算（學習）。你可以隨時更新並組織訓練樣本以保證預測的準確性。在維數很高（很多輸入變量）的情況下，這種透過距離或相近程度進行判斷的方法可能失敗。這會對演算法的性能產生負面的影響，被稱作維數災難。建議只有當輸入變量與輸出預測變量最具有關聯性的時候使用這種演算法。

6.1.7　學習向量量化

　　K- 近鄰演算法的缺點是需要儲存所有訓練資料集。而學習向量量化（LVQ）是一個人工神經網路演算法，允許選擇需要保留的訓練樣本個數，並且學習這些樣本看起來應該具有何種模式。如圖 6-8 所示為學習向量量化的例子。

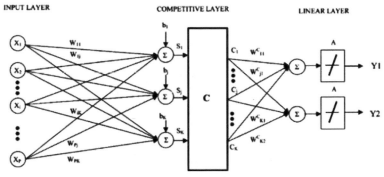

圖 6-8　學習向量量化的例子

　　LVQ 可以表示為一組碼向量的集合。在開始的時候進行隨機選擇，透過多輪學習演算法的疊代，最後得到與訓練資料集最相配的結果。透過學習，碼向量可以像 K- 近鄰演算法那樣進行預測。透過運算新資料樣本與碼向量之間的距離找到最相似的鄰居（最符合碼向量）。將最佳的分類值（或迴歸問題中的實數值）返回作為預測值。如果你將資料調整到相同的尺度，比如 0 和 1，則可以得到最好的結果。如果你發現對於資料集，KNN 有較好的效果，可以嘗試一下 LVQ 來減少儲存整個資料集對儲存空間的依賴。

6.1.8　支援向量機

　　支援向量機（SVM）可能是最常用並且最常被談到的機器學習演算法。超平面是一條劃分輸入變量空間的線。在 SVM 中，選擇一個超平面，它能最好的將輸入變量空間劃分為不同的類，要麼是 0，要麼是 1。在平面情況下，可以將它看作一根線，並假設所有輸入點都被這根線完全分開。SVM 透過學習演算法找到最能完成類劃分的超平面的一組參數。如圖 6-9 所示為支援向量機的例子。

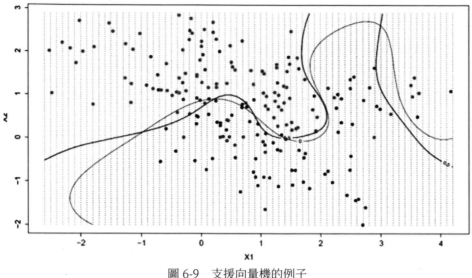

圖 6-9　支援向量機的例子

　　超平面和最接近的資料點的距離看作一個差值，最好的超平面可以把所有資料劃分為兩個類，並且這個差值最大。只有這些點與超平面的定義和分類器的構造有關。這些點被稱作支援向量，是它們定義了超平面。在實際使用中，最佳化演算法被用於找到一組參數值使差值達到最大。SVM 可能是一種最為強大的分類器。

6.1.9　Bagging 和隨機森林

　　隨機森林是一個常用並且最為強大的機器學習演算法。它是一種整合機器學習演算法，稱作自舉匯聚或 Bagging。Bootstrap 是一種強大的統計方法，用於資料樣本的估算，比如均值。從資料中採集很多樣本，運算均值，然後將所有均值再求平均，最終得到一個真實均值的較好的估計值。在 Bagging 中用了相似的方法。但是通常用決策樹來代替對整個統計模型的估計。從訓練集中採集多個樣本，針對每個樣本構造模型。當你需要對新的資料進行預測時，每個模型做一次預測，然後對

預測值進行平均，得到真實輸出的較好的預測值。如圖 6-10 所示為隨機森林的例子。

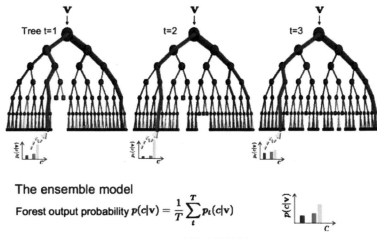

圖 6-10　隨機森林的例子

這裡的不同在於在什麼地方創建樹，與決策樹選擇最優分叉點不同，隨機森林透過加入隨機性從而產生次優的分叉點。每個資料樣本所創建的模型與其他的都不相同，但在唯一性和不同性方面仍然準確。結合這些預測結果可以更好的得到真實的輸出估計值。如果在高方差的演算法（比如決策樹）中得到較好的結果，通常也可以透過 Bagging 這種演算法得到更好的結果。

6.1.10　Boosting 和 AdaBoost

Boosting 是一種整合方法，透過多種弱分類器創建一種強分類器。它首先透過訓練資料建立一個模型，然後建立第二個模型來修正前一個模型的誤差。在完成對訓練集完美預測之前，模型和模型的最大數量都會不斷添加。

AdaBoost 是第一種成功的針對二分類的 Boosting 演算法，是理

解 Boosting 最好的起點。現代的 Boosting 方法是建立在 AdaBoost 之上的，多數都是隨機梯度 Boosting 機器。如圖 6-11 所示是 AdaBoost 的例子。

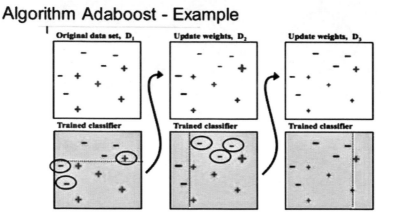

圖 6-11　AdaBoost 的例子

AdaBoost 與短決策樹一起使用。當第一棵樹創建之後，每個訓練樣本的樹的性能將用於決定針對這個訓練樣本下一棵樹將給予多少關注。難於預測的訓練資料給予較大的權值，反之容易預測的樣本給予較小的權值。模型按順序建立，每個訓練樣本權值的更新都會影響下一棵樹的學習效果。完成決策樹的建立之後，進行對新資料的預測，訓練資料的精確性決定了每棵樹的性能。因為重點關注修正演算法的錯誤，所以移除資料中的離群值非常重要。

6.2　支援向量機演算法

本節我們以著名的 SVM 演算法切入，來感受一下一個成熟完備的機器學習演算法是怎麼運作的。SVM 是機器學習最經典也是最實用的模型之一。這個演算法從字面上不易理解，但沒關係，學習新的演算法時，

我們最重要的是先理解這個演算法的思想是什麼。SVM 的思想是找到一個「分割器」，將兩種類別的樣本點「切開」。

我們的核心目標是找到一條直線去分割平面上的兩種點。這裡首先介紹線性可分這個概念。像圖 6-12 這樣，可以用一條直線將兩種類別的點分開的情形稱為線性可分。而像圖 6-13 這樣的情形則為線性不可分。

我們先來看線性可分的情況。對於二度空間（平面）中線性可分的情形，我們只需找到一條直線，使得正值樣本落在直線的一側，負值樣本落在直線的另一側。對於線性可分的樣本集來說，這樣的直線是存在的，而且是不唯一的。比如圖 6-14 中 y = -x + 2 和 y = -x + 2.1 都是滿足條件的直線。

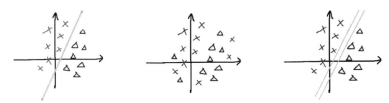

圖 6-12　SVM 的例子一　圖 6-13　SVM 的例子二　圖 6-14　SVM 例子三

推廣到高維度空間中，這條分割的「直線」不再是直線，而叫作超平面（hyperplane）。在三度空間中，超平面是二度的平面。在更高度空間中，超平面會更加抽象。為了方便描述這個超平面，我們需要知道如何用數學形式指代它，就像用 y = -x + 2 表示圖 6-12 的直線一樣。

首先，我們要知道，在 n 度空間中，一個點的坐標需要 n 個數值來表示，即（x1，x2，……，xn）。我們可以把它簡寫為向量 x，那麼在 n 度空間中，超平面就可以用以下形式來表示：

$$w \cdot x + b = 0$$

其中，w 和 b 是參數，就如同直線 y = ax + b 中的 a 和 b 一樣，只不過這裡的 w 是 n 度向量，b 為實數。w·x + b>0 和 w·x + b<0

分別對應超平面兩側的空間。對於一個未知標籤的樣本點 x，我們只需看 wx ＋ b 的正負，即可判別它是正值樣本還是負值樣本。這種分類模型叫作感知器（perceptron）。

讓我們回到二度平面的例子。可以將圖中兩種點完全隔離的直線有無數條，那麼其中是否存在一條最優的直線呢？

在圖 6-15 中，直線 a 和 b 都能分離兩種點，但當更多的點進來後，直線 a 將其中 1 個點錯誤的歸類了，這是因為我們這條線畫得「不夠好」，離樣本點太近，導致對新來的點劃分不夠精確。直線 b 做得更好，是因為它離兩邊的點都比較遠，因此更容易將新來的點劃分正確。於是我們想到，最「中間」的直線是最合適的。也就是說，我們應該找到離兩側樣本點簇都盡可能遠的直線。用專業術語來表示的話，就是讓這個分類器的 margin 最大。

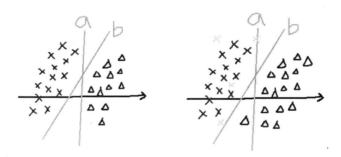

圖 6-15　SVM 的例子四

以上討論的都是線性可分的情形。對於線性不可分的情況，SVM 的解決方案是透過核函數進行空間變換，將低位空間投射到高位空間中去，使經過變換後的樣本點實現線性可分。說起來可能有些玄幻，但這確實是可行的。

如圖 6-16 所示的平面中的點顯然無法用直線分開。即使引入鬆弛因子也不行，因為這本質上就不是線性可分的問題。但設想我們會使用

某種「魔法」，能讓這些點漂浮到空間中去，並且外圍的點飄得更高，內圈的點飄得略低，就像圖 6-17 一樣。這樣我們就可以用一張紙將這個漂浮的空間切斷，實現兩種點的分離。將這張紙還原到原平面中去是一條曲線。

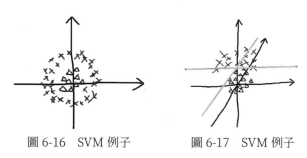

圖 6-16　SVM 例子　　　　圖 6-17　SVM 例子

這個映射對應的規則是：

```
X = x
Y = y
Z = sqrt(x^2 + y^2)
```

在實際應用中，上述的空間變換是透過核轉換實現的。核轉換的表達形式與上面的公式不太相同。雖然 SVM 從本質上來說一種線性分類器，但 Kernel SVM 將核轉換與線性分類器結合，使得 SVM 可以解決非線性問題。可以處理非線性邊界問題是 SVM 最大的優勢之一。

6.3　邏輯迴歸演算法

Logistic Regression（邏輯迴歸）是一種常見的分類模型。我們不要被名字所惑，邏輯迴歸是一個分類模型，也就是說，要使用這個模型，標籤資料必須是離散型變量。最簡單的離散型變量是二元離散型變量（binary variable），即變量只取兩個值：0 或者 1。邏輯迴歸之所以帶有「迴歸」二字，是因為它以線性迴歸為基礎演化而來，與線性迴歸

的表達形式相似。

　　讓我們先回顧一下線性迴歸。線性迴歸用來刻劃連續型變量 y 與若干變量 x1，x2，……之間的線性關係，其基本形式為：

$$y = a0 + a1x1 + a2x2 + \cdots\cdots + amxm \qquad (1)$$

邏輯迴歸在上面公式的基礎上對右側施加一個叫作 sigmoid 的函數：

$$y = f（a0 + a1x1 + a2x2 + \cdots\cdots + amxm） \qquad (2)$$

$\phi（z）= 1 ／（1 + e^{-z}）$ 的圖像如圖 6-18 所示。

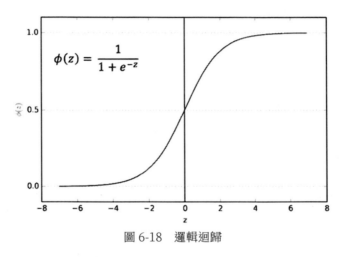

圖 6-18　邏輯迴歸

　　線性迴歸之所以不適合解決分類問題，是因為因變量 y 的取值範圍是全體實數，而我們需要的因變量是介於 0 和 1 之間的數。sigmoid 函數的引入剛好解決了這個問題，從 $\phi（z）$ 的表達式可以看出，$\phi（z）$ 這個函數將全體實數集映射到（0，1）這個區間。這樣因變量 y 就被定在了（0，1）這個區間。雖然和我們想要的兩點分布形式有差別，但（0，1）區間讓我們想到什麼？機率。

　　因變量 y 在這裡表示樣本屬於類別 1 的機率。y 越接近 1，這一條樣本屬於類別 1 的可能性越高；y 越接近 0，則它屬於類別 0 的可能性越高。因此，我們可以設定一個臨界值，比如 0.5，對於每一個 x，在運算得到

的 y 值大於 0.5 時，歸為類別 1，在 y 值小於等於 0.5 時，歸為類別 0。

邏輯迴歸還有另一種書寫形式，該形式保留線性迴歸模型中等號右邊的形式，並在左邊對 y 加一個連接函數：

$$\text{logit}(y) = a0 + a1x1 + a2x2 + \cdots\cdots + amxm$$

這裡 logit（y）= log（y／（1 − y））。透過數學推導，可以證明兩種形式是等價的。

這個模型具體是怎麼運作的呢？和線性迴歸一樣，上述公式描述了 y 與 x 之間的客觀關係。x 是自變量，而 y 是因變量。邏輯模型告訴我們 y 與 x 之間存在這樣一種形式的約束關係，但模型中的參數未知，需要我們去估算。該模型中的參數與線性迴歸的參數相同，即 a0，a1，……，am。這個模型參數一般用最大概似估計來求解。

在進行預測時，我們可以使用（2）式。運算好參數之後，我們就可以按照（2）式的法則由給定的 x 運算出 y。若 y ≥ 0.5，則分類為 1；若 y < 0.5，則分類為 0。這樣我們的分類任務就完成了。

6.4　KNN 演算法

本節我們來看 KNN 演算法。KNN 演算法通常用來做分類問題。這個演算法的思想是用臨近樣本的標籤值來估計待分類樣本的標籤值。具體來說，就是選取離待分類樣本距離最近的 k 個樣本點，如果這 k 個樣本點大多數屬於某一類別，那麼該樣本屬於這個類別。

如圖 6-19 所示，在平面中有兩種標籤的點——紅色三角和藍色方框。綠色圓圈標記（上面有問號標記）的點為待分類的點。首先我們需要預設 k 的值。k 是我們想考察周圍點的個數，假設 k = 3。離綠色圓圈最近的三個點有兩個為紅色三角，一個是藍色方框。根據少數服從多數原則，將待分類的點標記為紅色三角。

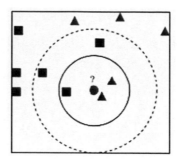

圖 6-19　KNN 演算法

　　事實上，這樣一來我們就完成了分類任務。是不是很簡單？相比前
幾個小節介紹的分類演算法，KNN 演算法執行起來非常簡單，易於理
解。而且值得注意的是，KNN 演算法中沒有參數需要估計，這和我們之
前介紹的演算法有根本的不同，沒有參數也就無須進行訓練。KNN 演算
法的全部過程都在預測階段。KNN 演算法依然屬於監督式學習，需要我
們告知樣本集資料的標籤，但不要透過訓練進行學習，這表示它在機器
學習演算法中有一定的特殊性。

6.4.1　超參數 k

　　KNN 演算法雖然沒有參數，但是存在超參數，那就是 k。需要注意
的是，當我們改變 k 的值時，目標值可能會發生改變。回到上面的例子，
如果我們選擇 k＝5（圖中虛線圓圈），那麼圖 5-18 中這個待分類的點
將被劃分為藍色，這是因為它周圍最近的 5 個點紅藍比例為 2：3。可
見，KNN 的分類結果非常依賴預設值 k。k 是 KNN 演算法中唯一的超
參數。如何選取 k 的值，是 KNN 演算法中的一門學問。

　　另外要提到的是，關於「距離」的概念。距離最近要怎麼定義？在
上面這個例子中，我們使用的是平面中兩點的幾何距離。這個幾何距離
通常被稱為「歐幾里得距離（Euclidean Distance）」，這個概念可以被

推廣到高維度空間中。所謂「歐幾里得距離」，就是將兩個點各個分量相減的平方和開根號，即：

$$d_{12} = \sqrt{\sum_{k=1}^{n}(x_{1k} - x_{2k})^2}$$

除了歐幾里得距離之外，KNN 用到的常見距離還有曼哈頓距離（Manhattan Distance）和切比雪夫距離（Chebyshev Distance）。這三種距離統稱為明氏距離，可用下面這個通式來表示：

$$d_{12} = \left(\sum_{i=1}^{n}|x_{1i} - x_{2i}|^p\right)^{1/p}$$

當 p = 1 時為曼哈頓距離。

當 p = 2 時為歐幾里得距離。

當 p = ∞（正無窮）時為切比雪夫距離。

$$\lim_{p\to\infty}\left(\sum_{i=1}^{n}|x_i - y_i|^p\right)^{\frac{1}{p}} \max_{i=1}^{n}|x_i - y_i|$$

1. 基於距離倒數的權重 KNN

KNN 演算法的一個可以改進的地方是將「臨近點取平均值」改為「臨近點按距離權重取平均值」。對離測試點更近的點賦予更高的權重，離測試點較遠的點賦予較低的權重。比如 k = 5 時，如果做迴歸，預測結果由最近的 5 個點分別乘 1/5 相加得到，如圖 6-20 所示。在使用距離權重係數後，預測結果改為由最近 5 個點分別乘以 w1、w2、w3、w4、w5 得到，其中 wi 和測試點到鄰近樣本點 i 的距離 di 成反比。

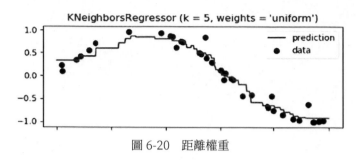

圖 6-20　距離權重

2. KNN 的參數調節

雖然 KNN 沒有訓練的過程，但 KNN 也會出現過擬合現象。回顧一下過擬合的定義，過擬合指的是訓練集和測試集表現相差較大的現象。KNN 模型如果使用不當，這種情況也是會發生的。發生過擬合時，訓練集本身的樣本點幾乎都被正確分類，但訓練集之外的點分類不夠準確。

當發生過擬合時，我們需要適當增大參數 k。試想當 k = 1 時，所有訓練集內部的點絕對會被正確分類（如果不考慮有重合樣本點且標籤不同的情況），這是因為每個點離它最近的點就是自己。這樣訓練集的準確率可以達到 100%。但測試集中一旦有和訓練集不同的點，預測效果就難以保證了。隨著 k 的增大，模型更不容易收到離群值的影響，預測效果更加穩定。

6.4.2　KNN 實例：波士頓房價預測

下面我們使用 KNN 來預測波士頓房價。首先從 sklearn 案例庫中讀取資料集，並進行訓練集和測試集的分離：

```
from sklearn. datasets import load_boston
boston = load_boston()
X_train, X_test, y_train, y_test = train_test_split(boston. data, boston. target,
test_size=0.20)
```

先簡單了解一下這個資料集。該資料集包括13個特徵，1個連續目標變量。資料集共有506個觀測值，沒有缺失值。下面我們載入 KNeighborsRegressor 程式套件，擬合模型：

```
from sklearn. neighbors import KNeighborsRegressor
model = KNeighborsRegressor(n_neighbors = 2)     # 指定 k = 2
model = model. fit(X_train, y_train)
```

考察模型在訓練集和測試集的預測效果：

```
y_pred_train = model. predict(X_train)
train_mse = mean_squared_error(y_train, y_pred_train)
train_r2 = r2_score(y_train, y_pred_train)
print(" The train MSE is % s\ nR2 score is % s." % (train_mse, train_r2))

y_pred_test = model. predict(X_test)
test_mse = mean_squared_error(y_test, y_pred_test)
test_r2 = r2_score(y_test, y_pred_test)
print(" The test MSE is % s\ nR2 score is % s." % (test_mse, test_r2))
```

輸出結果如下：

```
The train MSE is 11.15858910891089
R2 score is 0.8580449550247061.
The test MSE is 79.42911764705882
R2 score is 0.2417360194653808.
```

我們再來看測試集預測值與真實值的散點圖情況（見圖 6-21）：

```
plt. scatter(y_test, y_pred_test)
```

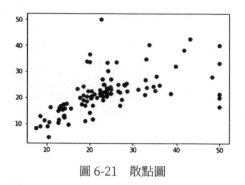

圖 6-21　散點圖

　　可以看到模型在訓練集上表現得還不錯，但在測試集上表現得比較糟糕，R2 score 只有 0.24。下面我們將 k 的值改為 5，重新擬合模型，重複上述過程：

```
model = KNeighborsRegressor(n_neighbors = 5)        # 指定 k = 5
model = model. fit(X_train, y_train)
```

得到結果如下：

```
The train MSE is 21.825430693069308
R2 score is 0.7223457226177756.
The test MSE is 73.26099607843139
R2 score is 0.3006195190131322.
```

散點圖如圖 6-22 所示。

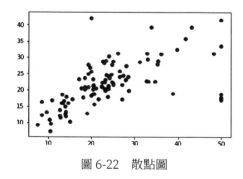

圖 6-22　散點圖

將 k 從 2 改為 5 之後，訓練集表現下降，測試集表現提升，但訓練集與測試集之間的差距依然很大。現在我們來嘗試對原始資料做標準化處理，加載 sklearn 中的 scale 函數，對資料 X 進行標準化：

```
from sklearn. preprocessing import scale
X_train = scale(X_train)
X_test = scale(X_test)
```

　　我們依然取 k = 2，重複後續步驟：

```
The train MSE is 4.169034653465347
R2 score is 0.9469632320036206.
The test MSE is 33.26757352941176
R2 score is 0.6824136604509548.
```

散點圖如圖 6-23 所示。

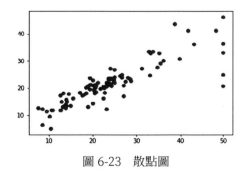

圖 6-23　散點圖

　　可以發現模型的效果顯著提升，特別是測試集的 R2 score 比原來好了很多。同時，我們可以看到測試集的散點圖中的點更加集中在 45 度線上，說明預測值與真實值普遍變得更加接近。經過後續探究我們發現，此時再改變 k 的值並不會為測試集得分帶來改善。因此，這裡我們選用 k = 2 作為最終模型。

6.4.3 演算法評價

　　KNN 演算法無須訓練帶來的直接好處是模型簡潔易懂，易於透過程式碼實現。整個預測過程看似只有「一步」，就是選擇離目標點最近的 k 個點。但模型簡單並不意味著運算簡單。這也是 KNN 演算法最遺憾的一點。要選出離目標點最近的 k 個點，我們在圖中可以一目瞭然的找到。但電腦需要遍歷整個樣本集才能找出這 k 個點。加入預測集有 200 條樣本需要預測，那麼對於這 200 個點中的每一個點，都需要運算和訓練集中所有樣本點之間的距離，以便選出其中最近的 k 個點，這個運算量是龐大的。

6.5　決策樹演算法

　　決策樹是使用樹形結構進行決策的模型。決策樹很適合用於工業界的機器學習建模，因為樹的一個最大優點就是過程簡單，易於理解，你可以很清晰的將其決策的依據講給一個不懂機器學習的局外人。比如我們可以展示如圖 6-24 所示的樹形圖，讓客戶或行業外的人直覺的看到決策路徑，使模型的結果具備較強的說服力。

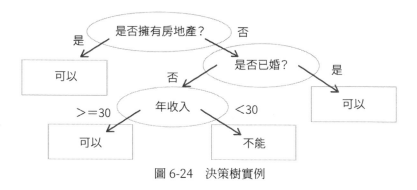

圖 6-24　決策樹實例

在決策樹上，葉子節點是決策樹末端的節點，代表分類結果。圖 6-24 中的藍色節點（矩形表示的節點）均為葉子節點。那麼問題來了，我們從最上面的節點出發，對於每個節點，應該如何選擇決策條件呢？要用 X1、X2、X3 中的哪個變量進行區分？假設我們定下來要用 X1 進行區分，又該選擇什麼數值作為分界點呢？

這些分界點是要透過訓練得到的。上述各個節點所選擇的特徵和數值就是決策樹要訓練的參數。但我們要告訴決策樹選擇的原則，這裡介紹的是 CART 決策樹演算法。除此之外，還有 ID3、C4.5 演算法。它們的差異是節點選擇參數的標準不同。下面我們介紹 CART 演算法。

1. CART 決策樹模型

每個節點可以選擇的分界條件很多，比如「X1 > 50」、「X2 > 3」、「X3 = False」等。我們需要從所有分界點中選擇給我們帶來資訊收益增量最大的一個。下面透過一個應用案例（鳶尾花種類辨識）來說明 CART 演算法。

首先，讀取 iris 資料，這裡讀取的是本地的 CSV 文件：

```
data = pd. read_csv(' C:\\ Users\\ Liangyue\ Desktop\\ iris. csv')
```

回顧一下，這個資料集包括花瓣長度（PetalLenthCm）、花莖長度（SepalLenthCm）、花瓣寬度（PetalWidthCm）和花莖寬度（SepalWidthCm）四個連續型特徵，一個包括 3 種分類類別的目標變量（Species），如圖 6-25 所示。

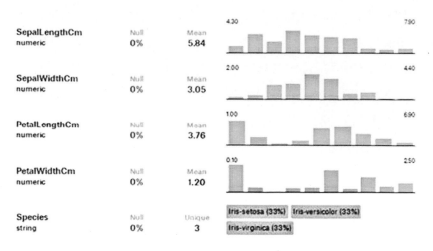

圖 6-25　鳶尾花種類辨識案例

原始資料包括 150 個樣本，我們將 120 個樣本用於訓練集，其餘當作測試集：

```
X_train, X_test, y_train, y_test =
train_test_split(data. drop([' Id',' Species'], axis=1),
            data[' Species'], test_size=0.20)
```

建構決策樹：

```
from sklearn import tree            # 讀取 sklearn 的樹模型
model = tree. DecisionTreeClassifier()    # 聲明樹模型
model = model. fit(X_train, y_train    # 擬合資料
```

tree. DecisionTreeClassifier（）是這個演算法的核心模組。這裡我們並沒有在括號裡向模型傳遞參數，所有參數均為默認值。DecisionTreeClassifier（）可以接受以下 arguments：

criterion：指定節點的參數運算標準，默認為「cart」

樹的最大優點在於視覺化的直覺性。我們可以用 graphviz 程式套件進行樹模型的視覺化。要使用這個工具，就要在控制臺中安裝

graphviz。以 Anaconda prompt 為例，打開 Anaconda prompt，輸入如下指令：

```
conda install python-graphviz
```

接下來回到程式碼介面，讀取並使用這個程式套件，可以得到如圖 6-26 所示的決策樹：

```
import graphviz                                    # 讀取程式函式庫
dot_data = tree. export_graphviz(model, feature_names = X_train. columns,
class_names = [' setosa',' versicolor',' virginica'],
                    filled = True, out_file=None)
graph = graphviz. Source(dot_data)
graph
```

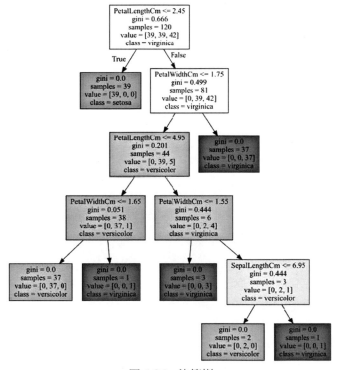

圖 6-26　決策樹

307

圖 6-26 中，橙色、綠色和紫色三種顏色的葉子節點分別對應 setosa、versicolor 和 virginica 三種鳶尾花類別，也就是我們的決策結果。現在了解了模型的決策路線，下面調用 predict 指令來進行預測。

在訓練集上的預測：

```
y_pred_train = model. predict(X_train)
train_accuracy = np. mean(y_train == y_pred_train)
print(" The Train Accuracy is %.1f%%" % (train_accuracy * 100))
```

結果如下：

```
The Train Accuracy is 100.0%
```

可以看到準確率達到了 100%。

在測試集上的預測：

```
y_pred_test = model. predict(X_test)
test_accuracy = np. mean(y_test == y_pred_test)
print(" The Train Accuracy is %.1f%%" % (test_accuracy * 100))
```

結果如下：

```
The Train Accuracy is 96.7%
```

在測試集上的準確率為 96.7%，30 個測試樣本有 29 個預測正確。

2. 模型總結

決策樹很容易出現過擬合。因為只要樹的深度足夠大（葉子節點足夠多），我們總是能完美的擬合訓練集的資料，只要我們把訓練集每一個樣例作為一個單獨的葉子節點即可。決策樹的優點是具有極高的可解釋性。

6.6　整合演算法

前面我們了解了如何使用決策樹進行分類和迴歸。決策樹很少會直接拿來使用，這是因為隨著樹的深度增大很容易發生過擬合。本節介紹

的基於樹的整合演算法很好的解決了這一問題。整合演算法是機器學習中最重要的思想之一。絕大多數整合演算法都是基於樹的整合演算法，反過來幾乎所有用到樹的模型都是透過整合演算法進行封裝而實現的。整合演算法既可以用於分類，也可以用於迴歸。在講解概念時，為了方便，在沒有特別說明時，我們默認討論分類整合演算法。迴歸問題的思路與分類問題相似。

6.6.1 整合演算法簡述

整合演算法是將多個分類器結合而成的新的分類演算法。整合演算法由一系列的弱分類器（weak classifiers）組成，這些弱分類器通常是非常簡單的分類器，比如決策樹。透過將這些弱分類器組合在一起，形成一個性能更強的分類器，作為最終預測的輸出結果。最常見的整合學習方法有兩種：Bagging 和 Boosting。前者的代表演算法是隨機森林，後者的代表演算法包括 Adaboost、GBDT 和 Xgboost。

Bagging 和 Boosting 都採取了上述整合學習的思想，將若干個弱分類器進行組合。假設弱分類器有 T 個，那麼一共就需要 T 輪訓練。不同的是，在 Bagging 中，各個弱分類器的訓練是並行進行的，而 Boosting 中的 T 輪訓練需要依次進行。

6.6.2 整合演算法之 Bagging

Bagging 是將一系列弱分類器 F1（x），F2（x），……，Fb（x）並行進行訓練，然後對結果取平均值（Regression），或者投票（Classification）而產生最終預測結果，其基本流程如圖 6-27 所示。Bagging 整個過程一共進行了 T 輪訓練，每一輪使用的弱分類器都是二叉樹，但讀取的訓練資料集不同。在每個弱分類器訓練中，從樣本中隨

機有放回的抽取 N 個樣本，N 是樣本集樣本的個數。在這個過程中，某一個特定的樣本 X（i）可能被使用多次，也可能未被使用。各個弱分類器抽取樣本的過程是獨立的。

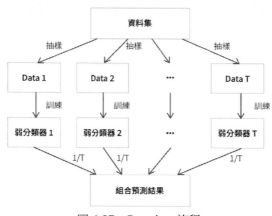

圖 6-27　Bagging 流程

Random Forest（隨機森林）是最著名也是最實用的 Bagging 演算法之一。正如其名字一般，「隨機森林」由多棵樹組成，單獨一棵樹是一個弱分類器，將很多樹組合在一起，就形成了具有強大預測能力的「森林」。這個組合的過程就是透過 Bagging 完成的。每一棵樹是一個弱分類器，在樣本集的一個 Bootstrap 上訓練完成。最終將 T 棵樹的結果匯總（投票或取平均值），生成最終的輸出。

但隨機森林不只如此。在上述介紹 Bagging 的基礎上，對於每一個弱分類器，在訓練前除了隨機選擇樣本（Bagging 的基本定義）外，還要從特徵集中隨機選出一個特徵子集來訓練。這樣做是為了讓每棵樹學習得不要太相似——如果有幾個特徵和目標變量是強相關的，那麼這些特徵在所有樹中都會被挑選出來。隨機森林演算法從 n 個特徵中隨機選出其中的 p 個用於訓練，可以有效防止這種情況發生，每棵樹在受限的 p 個變量中進行訓練，可以讓不同的樹「長得更不一樣」。

下面我們給出隨機森林的具體演算法：

For t = 1，2，……，T：
從訓練集中有放回的抽取 m 個樣本，組成 {Xt，Yt}
從 n 個特徵中無放回的抽取 p 的特徵，在 {Xt，Yt} 中僅保留該子特徵集
在 {Xt，Yt} 上訓練決策樹 Ft(X)
End

6.6.3　整合演算法之 Boosting

　　6.6.2 小節講解了 Bagging 及其代表演算法隨機森林。本節我們來介紹整合演算法的另一大思想：Boosting。前文提到，Boosting 和 Bagging 最大的區別是 Boosting 的一輪輪訓練是依次進行的，而不是像 Bagging 一樣是相互獨立的。其核心過程可以用圖 6-28 來描述。

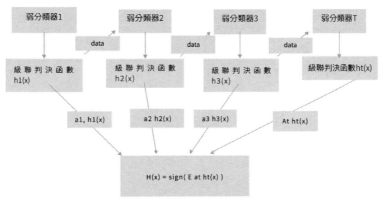

圖 6-28　Boosting 演算法

　　Boosting 的核心策略是一步步修正模型，使之逐漸逼近真實的映射關係。每一個弱分類器是建立在前一個的基礎上進行的，受到前一個分類器效果的反饋加以改進，使得當前的分類器比前一輪做得更好。Boosting 的代表演算法有 Adaboost、GBDT 和 Xgboost。後兩者和 Random Forest 是機器學習競賽中效果最出色的模型，在工業界中也極

311

其受歡迎。

Adaboost

Adaboost 主要用於分類，其核心思路是在每一個弱分類器之後對預測值和真實值進行比較，然後將分類錯誤的樣本點在下一個分類器中賦予更高的權重，使得在下一次訓練中不容易再被分錯。其演算法如下：

初始化權重（weight）： $Wt(xi) = 1/m$

for $t = 1 , 2 , \cdots\cdots , T$ ：

(1) 以 $Wt(x)$ 為樣本權重，使用第 t 個弱分類器對輸入資料進行分類，得到分類結果 $ht(x)$

(2) 運算分類器的錯誤率 $Et = errorNum / m$，其中 errorNum 為分類錯誤的樣本數，m 為總樣本數。 運算 $Zt = sqrt(Et(1-Et))$

(3) 運算 at 的值並保存： $at = 1 / 2 * ln((1-Et)/Et)$

(4) 更新資料集各個資料的權重： For $i = 1 , 2 , \cdots\cdots , N$ ：

若 $ht(xi) = y(xi)$（分類器結果與真實標籤值相同，即分類正確）：

$Wt+1(i) = Wt(i) * e^{\wedge}(-at) / Zt$

若 $ht(xi) \neq y(xi)$（分類器結果與真實標籤值不同，即分類錯誤）：

$Wt+1(i) = Wt(i) * e^{\wedge}at / Zt$

6.7　聚類演算法

我們童年的學習是從認知開始的，透過看卡片和實物認識了各類事物，並且對具有類似特徵的事物進行歸納和總結。這個過程在機器學習中被稱為「聚類」，是把彼此類似的對象組成一類的分析過程。聚類學習是一種無監督式學習，在這個過程中，從獲得具體的樣本向量到得出聚類結果，人們是不用進行干預的，這就是「無監督」一詞的由來。

在機器學習中，無監督式學習一直是我們追求的方向，而其中的聚類演算法更是發現隱藏資料結構與知識的有效方法。目前，如 Google 新聞等很多應用都將聚類演算法作為主要的實現方法，它們能利用大量的未標注資料建構強大的主題聚類。聚類與分類的不同在於，聚類所要

求劃分的類是未知的。聚類是將資料分類到不同的類或者簇這樣的一個過程，所以同一個簇中的對象有很大的相似性，而不同簇間的對象有很大的相異性。

　　從統計學的觀點看，聚類分析是透過資料建模簡化資料的一種方法。傳統的統計聚類分析方法包括系統聚類法、分解法、加入法、動態聚類法、有序樣品聚類、有重疊聚類和模糊聚類等。採用 k- 均值、k- 中心點等演算法的聚類分析工具已被加入許多著名的統計分析軟體包中，如 SPSS、SAS 等。

　　從機器學習的角度講，簇相當於隱藏模式。聚類是搜尋簇的無監督式學習過程。與分類不同，無監督式學習不依賴預先定義的類或帶類標記的訓練實例，需要由聚類學習算法自動確定標記，而分類學習的實例或資料對象有類別標記。聚類是觀察式學習，而不是示例式學習。

　　聚類分析是一種探索性的分析，在分類的過程中，人們不必事先給出一個分類的標準，聚類分析能夠從樣本資料出發，自動進行分類。聚類分析所使用的方法不同，常常會得到不同的結論。不同研究者對於同一組資料進行聚類分析，所得到的聚類數未必一致。

　　從實際應用的角度看，聚類分析是資料挖掘的主要任務之一。而且聚類能夠作為一個獨立的工具獲得資料的分布狀況，觀察每一簇資料的特徵，集中對特定的聚簇集合做進一步的分析。聚類分析還可以作為其他演算法（如分類和定性歸納演算法）的預處理步驟。

　　本節從簡單高效能的 K 均值聚類開始，依次介紹均值漂移聚類、基於密度的聚類、利用高斯混合和最大期望方法聚類、層次聚類和適用於結構化資料的圖團體檢測。我們不僅會分析基本的實現概念，同時還會給出每種演算法的優缺點以明確實際的應用場景。

6.7.1　K 均值聚類

聚類是一種包括資料點分組的機器學習技術。給定一組資料點，我們可以用聚類演算法將每個資料點分到特定的組中。理論上，屬於同一組的資料點應該有相似的屬性或特徵，而屬於不同組的資料點應該有不同的屬性和／或特徵。聚類是一種無監督式學習的方法，是一種在許多領域常用的統計資料分析技術。K 均值（K-Means）可能是最知名的聚類演算法，K-Means 是將 n 個資料樣本劃分成 k 個聚類的演算法，使得同一聚類中的樣本相似度較高，不同聚類樣本的相似度較低。K-Means 是很多入門級資料科學和機器學習課程的內容，在程式碼中很容易理解和實現。請看圖 6-29 的例子。

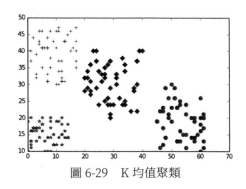

圖 6-29　K 均值聚類

K-Means 的工作原理為：對於將含有 n 個樣本組成的樣本集分成 k 類的任務，按照如下步驟進行：

（1）從 n 個樣本中隨機選取 k 個點作為初始聚類中心。

（2）運算每個樣本到各個聚類中心的相似度，並劃分到相似度最高的聚類中心。

（3）重新運算每個聚類的均值，將其作為新的聚類中心。

（4）重複步驟（2）和（3），直到所有聚類中心不再改變為止。

可以看到，K-Means 演算法是一個反覆疊代求解的過程。K 是需要預先設定好的超參數。K-Means 的優勢在於速度快，因為我們真正做的是運算點和組中心之間的距離，只需要非常少的運算。因此，它具有線性複雜度 O（n）。另一方面，K-Means 有一些缺點。首先，你必須選擇有多少組／類。理想情況下，我們希望聚類演算法能夠解決分多少類的問題。K-Means 也從隨機選擇的聚類中心開始，所以它可能在不同的演算法中產生不同的聚類結果。因此，結果可能不可重複並缺乏一致性。其他聚類方法更加一致。K-Medians 是與 K-Means 有關的另一個聚類演算法，除了不是用均值而是用組的中值向量來重新運算組中心。這種方法對異常值不敏感（因為使用中值），但對於較大的資料集要慢得多，因為在運算中值向量時，每次疊代都需要進行排序。

6.7.2 均值漂移聚類

均值漂移聚類是基於滑動窗口的演算法，它試圖找到資料點的密集區域。這是一個基於質心的演算法，意味著它的目標是定位每個組／類的中心點，透過將中心點的候選點更新為滑動窗口內點的均值來完成。然後，在後處理階段對這些候選窗口進行過濾以消除近似重複，形成最終的中心點集及其相應的組。請看圖 6-30 的例子。

圖 6-30　均值漂移聚類

為了解釋均值漂移，我們將考慮二度空間中的一組點，如圖 5-28 所示。我們從一個以 C 點（隨機選擇）為中心，以半徑 r 為核心的圓形滑動窗口開始。均值漂移是一種爬山演算法，它包括在每一步中疊代的向更高密度區域移動，直到收斂。在每次疊代中，滑動窗口透過將中心點移向窗口內點的均值（因此而得名）來移向更高密度區域。滑動窗口內的密度與其內部點的數量成正比。自然，透過向窗口內點的均值移動，會逐漸移向點密度更高的區域。我們繼續按照均值移動滑動窗口，直到沒有區域在核心內可以容納更多的點。我們一直移動這個圓直到密度不再增加（即窗口中的點數）。這是透過許多滑動窗口完成的，直到所有的點位於一個窗口內。當多個滑動窗口重疊時，保留包含最多點的窗口。然後根據資料點所在的滑動窗口進行聚類。

與 K-Means 聚類相比，這種方法不需要選擇簇數量，因為均值漂移自動發現這一點。這是一個極大的優勢。它的缺點是窗口大小／半徑的選擇可能是不重要的。

6.7.3　基於密度的聚類方法

DBSCAN 是一種基於密度的聚類演算法，類似於均值漂移，但具有一些顯著的優點。請看圖 6-31 的例子。

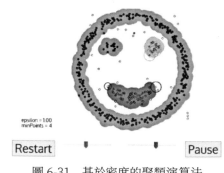

圖 6-31　基於密度的聚類演算法

DBSCAN 從一個沒有被訪問過的任意起始資料點開始。這個點的鄰域是用距離 ε（ε 距離內的所有點都是鄰域點）提取的。如果在這個鄰域內有足夠數量的點（根據 minPoints），則聚類過程開始，並且當前資料點成為新簇的第一個點。否則，該點將會被標記為雜訊（稍後這個雜訊點可能仍會成為聚類的一部分）。在這兩種情況下，該點都被標記為「已訪問」。對於新簇中的第一個點，其 ε 距離鄰域內的點也成為該簇的一部分。這個使所有 ε 鄰域內的點都屬於同一個簇的過程將對所有剛剛添加到簇中的新點進行重複。重複步驟，直到簇中所有的點都被確定，即簇的 ε 鄰域內的所有點都被訪問和標記過。一旦我們完成了當前的簇，一個新的未訪問點將被檢索和處理，導致發現另一個簇或雜訊。重複這個過程，直到所有的點被標記為已訪問。由於所有點都已經被訪問，因此每個點都屬於某個簇或雜訊。

DBSCAN 與其他聚類演算法相比有很多優點。首先，它根本不需要固定數量的簇，也會將異常值辨識為雜訊，而不像均值漂移，即使資料點非常不同，也會簡單的將它們分入簇中。另外，它能夠很好的找到任意大小和任意形狀的簇。DBSCAN 的主要缺點是當簇的密度不同時，表現不如其他聚類演算法。這是因為當密度變化時，用於辨識鄰域點的距離閾值 ε 和 minPoints 的設定將會隨著簇而變化。這個缺點也會在非常高維度的資料中出現，因為距離閾值 ε 再次變得難以估計。

6.7.4　用高斯混合模型的最大期望聚類

K-Means 的一個主要缺點是它對於聚類中心均值的簡單使用。透過圖 6-30，我們可以明白為什麼這不是最佳方法。在圖 5-32 的左側，可以非常清楚的看到有兩個具有不同半徑的圓形簇，以相同的均值作為中心。K-Means不能處理這種情況，因為這些簇的均值是非常接近的。K-Means在簇不是圓形的情況下也失敗了，同樣是由於使用均值作為聚類中心。

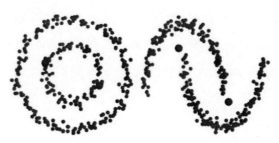

圖 6-32　高斯混合模型

　　高斯混合模型（GMMs）比 K-Means 給了我們更多的靈活性。對於 GMMs，我們假設資料點是常態分布的，相對於使用均值假設它們是圓形的，這是一個限制較少的假設。這樣，我們有兩個參數來描述簇的形狀：均值和標準差。以平面為例，這意味著，這些簇可以採取任何類型的橢圓形（因為我們在 x 和 y 方向都有標準差）。因此，每個常態分布被分配給單個簇。為了找到每個簇的高斯參數（例如均值和標準差），我們將用一個叫作最大期望（EM）的最佳化演算法。請看圖 6-33 的圖表，這是一個高斯適用於簇的例子。然後我們可以使用 GMMs 繼續進行最大期望聚類的過程。

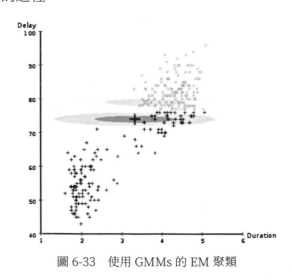

圖 6-33　使用 GMMs 的 EM 聚類

我們首先選擇簇的數量（如 K-Means 所做的），並隨機初始化每個簇的常態分布參數。也可以透過快速查看資料來嘗試為初始參數提供一個好的猜測。但是請注意，正如圖 6-33 中所看到的，這不是 100% 必要的。給定每個簇的常態分布，運算每個資料點屬於一個特定簇的機率。一個點越靠近常態的中心，它就越可能屬於該簇。這應該是很直覺的，因為對於常態分布，我們假設大部分資料更靠近簇的中心。基於這些機率，運算一組新的常態分布參數，使得簇內的資料點的機率最大化。我們使用資料點位置的加權和來運算這些新參數，其中權重是資料點屬於該特定簇的機率。為了用視覺化的方式解釋它，我們可以看一下圖 6-33，特別是黃色的簇，以此為例。分布在第一次疊代時隨即開始，我們可以看到大部分黃點都分布在右側。當我們運算一個機率加權和時，即使中心附近有一些點，但它們大部分都在右側。因此，分布的均值自然會接近這些點。我們也可以看到大部分點分布在「從右上到左下」。因此改變標準差來創建更適合這些點的橢圓，以便最大化機率加權和。

　　重複步驟直到收斂，其中分布在疊代中的變化不大。

　　使用 GMMs 有兩個關鍵的優勢。首先，GMMs 比 K-Means 在簇協方差方面更靈活，因為標準差參數，簇可以呈現任何橢圓形狀，而不是被限制為圓形。K-Means實際上是GMM的一個特殊情況，這種情況下，每個簇的協方差在所有維度都接近 0。其次，因為 GMMs 使用機率，所以每個資料點可以有很多簇。因此，如果一個資料點在兩個重疊的簇的中間，我們可以簡單的透過說它百分之 X 屬於類 1，百分之 Y 屬於類 2 來定義它的類，即 GMMs 支援混合資格。

6.7.5　凝聚層次聚類

　　層次聚類演算法實際上分為兩類：自上而下或自下而上。自下而上的演算法首先將每個資料點視為一個單一的簇，然後連續的合併（或聚合）兩個簇，直到所有的簇都合併成一個包含所有資料點的簇。因此，自下而上層次聚類被稱為凝聚式層次聚類或 HAC。這個簇的層次用樹（或樹狀圖）表示。樹的根是收集所有樣本的唯一簇，葉是僅僅具有一個樣本的簇。在進入演算法步驟前，請看圖 6-34 的例子。

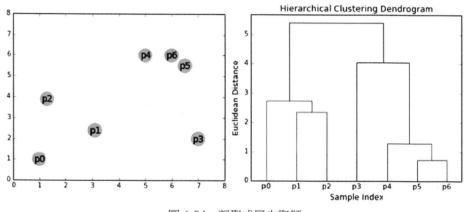

圖 6-34　凝聚式層次聚類

　　我們首先將每個資料點視為一個單一的簇，即如果我們的資料集中有 X 個資料點，那麼我們就有 X 個簇。然後，選擇一個測量兩個簇之間距離的距離度量標準。作為例子，我們將用 average linkage，它將兩個簇之間的距離定義為第一個簇中的資料點與第二個簇中的資料點之間的平均距離。在每次疊代中，我們將兩個簇合併成一個。這兩個要合併的簇應具有最小的 average linkage。即根據我們選擇的距離度量標準，這兩個簇之間的距離最小，因此是最相似的，應該合併在一起。重複步驟，直到到達樹根，即我們只有一個包含所有資料點的簇。這樣，只需

要選擇何時停止合併簇，即何時停止建構樹，來選擇最終需要多少個簇。

　　層次聚類不需要我們指定簇的數量，甚至可以選擇哪個數量的簇看起來最好，因為我們正在建構一棵樹。另外，該演算法對於距離度量標準的選擇並不敏感，它們都同樣表現得很好，而對於其他聚類演算法，距離度量標準的選擇是至關重要的。層次聚類方法的一個特別好的例子是，當基礎資料具有層次結構，並且想要恢復層次時，其他聚類演算法不能做到這一點。與 K-Means 和 GMMs 的線性複雜度不同，層次聚類的這些優點是以較低的效率為代價的，因為它具有 O（n^3）的時間複雜度。

6.7.6　圖團體檢測

　　當資料可以被表示為一個網路或圖（graph）時，我們可以使用圖團體檢測（Graph Community Detection）方法完成聚類。在這個演算法中，圖團體（graph community）通常被定義為一種頂點（vertice）的子集，其中的頂點相對於網路的其他部分要連接得更加緊密。

　　也許最直覺的案例就是社交網路。其中的頂點表示人，連接頂點的邊表示他們是朋友或互追的使用者。但是，若要將一個系統建模成一個網路，我們就必須要找到一種有效連接各個不同組件的方式。將圖論用於聚類的一些創新應用包括：對圖像資料的特徵提取、分析基因調控網路（Gene Regulatory Networks，GRNs）等。圖 6-35 展示了最近瀏覽過的 8 個網站，根據它們在維基百科頁面中的連結進行了連接。

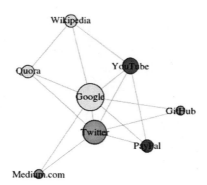

圖 6-35　圖團體檢測（顏色參見下載包中的相關文件）

　　這些頂點的顏色表示它們的團體關係，大小是根據它們的中心度（centrality）確定的。這些聚類在現實生活中也很有意義，其中黃色頂點通常是參考／搜尋網站，藍色頂點全部是線上發布網站（文章、微博或程式碼）。假設我們已經將該網路聚類成了一些團體，就可以使用該模組性分數來評估聚類的品質。分數更高表示我們將該網路分割成了「準確的」團體，而低分則表示我們的聚類更接近隨機，如圖 6-36 所示。

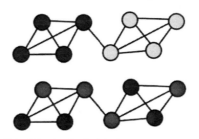

圖 6-36　模組性（上面一組為高模組性，下面一組為低模組性）

　　模組性可以使用以下公式進行運算：

$$M = \frac{1}{2L} \sum_{i,j=1}^{N} \left(A_{ij} - \frac{k_i k_j}{2L} \right) \delta c_i, c_j$$

　　其中 L 代表網路中邊的數量，k_i 和 k_j 是指每個頂點的 degree，可以透過將每一行和每一列的項加起來而得到。兩者相乘再除以 2L 表示當

該網路是隨機分配的時候，頂點 i 和 j 之間的預期邊數。整體而言，括號中的項表示該網路的真實結構和隨機組合時的預期結構之間的差。研究它的值可以發現，當 $A_{ij} = 1$ 且（$k_i k_j$）／2L 很小時，其返回的值最高。這意味著，當在定點 i 和 j 之間存在一個「非預期」的邊時，得到的值更高。最後的 δc_i、c_j 就是大名鼎鼎的克羅內克 δ 函數（Kronecker-Delta Function）。下面是其 Python 解釋。

```python
def Kronecker_Delta(ci, cj):
  if ci == cj:
    return 1
      else:
        return 0
Kronecker_Delta(" A"," A") # returns 1
Kronecker_Delta(" A"," B") # returns 0
```

透過以上公式可以運算圖的模組性，且模組性越高，該網路聚類成不同團體的程度就越好。因此，透過最優化方法尋找最大模組性就能發現聚類該網路的最佳方法。

組合學（Combinatorics）告訴我們，對於一個僅有 8 個頂點的網路，存在 4,140 種不同的聚類方式。16 個頂點的網路的聚類方式將超過100 億種。32 個頂點的網路的可能聚類方式更是將超過 128 septillion（10^21）種。如果你的網路有 80 個頂點，那麼其可聚類的方式的數量已經超過了可觀測宇宙中的原子數量。

因此，我們必須求助於一種啟發式的方法，該方法在評估可以產生最高模組性分數的聚類上效果良好，而且並不需要嘗試每一種可能性。這是一種被稱為 Fast-Greedy Modularity-Maximization（快速貪婪模組性最大化）的演算法，這種演算法在一定程度上類似於前面描述的Agglomerative Hierarchical Clustering Algorithm（集聚層次聚類演

算法）。只是 Mod-Max 並不根據距離（distance）來融合團體，而是根據模組性的改變來對團體進行融合。下面介紹其工作方式。首先初始分配每個頂點到其自己的團體，然後運算整個網路的模組性 M。

（1）要求每個團體對（community pair）至少被一條單邊連結，如果有兩個團體融合到了一起，該演算法就運算由此造成的模組性改變 ΔM。

（2）取 ΔM 出現了最大成長的團體對，然後融合。然後為這個聚類運算新的模組性 M，並記錄下來。

重複（1）和（2）。每次都融合團體對，這樣最後可以得到 ΔM 的最大增益，然後記錄新的聚類模式及其相應的模組性分數 M。當所有的頂點都被分組成一個巨型聚類時，就可以停止了。然後該演算法會檢查這個過程中的紀錄，找到其中返回最高 M 值的聚類模式。這就是返回的團體結構。

團體檢測是現在圖論中一個熱門的研究領域，它的局限性主要表現在會忽略一些小的集群，且只適用於結構化的圖模型。但這一類演算法在典型的結構化資料中和現實網狀資料中都有非常好的性能。

6.8　機器學習演算法總結

機器學習領域有一條「沒有免費的午餐」的定理。簡單解釋一下，就是沒有任何一種演算法能夠適用於所有問題，特別是在監督式學習中。例如，你不能說神經網路就一定比決策樹好，反之亦然。要判斷演算法的優劣，資料集的大小和結構等眾多因素都至關重要。所以，你應該針對問題嘗試不同的演算法。然後使用保留的測試集對性能進行評估，以選出較好的演算法。

第 7 章　深度學習

　　2017 年 5 月，Google 用深度學習演算法再次引起了全世界對人工智慧的關注。在與 Google 開發的圍棋程式的對弈中，柯潔以 0：3 完敗。這個勝利的背後是包括 Google 在內的科技龍頭近年來在深度學習領域的大力投入。深度學習近年來獲得了前所未有的突破，由此掀起了人工智慧新一輪的發展熱潮。深度學習本質上就是用深度神經網路處理大量資料。深度神經網路有卷積神經網路（Convolutional Neural Networks，CNN）和循環神經網路（Recurrent Neural Networks，RNN）兩種典型的結構。

　　神經網路始於 1940 年代，其構想來源於對人類大腦的理解，它試圖模仿人類大腦神經元之間的傳遞來處理資訊。早期的淺層神經網路很難刻劃出資料之間的複雜關係，1980 年代興起的深度神經網路又由於各種原因一直無法對資料進行有效訓練。直到 2006 年，Geottrey Hinton 等人給出了訓練深度神經網路的新思路，之後的短短幾年時間，深度學習顛覆了語音辨識、圖像辨識、文本理解等眾多領域的演算法設計思路。再加上用於訓練神經網路的晶片性能得到了極大提升以及網路時代爆炸的資料量，才有了深度神經網路在訓練效果上的極大提升，深度學習技術才有如今被大規模商業化的可能。

7.1　走進深度學習

　　如圖 7-1 所示，傳統的機器學習方式是先把資料預處理成各種特徵，然後對特徵進行分類，分類的效果高度取決於特徵選取的好壞，因此把大部分時間花在尋找合適的特徵上。而深度學習是把大量資料輸入一個非常複雜的模型，讓模型自己探索有意義的中間表達。深度學習的優勢在於讓神經網路自己學習如何抓取特徵，因此可以把它看作一個特徵學習器。值得注意的是，深度學習需要大量的資料餵養，如果訓練資料

少，深度學習的性能並不見得就比傳統的機器學習方法好。

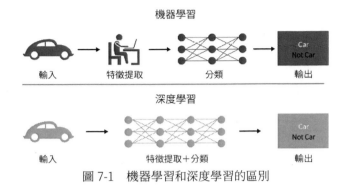

圖 7-1　機器學習和深度學習的區別

7.1.1　深度學習為何崛起

深度學習並不是新興理論，早在幾十年前，深度學習和神經網路的基本理念就已經比較完備了。關於深度學習之所以現在才開始流行的原因，我們先來看圖 7-2。

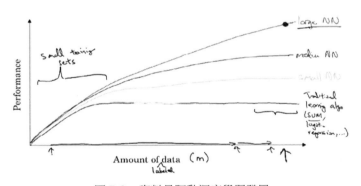

圖 7-2　資料量驅動深度學習發展

模型能達到好的效果，背後是資料、運算力和演算法在支援。深度學習之所以最近紅起來，資料量的增加、運算力的提升和演算法的進步都為之做出了貢獻。但從圖 7-2 可以看出，資料量的增加是最主要的因素。模型的表現力隨著資料量的增加而提升，這是毋庸置疑的。但在資

料量比較少的時候，神經網路模型相比傳統的學習演算法沒有明顯的優勢，只有當訓練集很大時，神經網路的效果才會比傳統演算法更好。所以，隨著近些年資料接觸量爆炸式增加，深度學習的優勢越來越明顯。

7.1.2　從邏輯迴歸到淺層神經網路

我們知道，深度學習主要指多層神經網路，讓我們先來了解一下什麼是神經網路。神經網路並沒有聽起來那麼高深，其本質上也屬於機器學習的一種模型，就像前幾章介紹的常見模型一樣。

還記得邏輯迴歸模型嗎？這是我們在第 6 章介紹過的一種分類器。邏輯迴歸模型將輸入變量按一定權重線性組合求和，然後對得到的值施加一個名為 sigmoid 的函數變換，即 $g(z) = 1 / (1 + e^{-z})$。這個過程可以用圖 7-3 表示，其中 x_1、x_2、x_3 為輸入變量，也是我們資料集中的特徵，將它們線性組合得到一個數值，再對這個數值進行 sigmoid 函數變換，得到 yhat，從而可以預測實際的 y。

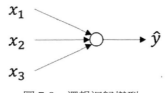

圖 7-3　邏輯迴歸模型

邏輯迴歸模型本質上是一個淺層神經網路（Shallow Neural Networks）。這裡它只有輸入層和輸出層。輸入層經過線性組合，然後被施加一個函數，這裡把這個函數叫作激勵函數（Activation Function），隨後得到輸出層的結果。我們把它暫時稱為「簡單結構」。如果我們在輸入層和輸出層之間加入中間層，那麼一個嚴格意義的神經網路就形成了，如圖 7-4 所示。

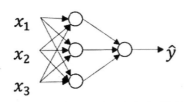

圖 7-4　帶隱藏層的邏輯迴歸模型

這個模型與圖 7-3 相比，在輸入層和輸出層之間多了一個隱藏層（Hidden Layer），這個隱藏層有三個神經元，它們在結構圖中作為節點與前一層（輸入層）的節點（x_1，x_2，x_3）透過有向線段兩兩相連。聽起來複雜，如果我們把中間三個神經元分開來看，每一個神經元與上一層都有如圖 7-5 所示的關係。

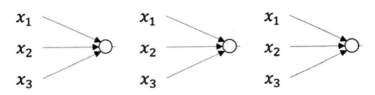

圖 7-5　每一個神經元與上一層的關係

這三張圖的形式與邏輯迴歸模型圖的形式完全相同。x_1、x_2、x_3 透過一定的權重比例線性組合，得到一個新的數，然後這個新的數被施加一個激勵函數，得到一個輸出值（雖然圖中沒有表現出施加函數的過程，但實際上是有的）。中間層實際上就是三個「簡單結構」並行運行出來的結果，並將得到的三個結果儲存在中間層神經元中，然後作為新的輸入變量傳給下一層。這裡三個「簡單結構」並行運行，並不是把一個過程重複三次。雖然資料變量都是一樣的，但每個結構中線性組合的權重（也就是參數）是不一定相同的。因此，三個神經元的數值是不一樣的。將得到的三個數值作為輸入變量傳遞給下一層，這個過程如圖 7-6 所示。

圖 7-6　將三個數值作為輸入變量傳遞給下一層

於是在第二層將中間層運算的結果當作輸入變量，重新進行「線性組合＋激勵函數」的操作，最終得到輸出值。這樣一個 2 層的神經網路的運算過程就完成了。

7.1.3　深度神經網路

神經網路可以有多個隱藏層，當我們使用更多的層數時，實際上就是在構造所謂的深度神經網路。在實際應用中，我們會使用幾十個甚至幾百個隱藏層。並且事實證明，讓網路變得更深層確實會提高模型的準確率。幾百層的結構的確會比簡單的幾層網路表現得更優秀。

我們再來看深度神經網路的結構。每個隱藏層可以有任意數量的神經元，可以大於、小於或等於輸入層變量個數，但一般至少要有 2 個，每層的數量也可以各不相等。圖 7-7 是一個 2 個隱藏層的神經網路案例。在每一層一般使用同一個激勵函數，不同層之間的激勵函數可以不相同。

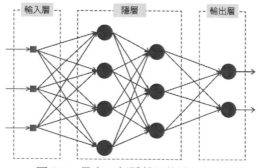

圖 7-7　帶有 2 個隱藏層的神經網路

在介紹神經網路的訓練前,我們要先弄明白一件事。前面所提到的神經網路的層數、每層的神經元節點數以及每個地方激勵函數的選擇都是預先指定的,而不是被訓練的,也就是說,它們是神經網路模型的超參數。

神經網路由神經元、網狀結構和激勵函數構成。圖 7-7 中的每一個節點都是一個神經元,神經網路透過網狀結構將每一層的資訊傳遞給下一層。而資訊傳遞的方式正是前文描述的透過線性組合生成新的神經元的形式。神經網路看似複雜,但簡單來說,其實只做了三件事:

(1) 對輸入變量施加線性組合。

(2) 套用激勵函數。

(3) 重複前兩步。

7.1.4 正向傳播

前文中反覆提到兩個關鍵詞:「線性組合」和「激勵函數」,就是神經網路的兩大「法寶」。很多人喜歡把神經網路看成一個黑匣子,認為從輸入到輸出之間經過了複雜的運算程式。不過看清楚這個運算過程之後,其實整個流程很簡單,就是不斷重複「線性組合」和「激勵」的過程:

輸入→線性組合→激勵→線性組合→激勵→……→線性組合→激勵→輸出

像這樣從輸入端 x_1,x_2,……到輸出端生成 y 的運算過程叫作正向傳播(forward propagation)。上述步驟正是正向傳播的步驟。在給定各層權重參數的情況下,我們可以透過正向傳播由已知 x,運算出 y。至此,我們知道了神經網路是如何從輸入運算到輸出的。

7.1.5　激勵函數

神經網路的核心在於激勵函數。激勵函數的存在使得神經網路由線性變為非線性。如果不使用激勵函數或者使用線性激勵函數都不能達到這個目的。這是因為線性組合的線性組合仍然是原變量的線性組合。激勵函數通常有 ReLU、Sigmoid、Tanh 等。讀者在沒有具體的想法時，不妨嘗試使用以上幾種主流的選擇，特別是 ReLU。這個函數雖然簡單，但隨著時間的推移，人們發現這個激勵函數不僅會為運算上帶來方便，效果在很多實際問題中也是最好的。早期一些學者的論文中使用 Sigmoid 以及其他激勵函數的地方在如今的應用中都被換成了 ReLU。

7.2　神經網路的訓練

7.2.1　神經網路的參數

要使神經網路模型具有預測能力，我們必須要讓輸入和輸出之間的道路「暢通」。要達到這一點，我們需要訓練神經網路中的參數。那麼神經網路的參數究竟有哪些呢？讀者可以試著想一下，圖 7-8 中的神經網路包含多少個參數。

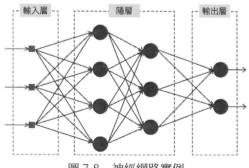

圖 7-8　神經網路實例

我們知道神經網路運算主要包括線性組合和激勵函數。激勵函數在模型訓練之前是定死的,不存在參數。神經網路的所有參數都集中在線性組合器的權重係數上。所以,這裡的參數就是指權重係數。

在這個例子中,第一個隱藏層有 4 個節點,也就是有 4 個並行的線性組合器結構。對於每個線性組合器,因為輸入變量有 3 個,將它們線性組合需要 3 + 1 = 4 個參數(包括常數項)。因此,這一層一共需要 4×4 = 16 個參數。第二層有 3 個線性組合器結構,但此時輸入變量變為 4 個,所以每個組合器需要 4 + 1 = 5 個參數,本層一共包含 5×3 = 15 個參數。同理,可運算出輸出層包括(3 + 1)×2 = 8 個參數。整個神經網路包含 16 + 15 + 8 = 39 個參數。

7.2.2 向量化

神經網路的參數數量龐大。上述例子只是一個簡單的 3 層網路,就有 39 個參數。在人們通常使用的網路模型中,擁有成千上萬的參數是非常的。這還是最簡單的普通網路模型,後文要敘述的卷積神經網路的參數數量量級甚至可以達到十萬到百萬。為了方便,我們需要借助向量和矩陣來表示這些參數以及中間運算的產物。這樣不僅表示起來更加清晰簡單,編寫程式碼時也能充分利用矩陣化運算的優勢,省去一些循環,從而使運算速度大幅提升。

7.2.3 價值函數

要找到最合適的參數,首先我們要確定一個最佳化目標,也就是要定義一個價值函數(Cost Function)。價值函數衡量的是模型預測值和真實值之間的偏離程度。我們要設法讓預測值和真實值之間盡可能接近,可以按如下方式定義價值函數。

首先，價值函數是所有樣本損失函數的疊加。損失函數（Loss Function）是定義在一條樣本資料上的。為了定量刻劃某一條樣本記錄預測值與真實值的差異，在神經網路中可以使用交叉熵來定義損失函數：

$$J（x，y）= L（y，yhat）$$

運算每一個樣本的損失函數，然後遍歷整個樣本，取均值後即可得到價值函數：

$$C（x，y）= 1 ／ m * sigma（J（x，y））$$

7.2.4　梯度下降和反向傳播

在介紹反向傳播前，我們先來了解梯度下降。首先，梯度下降是一種最佳化方法，是用來找函數最優值的一種思路。

反向傳播是為了最佳化價值函數，修正神經網路中參數的過程。反向傳播是神經網路的核心理念。簡單來說，我們訓練神經網路的目標和所有機器學習模型一樣，是為了找到模型的參數。這裡用「找到」這個詞比「運算」或者「求解」更為恰當。因為電腦是透過將初始化的參數一次次修正最終得到結果，這個過程是一步步探索的過程。隨著電腦一次次的疊代，參數在不斷朝著最優的結果去修正，從而越來越接近最優值。這個過程的核心就是在貫徹梯度下降思想。梯度下降的目的是找到當前狀態下使得待最佳化函數下降最快的點。

正向傳播的目標是運算損失函數，而反向傳播的目的是修正參數。在實際應用中，通常我們會在程式環境中記錄價值函數值並觀察其變化。我們會在第 10 章詳細介紹正向／反向傳播演算法。

7.3 神經網路的最佳化和改進

7.3.1 神經網路的最佳化策略

最佳化的目的是讓演算法能更快收斂，使得訓練速度加快。最佳化是神經網路建模中極其重要的環節，它直接決定了模型的訓練時間和投入產出的 CP 值。在神經網路模型搭建中，最佳化包括任何可以使演算法更快收斂、模型訓練加快的方法。下面讓我們來看一些常見的最佳化策略。

1. Mini-Batch

為了加快訓練速度，我們先不說演算法，首先從讀取資料「開刀」。傳統的訓練過程中的一個最大痛點是在漫長的疊代過程中，每一次都要讀入整個樣本集資料。樣本量非常大的時候會成為限制運算速度的主要因素。為了讓一次疊代資料縮短，我們是否可以考慮在一次疊代中僅使用部分樣本資料？答案是可以的。Mini-Batch 的原理是分批次讀入樣本資料，從而縮短一次疊代的運算時間。

為了充分利用樣本集，我們將樣本隨機分成若干組（batches），使得每一組有 N 個樣本。假設共有 m 個樣本，那麼一共分成 m/N 個組（若 N 取值不能整除 m，則進行取整，整除多出來的樣本單獨作為一組）。通常 N 取值為 2 的整數次方，比如 128、256 等。

N 通常被稱為 Mini-Batch Size，屬於超參數之一。假設我們有 m = 2,000 條樣本，Mini-Batch Size N = 256，那麼第一次讀取的是第 1 ～ 256 個樣本（樣本順序已隨機打亂），進行一次疊代（正向傳播和反向傳播）後，在第二次疊代時讀取第 257 ～ 512 個樣本，以此類推……第 7 次疊代讀取第 1,537 ～ 1,792 個樣本，第 8 次疊代讀取第

1,793 ～ 2,000 個樣本（本次樣本量小於 256）。在 8 次疊代後，整個樣本進行了一次遍歷。我們把到此為止的過程叫作一個週期（epoch）。在此之後重新開始下一個週期，整個樣本集重新洗牌，隨機分成 8 個組，然後重複類似上一個週期的操作，如此往復。

由此可見，Mini-Batch 和常規演算法的最大區別就是，每次疊代時，讀取的樣本是不一樣的。每一次訓練過程是在樣本集的一個隨機子集上進行的，而不是整個樣本集。這樣一來大大縮短了一次疊代的運算時間，從而使得訓練時間大大縮短。

有的讀者會想，這樣做是否會影響收斂的軌跡呢？每次樣本不一樣，在整個訓練過程剛開始的時候，參數的行進軌跡的確會顯得不太規律，但經過一段時間後會步入正軌，最終逐漸向最優值靠攏。通常 Mini-Batch 只會縮短訓練時間，不會對訓練帶來任何負面影響。所以在實際應用中，當樣本量很大的時候，幾乎總是會用到 Mini-Batch。

2. 輸入資料標準化

了解 Mini-Batch 之後，我們把目光投向標準化。標準化指的是將所有資料減去其均值，再除以標準差的過程。標準化後的樣本點在每個維度上分散程度更加均衡，也就是說每個特徵的波動區間更加接近。設想一組包含 100 個紀錄的樣本，每個樣本有 2 個特徵 x_1 和 x_2。x_1 分布在 0 ～ 100，而 x_2 分布在 0 ～ 1。這種情況下，我們非常有必要對資料進行標準化處理的，如圖 7-9 所示。

```
X = [x1 x2]
X = X – Xmean    其中 Xmean = 1/m * sigma(X(i))
X = X std        其中 std^2 = 1/m * sigma(X(i) ^ 2)
```

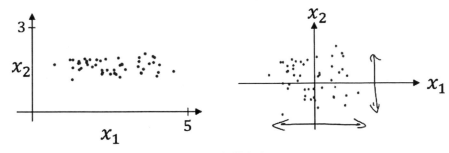

圖 7-9　標準化處理

　　經過標準化處理後,樣本在每一個分量的波動幅度相當。為什麼要這樣做呢?因為這樣一來價值函數曲線將變得更加均勻、圓滑,而不是呈扁平狀。而後者會導致參數的行進軌跡呈現「鋸齒形」,最終花更長的時間才能抵達最優點,如圖 7-10 所示。

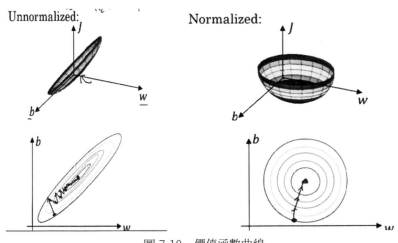

圖 7-10　價值函數曲線

　　像圖 7-10 左圖中出現的情況就是樣本特徵之間量級相差太大的結果。特徵之間量級的差距直接導致參數(w,b)在各個維度之間量級的不均衡,最終的結果就是讓左圖的價值函數曲線呈現扁平形狀,而價值函數曲線的切面(左下圖),也就是等高線呈現橢圓形。在這樣一個「扭

曲」的橢圓中，每個點的梯度方向和指向中心的方向會有很大的偏差，所以梯度會出現「鋸齒形」行進的軌跡。當我們對訓練集的樣本做了標準化處理後，在驗證集和測試集上不要忘了對樣本做相同的處理。

3. Momentum

Momentum 的出發點和標準化有些類似，也是為了讓梯度軌跡在疊代中能夠不走彎路，不過 Momentum 是從演算法下手去改進的。梯度軌跡出現「鋸齒形」是學習過程中非常常見的情況。事實上，即使進行了標準化處理，價值函數曲線經常不是完美的「圓形」，圖 7-10 右圖只是非常理想化的情況。一般情況下，梯度曲線都是很難輕易的「徑直」走向終點的。

Momentum 的思想是將過去幾次梯度進行平均作為當前的梯度。Momentum 在物理學中是「動量」的意思，實際上這種方法借用了物理學的思想。動量對應於空間中的概念是速度。我們換個角度看這個演算法。Momentum 的思想是，與其每一次去試圖修正「位移」，不如去修正「速度」。

7.3.2　正則化方法

正則化的目的是防止模型過擬合。在神經網路中，通常有 L1 ／ L2 正則化、Dropout 兩種方式。

1. L1 ／ L2 正則化

這種方法很簡單，和之前在邏輯迴歸中介紹的技巧類似，是在模型的價值函數的基礎上加上一個懲罰項。

```
J(w, b) = 1/m * sigma(L(yhat, y)) + lamda/2m * ||w||,2,2  # L2 正則化
J(w, b) = 1/m * sigma(L(yhat, y)) + lamda/2m * ||w||,2,1  # L1 正則化
```

由於價值函數的變化，反向傳播的運算也會相應的改變，但不用擔心，我們完全不用推翻原來的反向傳播運算過程，只需要在原來的基礎上稍做改變。由於新的 J（w，b）為兩項求和的形式，在求梯度之後仍為兩項求和，因此運算的第一步只需在原來的基礎上添加一項，即 lamda/2m*||w||2，2 對 w 的導數。

dw[l] = ……(原本的式子) + lamda/m * w[l]
w[l] = w[l] – alpha * dw[l]

後續運算與正常情況類似。

2. Dropout

另一種有效的正則化技巧是 Dropout。Dropout 的原理是在每次疊代過程中，隨機讓一部分神經元「失效」。這個過程可以這樣理解，假設圖 7-11 是一個過擬合的網路，現在我們在每個神經元上安裝一個「開關」。在每次疊代中，隨機關閉其中一部分。每個神經元被關閉的機率都是相同的，等於預設值，比如 0.5（實際上每一層的預設機率值可以有差異，但通常被設成同一個值。在實際操作中，絕大多數情況都只設一個通用的機率值，所以後文假設每一層機率都相同）。

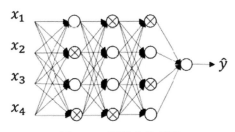

圖 7-11　過擬合的例子

結果在第一批樣本進來後，圖 7-11 中標記的神經元被關閉，在這次傳播過程中，神經網路實際上變成了圖 7-12 的樣子，一個被壓縮的神經網路。

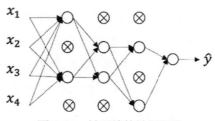

圖 7-12　被壓縮的神經網路

　　這個縮小的網路適用且僅適用於這一批樣本，包括正向傳播與反向傳播。在這次反向傳播後，只有這個小網路對應的權重參數被修正。在下一批樣本進來後，將所有開關打開，然後重新執行隨機關閉的過程，以此類推。因此，在每次疊代中，我們在使用一個隨機的、縮小的網路在訓練，每次訓練模型都不一樣。

　　在實際程式操作中，每一層的「開關」是透過引入一個布爾向量 d[l] 實現的（維度與該層輸出值 a[l] 相同，每個維度為 0 或 1，表示關閉或打開），讓 d[l] 與 a[l] 相乘，被關閉的神經元的輸出值變為 0，而未關閉的神經元保留原來 a[l] 的數值，然後將得到的值作為新的、被修正的 a[l]，並當作輸入變量傳遞給下一層。

　　值得注意的是，在正向傳播中，每一層神經元在運算後通常要進行數值修正。第 1 層的激勵函數運算得到的數值 a[l] 要除以預設值機率 p，這裡的 p 是指開關為開啟的機率（如此定義便於運算）。比如 p = 0.7，就意味著每個神經元被關閉的機率是 30%，開啟的機率是 70%。這樣做是為了保持 a[l] 的後續運算單元的期望值不變。因為在 Dropout 之後，神經元減少，傳遞給下一層的被修正的 a[l] 的所有維度中，只有期望為 p* n[l] 的維度為非空值。為了讓 z[l + 1] 從數值上期望不變，會在 a[l] 進行 dropout 修正之後，再進行一個數值修正 a[l] = a[l]/p，這樣 z[l + 1] 的數值就不會因為 Dropout 而「萎縮」了。這通常被稱為反向失

活（inverted dropout）。

　　Dropout 只用在訓練過程中，一旦參數被訓練好後，在測試集運算中不使用 Dropout，也就是說要開啟所有神經元。另外要注意的是，要記住 Dropout 是一種正則化方法，只有當模型確實出現過擬合時才使用，否則無須使用。

7.4　卷積神經網路

7.4.1　卷積運算

　　卷積運算是卷積神經網路中的核心演算步驟。卷積運算是將一個矩陣和另一個「矩陣乘子」透過特定規則運算出一個新的矩陣的過程。這個「矩陣乘子」叫作卷積核（Filter）。比如一個 5×5 的矩陣和一個 3×3 的卷積核進行卷積，可以得到一個 3×3 的矩陣，如圖 7-13 所示。

圖 7-13　卷積運算的例子一

　　卷積運算按照下述方式進行：首先，根據卷積核的規格，對應原矩陣左上角的矩陣。在這個例子中，是如圖 7-14 所示的 3×3 的矩陣。

圖 7-14　對應的矩陣

將選中的矩陣和卷積核矩陣「相乘」。這裡的乘指的是對應元素相乘，然後求和，將得到的數放入矩陣的左上角，如圖 7-15 所示。

圖 7-15　矩陣和卷積核矩陣「相乘」的結果

$3×1 + 3×1 + 0×0 + 5×2 + 2×0 + 2×(-1) + 2×(-2) + 2×1 + 0×3 = 12$

這樣我們就得到了卷積矩陣中的一個元素。然後將原矩陣的選定區域平移，放到如圖 7-16 所示的位置。

3	3	0	-1	-2
5	2	2	-1	-2
2	2	0	-1	-3
1	3	0	-2	-3
2	0	1	-2	-4

＊

1	1	0
2	0	-1
-2	1	3

圖 7-16　將選定區域平移

將當前選定的矩陣與卷積核矩陣對應元素相乘，得到 1，將其填入第 2 個格中，圖 7-17 所示。

圖 7-17　當前選定的矩陣與卷積核矩陣對應元素相乘

以此類推，第二行第一個方格透過原矩陣第 2 到 4 行、第 1 到 3 列圍成的區域與卷積核相乘得到。第三行第三個方格由原矩陣右下角的方陣與卷積核相乘所得。最終即可得到結果。

7.4.2　卷積層

透過上面的介紹，我們知道了一個方陣可以和一個卷積核（同樣為一個方陣）進行卷積運算，得到一個新的方陣。假設輸入矩陣為 $h \times w$（h 為長度，w 為寬度，通常 h 與 w 相等），卷積核為 $f \times f$，那麼得到的輸出矩陣的長度和寬度為 $h - f + 1$ 和 $w - f + 1$。通常 f 的值不大，一定小於 h 和 w，3×3、5×5、7×7 的卷積核比較常見。

這只是卷積運算最「標準」的情況。要了解卷積神經網路中卷積運算的實際操作，我們還需要了解 Padding 和 Strike 的概念。事實上，我們可以透過 Padding 和 Strike 得到尺寸和上述運算不一樣的矩陣。Padding 和 Strike 也是卷積運算中極為重要的概念，可以透過調節它們改變我們想要的輸出矩陣的格式。

·Padding

Padding 指的是對輸入矩陣的尺寸進行「擴展」，在矩陣外圍增加一個「套環」（通常由 0 來填充）。比如，一個 3×3 的矩陣透過 Padding 得到了一個 5×5 的矩陣。Padding 的參數 p 是在進行一次卷積運算中可以控制的參數。透過設置參數 p，我們可以控制輸出層想要得到的矩陣的尺寸。

·從二度到三度

我們知道，卷積神經網路在電腦視覺領域被廣泛應用。在圖像處理中，我們的輸入資料不只停留在二度。二度畫素點矩陣只能描述黑白圖片，絕大多數圖片為彩色，是由 3 個頻道（通常為 R、G、B 三原色）的

畫素點方陣組成的，所以具有 3 個維度。

假設我們有一個 32×32×3 格式的圖片，將這個圖片與一個 5×5 的卷積核進行卷積，將可以得到一個 28×28 的矩陣。這裡輸入資料中的第三個維度，也就是頻道數，在卷積過程中求和，所以輸出資料的第三個維度為 1，而不是 3。

卷積層是卷積神經網路的重要組成部分。卷積層顧名思義是對（上一層的）輸入資料進行卷積運算，將得到的結果傳遞給下一層。那麼卷積層有什麼作用呢？卷積運算的目的是提取輸入的不同特徵，第一層卷積層可能只能提取一些低階的特徵，如邊緣、線條和角等層級，更多層的網路能從低階特徵中疊代提取更複雜的特徵。卷積神經網路由多個上述這樣結構的卷積層組成。除了卷積層之外，還包括池化（Pooling）層和全連接（Full Connection）層。

池化層實際上是一種形式的向下採樣。有多種不同形式的非線性池化函數，而其中最大池化（Max Pooling）和平均採樣是最為常見的。Pooling 層相當於把一張解析度較高的圖片轉化為解析度較低的圖片。Pooling 層可進一步縮小最後全連接層中節點的個數，從而達到減少整個神經網路中參數的目的。全連接層使用與普通神經網路一樣的連接方式，一般都在最後幾層。

7.4.3　CNN 實例

我們的任務是從幾萬張帶標籤的手寫數字圖片中訓練一個分類器，來正確辨識圖片所寫的數字。資料集由阿拉伯數字 0 ～ 9 組成。該資料集來自經典的手寫體圖片資料庫 MINST，用於設計演算法和模型，被稱為電腦視覺領域的「Hello World」，如圖 7-18 所示。

（手寫數字圖片庫）

圖 7-18　手寫圖片庫

　　這個資料集中，每個樣本代表一個數字圖片，圖片全部是黑白的。
在這個案例中，我們會用到 CNN 作為分類器，具體會用到 LeNet-5
神經網路結構。LeNet-5 是一種經典的卷積神經網路結構，由 Yann
LeCun 發明，專業用於辨識手寫體和印刷體文字，並且表現得十分
出色。我們以這個任務為情景，以 LeNet-5 為分類器模型，來介紹
TensorFlow 是如何完成卷積神經網路的辨識任務的（TensorFlow 會在
後面三章中詳細講解）。辨識過程如圖 7-19 所示。

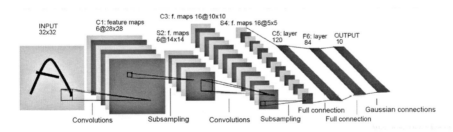

圖 7-19　辨識過程

1. 載入和預處理資料

首先打開 Python，加載 TensorFlow 和其他需要的基本程式套件。

```
In [1]:  import numpy as np
         import pandas as pd
         import matplotlib.pyplot as plt
         import tensorflow as tf
```

　　讀取資料。我們的資料來源來自 Kaggle 競賽資料集，包括 train 和 test 兩個 CSV 文件：

```
In [2]:  train_org = pd.read_csv('C:\\Users\\Liangyue\Desktop\\train.csv')
         test_org = pd.read_csv('C:\\Users\\Liangyue\Desktop\\test.csv')
```

　　和上一個案例一樣，我們先來了解原始資料集的大致情況。透過下面幾個 shells 可以看出：

- 訓練集和測試集分別包含 42,000 和 28,000 個樣本。
- 訓練資料包括 785 個變量，其中 1 個為標籤資料（變量名為 label）。
- 測試資料集需要我們提交預測結果上傳到比賽網站，只有 784 個變量，沒有標籤。
- 特徵有 784 個，每一個代表圖片中的一個畫素點。圖片由 28×28 個畫素點排列而成。

```
In [4]:  train_org.shape
Out[4]:  (42000, 785)

In [5]:  train_org.columns
Out[5]:  Index(['label', 'pixel0', 'pixel1', 'pixel2', 'pixel3', 'pixel4', 'pixel5',
                'pixel6', 'pixel7', 'pixel8',
                ...
                'pixel774', 'pixel775', 'pixel776', 'pixel777', 'pixel778', 'pixel779',
                'pixel780', 'pixel781', 'pixel782', 'pixel783'],
               dtype='object', length=785)

In [6]:  test_org.shape
Out[6]:  (28000, 784)

In [7]:  test_org.columns
Out[7]:  Index(['pixel0', 'pixel1', 'pixel2', 'pixel3', 'pixel4', 'pixel5', 'pixel6',
                'pixel7', 'pixel8', 'pixel9',
                ...
                'pixel774', 'pixel775', 'pixel776', 'pixel777', 'pixel778', 'pixel779',
                'pixel780', 'pixel781', 'pixel782', 'pixel783'],
               dtype='object', length=784)
```

將標籤資料分離作為 y，其餘作為特徵集 X（同時，這裡將原先的 dataframe 資料格式轉換為僅保留資料的矩陣形式，以方便運算處理）：

```
In [8]:  X_train = train_org.drop('label',axis=1).values.astype('float32')
         y_train = train_org['label'].values.astype('int32')
         X_test = test_org.values.astype('float32')
```

我們來觀察特徵 X 的情況。根據下面幾個 shells 可以看出：

·畫素點數值絕大多數為 0，這是因為一張圖片除了中間區域之外都是空白。

·數值最小為 0，最大為 255。

```
In [12]:  X_train[0:5,:]
```
```
Out[12]:  array([[0., 0., 0., ..., 0., 0., 0.],
                 [0., 0., 0., ..., 0., 0., 0.],
                 [0., 0., 0., ..., 0., 0., 0.],
                 [0., 0., 0., ..., 0., 0., 0.],
                 [0., 0., 0., ..., 0., 0., 0.]], dtype=float32)
```

```
In [14]:  plt.hist(X_train[23,:])
```
```
Out[14]:  (array([562.,  12.,  10.,   9.,   5.,  17.,  12.,  13.,   4., 140.]),
           array([  0. ,  25.5,  51. ,  76.5, 102. , 127.5, 153. , 178.5, 204. ,
                  229.5, 255. ]),
           <a list of 10 Patch objects>)
```

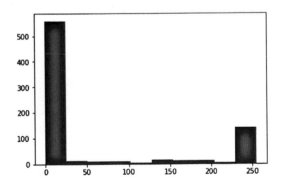

```
In [16]:  print("min is %d, max is %d" %(X_train[23,:].min(), X_train[23,:].max()))

          min is 0, max is 255
```

y 的前幾個觀測值資料如下，分別代表數字 1、0、1、4、0。

```
In [18]: y_train[0:5]
Out[18]: array([1, 0, 1, 4, 0])
```

現在我們將 X 展開成 28×28 的形式。此時，可以觀察每個觀測值的樣子，透過圖片的形式呈現。Matplotlib 提供了將畫素點數值轉換成圖片的介面： imshow 函數。

```
In [43]: X_train = X_train.reshape(X_train.shape[0],28,28)
         X_test = X_test.reshape(X_test.shape[0],28,28)
```

```
In [44]: X_train.shape
Out[44]: (42000, 28, 28)
```

```
In [49]: plt.imshow(X_train[46,:],cmap='gray')
Out[49]: <matplotlib.image.AxesImage at 0x23280198780>
```

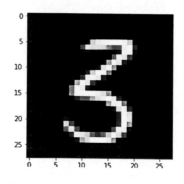

```
In [50]: y_train[46]
Out[50]: 3
```

要使用卷積神經網路，我們還需要進一步將 X 的每一條紀錄展開成 28×28×1 的形式（圖片為黑白色，所以只有 1 個 channel）。這時 X 變成了四度（樣本數為第一個維度，每一個樣本是 28×28×1 的三度資料）。

```
In [23]:  X_train = X_train.reshape(X_train.shape[0],28,28,1)
          X_test = X_test.reshape(X_test.shape[0],28,28,1)
```

```
In [24]:  X_train.shape
```

```
Out[24]:  (42000, 28, 28, 1)
```

然後對輸入資料 X 進行標準化處理。這裡輸入資料的數字全部處於 0 ～ 255 之間，因此我們將其除以 255，使數字落在 0 ～ 1 之間：

```
In [51]:  def standardize(x):
              return x/255
          X_train = standardize(X_train)
          X_test = standardize(X_test)
          print("min is %d, max is %d" %(X_train[46,:].min(), X_train[46,:].max()))
```

```
          min is 0, max is 1
```

除了 X 之外，這裡還需要對標籤值 Y 進行處理，Y 的範圍為數字 0 ～ 9，屬於多分類，需要對其進行獨熱編碼（one-hot encoding）。這是將多類別數值轉化為 0 或 1 數值的操作，方便處理。讀者可以發現，經過這個處理後，長度為 42,000 的向量 y_ train 變成了 42,000×10 的矩陣（稱為大寫的 Y_ train）。原先 y 的每個數值被對應為一個維度為 10 的向量。Y 等於幾，這個向量的第幾個維度就等於 1，其他均為 0。

```
In [52]:  from sklearn.preprocessing import label_binarize
          Y_train = label_binarize(y_train, classes = [0,1,2,3,4,5,6,7,8,9])
```

```
In [53]:  Y_train.shape
```

```
Out[53]:  (42000, 10)
```

```
In [54]:  Y_train[46]
```

```
Out[54]:  array([0, 0, 0, 1, 0, 0, 0, 0, 0, 0])
```

```
In [55]:  Y_train[0:5]
```

```
Out[55]:  array([[0, 1, 0, 0, 0, 0, 0, 0, 0, 0],
                 [1, 0, 0, 0, 0, 0, 0, 0, 0, 0],
                 [0, 1, 0, 0, 0, 0, 0, 0, 0, 0],
                 [0, 0, 0, 0, 1, 0, 0, 0, 0, 0],
                 [1, 0, 0, 0, 0, 0, 0, 0, 0, 0]])
```

2. 建構 graph

現在可以開始建構 graph 了。這裡我們先將建構 graph 需要的組件以函數的形式寫出來，後面組合這些組件，只需調用這些函數即可。這樣可以使程式碼的結構清晰，以方便後期調整參數，調試模型。

首先建立 placeholder，用來儲存輸入資料 X 和 Y，以及在最佳化中會用到的 Dropout 參數 keep_ prob。這些占位符可以在執行 session 時再輸入具體資訊，在後期有調整的餘地。

```
In [56]:  def create_placeholders(n_H0, n_W0, n_C0, n_y):
              X = tf.placeholder(tf.float32, shape = (None, n_H0, n_W0, n_C0))
              Y = tf.placeholder(tf.float32, shape = (None, n_y))
              keep_prob = tf.placeholder(tf.float32)
              return X,Y,keep_prob
```

LeNet5 模型的結構如下：

```
LeNet5: input -> conv2d(1) -> ReLU -> maxpool(1) -> ReLU ->
   conv2d(2) -> ReLU -> maxpool(2) -> Flatten -> FC(1) -> ReLU ->
   FC(2) -> ReLU -> FC(3) -> softmax -> output
input : shape(N, 28, 28, 1)
conv2d(1) : 28*28*6              W1: (5,5,1,6) p=2 s=1
maxpool(1): 14*14*6             f=2 s=2
conv2d(2) : 10*10*16            W2: (5,5,6,16) p=0 s=1
maxpool(2): 5*5*16             f=2 s=2
Flatten : 400
FC(1) : 120                     W3: (120,400)
FC(2) : 84                      W4: (84,120)
OUTPUT : 10                     W5: (10,84)
'''
```

在建構網路前，先初始化參數（LeNet5 中的參數存在於兩個 conv2d 層和 3 個全連接層，這裡只需初始化 W1 和 W2，全連接層的參數會在運算時自動被建立和初始化；另外，偏置參數 b 也無須初始化）：

```
In [57]: def initialize_parameters():
             W1 = tf.get_variable("W1", [5,5,1,6], initializer = tf.contrib.layers.xavier_initializer(seed = 0))
             W2 = tf.get_variable("W2", [5,5,6,16], initializer = tf.contrib.layers.xavier_initializer(seed = 0))
             parameters = {"W1": W1,
                           "W2": W2}
             return parameters
```

根據上述結構完成神經網路模型的程式碼：

```
In [58]: def forward_propagation(X, parameters, keep_prob):
             #读取之前初始化存好的参数
             W1 = parameters['W1']
             W2 = parameters['W2']
             # CONV2D: filters W1, stride 1, padding 'SAME' (相当于p=2的padding)
             Z1 = tf.nn.conv2d(X, W1, strides = [1,1,1,1], padding = "SAME")
             # RELU
             A1 = tf.nn.relu(Z1)
             # MAXPOOL: window 2x2, sride 2, padding 'VALID'(无padding)
             P1 = tf.nn.max_pool(A1, ksize = [1,2,2,1], strides = [1,2,2,1], padding = "VALID")
             # CONV2D: filters W2, stride 1, padding 'VALID'
             Z2 = tf.nn.conv2d(P1, W2, strides = [1,1,1,1], padding = "VALID")
             # RELU
             A2 = tf.nn.relu(Z2)
             # MAXPOOL: window 4x4, stride 4, padding 'VALID'
             P2 = tf.nn.max_pool(A2, ksize = [1,2,2,1], strides = [1,2,2,1], padding = "VALID")
             # FLATTEN
             P2 = tf.contrib.layers.flatten(P2)
             # FULLY-CONNECTED Layer1
             Z3 = tf.contrib.layers.fully_connected(P2, 120, activation_fn = tf.nn.relu)
             Z3 = tf.nn.dropout(Z3, keep_prob = keep_prob)
             # FULLY-CONNECTED Layer2
             Z4 = tf.contrib.layers.fully_connected(Z3, 84, activation_fn = tf.nn.relu)
             Z4 = tf.nn.dropout(Z4, keep_prob = keep_prob)
             # OUTPUT Layer
             Z5 = tf.contrib.layers.fully_connected(Z4, 10, activation_fn = None)
             return Z5
```

運算損失函數：

```
In [59]: def compute_cost(Z5, Y):
             cost = tf.reduce_mean(tf.nn.softmax_cross_entropy_with_logits(logits=Z5, labels=Y))
             return cost
```

7.5 深度學習的優勢

在對深度學習的神經網路結構和原理有大致認識後，我們來分析一下這個結構為深度學習帶來了什麼優勢。

深度學習最大的一個優勢在於，它整合了特徵提取的過程，可以自動學習資料集的特徵。我們在前文中提到，特徵工程是機器學習極其重要的一個環節，需要我們在使用機器學習模型之前建立合適的特徵集。但複雜、多層的神經網路具有自主學習原始特徵並進行特徵工程的能力，這讓我們在一定條件下可以省去手動進行特徵工程這一步驟，因為

深度學習模型本身可以幫我們做到。

　　這個結果對我們來說是相當誘人的。特徵工程在人工進行的情況下耗時耗力，需要用統計方法研究特徵的分布和相關性等特點進行建構、篩選、整合和重組。追求一個好的特徵集能讓我們的模型表現顯著提升，但完美的特徵集是可遇不可求的，因為特徵集選取的可能性非常多，甚至是無限的。為了得到一個「最優」的特徵集，我們經常要經過特徵選擇→模型評估→重新選擇特徵的反覆循環過程。

　　深度學習之所以能從原始資料中學習特徵，其背後的原理大致可以這樣解釋：深度學習模仿了生物學神經元傳遞的過程，這一過程與人腦的工作原理十分相似。

　　值得指出的是，深度學習並非萬能，只是為人工智慧選擇合適的機器學習方法。深度學習也有缺點，絕不是萬能的方法。比如，關於如何進行深層神經網路的內部設計，目前還沒有人能夠提出一個明確的設計指南。所以，人類應該發揮的第一個作用就是選擇合適的機器學習方法。除了深度學習之外，機器學習的方法還有很多。對於很多企業來說，與其一下子就嘗試難以駕馭的深度學習，不如引入現有的機器學習方法更具實際意義。

7.6　深度學習的實現框架

　　下面介紹深度學習的常見框架。

　　·TensorFlow 平臺

　　筆者最初接觸 AI 時，最先聽說的框架就是 Google 的 TensorFlow。TensorFlow 是一個使用資料流程圖進行數值運算的開源軟體。這個不錯的框架因其架構而聞名，它允許在任何 CPU 或 GPU 上進行運算，無論是桌面、伺服器，還是行動設備。它可在 Python 程式語言中使用。

TensorFlow 的優點是，使用簡單易學的語言，如 Python；使用運算圖進行抽象；可以使用 TensorBoard 獲得視覺化。

　·Caffe

　　Caffe 是一個強大的深度學習框架。它對於深入學習的研究而言，是非常快速和有效的。使用 Caffe 可以輕易的建構一個用於圖像分類的卷積神經網路。它在 GPU 上運行良好，運行速度非常快。如圖 7-20 所示是 Caffe 的主類。

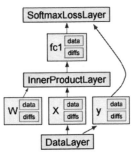

圖 7-20　Caffe 的主類

　　Caffe 的優點是可以與 Python 和 MATLAB 綁定使用，高性能，無須編寫程式碼，即可訓練模型；缺點是對遞歸網路支援不好。

　·Keras

　　Keras 是一個用 Python 編寫的開源神經網路庫。不似 TensorFlow、CNTK、Theano 這種端到端（End-to-End）的機器學習框架，相反，它是一個介面，提供了高層次的抽象，使得神經網路的配置變得更加簡單，而不必考慮所在的框架。Google的TensorFlow目前支援Keras作為後端，而微軟的 CNTK 也將在短時間內獲得支援。

　　Keras 的優點是對使用者友善，易於上手，高度拓展，可以在 CPU 或 GPU 上無縫運行，完美兼容 Theano 和 TensorFlow；缺點是不能有效的作為一個獨立的框架使用。

·CNTK

微軟的 CNTK（運算網路套件）是一個用來增強模組化和保持運算網路分離的函式庫，提供學習演算法和模型描述。在需要大量伺服器進行運算的情況下，CNTK 可以同時利用多臺伺服器。據說 CNTK 在功能上接近 Google 的 TensorFlow，但速度比對方要快一些。

CNTK 的優點是高度靈活，允許分散式訓練，支援 C++、C#、Java 和 Python；缺點是由一種新的語言——NDL（網路描述語言）實現，缺乏視覺化。

AI 與大數據技術導論（基礎篇）：

發展歷程、產業鏈、運算模式、機器學習……從理論概述到核心技術，深度探索人工智慧！

作　　者：楊正洪，郭良越，劉瑋

發 行 人：黃振庭

出 版 者：崧燁文化事業有限公司

發 行 者：崧燁文化事業有限公司

E-mail：sonbookservice@gmail.com

粉 絲 頁：https://www.facebook.com/
　　　　　sonbookss/

網　　址：https://sonbook.net/

地　　址：台北市中正區重慶南路一段六十一號八
　　　　　樓 815 室

Rm.815, 8F., No.61, Sec.1, Chongqing S.Rd., Zhongzheng Dist., Taipei City 100, Taiwan

電　　話：(02)2370-3310

傳　　真：(02)2388-1990

印　　刷：京峯數位服務有限公司

律師顧問：廣華律師事務所 張珮琦律師

─ 版權聲明 ─────────────

定　　價：450 元

發行日期：2023 年 11 月第一版

◎本書以 POD 印製

Design Assets from Freepik.com

國家圖書館出版品預行編目資料

AI 與大數據技術導論（基礎篇）：發展歷程、產業鏈、運算模式、機器學習……從理論概述到核心技術，深度探索人工智慧！/ 楊正洪，郭良越，劉瑋 著 .-- 第一版 .-- 臺北市：崧燁文化事業有限公司，2023.11
面；　公分
POD 版
ISBN 978-626-357-806-7(平裝)
1.CST: 人工智慧 2.CST: 機器學習 3.CST: 大數據 4.CST: 演算法
312.83　　112017391

電子書購買

臉書

爽讀 APP